U0257984

普通高等教育智能建筑系列教材

智 能 建 筑 概 论

第 2 版

主 编 王 佳
参 编 王晓辉 文晓燕 肖 宁 辛 山
　　　谢雨飞 薛慧杰
主 审 陈志新

机械工业出版社

本书以新颁布的 GB50314—2015《智能建筑设计标准》为主要依据，全面地介绍了建筑智能化系统的基本知识和主要构成，重点介绍了各子系统的组成、功能及其在建筑中的作用。内容包括：智能建筑的基本概念，信息化应用系统（建筑物综合布线系统），信息设施系统，智能化集成系统，建筑设备管理系统（建筑设备自动化系统），公共安全系统，建筑环境，火灾自动报警及消防联动控制系统，并在最后一章介绍了可再生能源的相关知识和应用。全书在第 1 版的基础上，增加了最新国家标准的内容，并融入了绿色节能的概念和与智能建筑的应用结合点，图文并茂，内容丰富，深浅适当，具有较强的普适性。每章之后还安排了适量的思考题，便于读者学习掌握。

本书可作为高等院校电气信息类各专业、土建类各专业以及高职高专相近专业建筑智能化技术的入门教材，也可作为设计院所、房地产开发商、系统集成商、物业管理部门等有关工程技术人员的培训教材。

本书配有免费电子课件，欢迎选用本书作为教材的教师登录 www.cmpedu.com 注册后下载，或发邮件至 jinacmp@163.com 索取。

图书在版编目（CIP）数据

智能建筑概论/王佳主编. —2 版 .—北京：机械工业出版社，2016.4
（2024.10 重印）

普通高等教育智能建筑系列教材
ISBN 978-7-111-53237-8

Ⅰ.①智… Ⅱ.①王… Ⅲ.①智能化建筑−高等学校−教材
Ⅳ.①TU18

中国版本图书馆 CIP 数据核字（2016）第 053210 号

机械工业出版社（北京市百万庄大街 22 号　邮政编码 100037）
策划编辑：贡克勤　责任编辑：贡克勤　吉　玲
责任校对：樊钟英　封面设计：张　静
责任印制：单爱军
北京虎彩文化传播有限公司印刷
2024 年 10 月第 2 版第 8 次印刷
184mm×260mm ·14.25 印张·349 千字
标准书号：ISBN 978-7-111-53237-8
定价：39.00 元

电话服务	网络服务
客服电话：010-88361066	机 工 官 网：www.cmpbook.com
010-88379833	机 工 官 博：weibo.com/cmp1952
010-68326294	金 书 网：www.golden-book.com
封底无防伪标均为盗版	机工教育服务网：www.cmpedu.com

序

20 世纪，电子技术、计算机网络技术、自动控制技术和系统工程技术获得了空前的高速发展，并渗透到各个领域，深刻地影响着人类的生产方式和生活方式，给人类带来了前所未有的方便和利益。建筑领域也未能例外，智能化建筑便是在这一背景下走进人们的生活。智能化建筑充分应用各种电子技术、计算机网络技术、自动控制技术、系统工程技术，并加以研发和整合成智能装备，为人们提供安全、便捷、舒适的工作条件和生活环境，并日益成为主导现代建筑的主流。近年来，人们不难发现，凡是按现代化、信息化运作的机构与行业，如政府、金融、商业、医疗、文教、体育、交通枢纽、法院、工厂等，他们所建造的新建筑物，都已具有不同程度的智能化。

智能化建筑市场的拓展为建筑电气工程的发展提供了宽广的天地。特别是建筑电气工程中的弱电系统，更是借助电子技术、计算机网络技术、自动控制技术和系统工程技术在智能建筑中的综合利用，使其获得了日新月异的发展。智能化建筑也为其设备制造、工程设计、工程施工、物业管理等行业创造了巨大的市场，促进了社会对智能建筑技术专业人才需求的急速增加。令人高兴的是众多院校顺应时代发展的要求，调整教学计划、更新课程内容，致力于培养建筑电气与智能建筑应用方向的人才，以适应国民经济高速发展需要。这正是这套建筑电气与智能建筑系列教材的出版背景。

我欣喜地发现，参加这套建筑电气与智能建筑系列教材编撰工作的有近 20 个姐妹学校，不论是主编者或是主审者，均是这个领域有突出成就的专家。因此，我深信这套系列教材将会反映各姐妹学校在为国民经济服务方面的最新研究成果。系列教材的出版还说明一个问题，时代需要协作精神，时代需要集体智慧。我借此机会感谢所有作者，是你们的辛劳为读者提供了一套好的教材。

写于同济园

2002 年 9 月 28 日

前　言

本书是普通高等教育智能建筑规划教材之一，由智能建筑系列教材编委会组织编写。

智能建筑是 IT 技术与传统建筑技术相结合的产物。它可增强建筑的所有者和管理者的竞争能力和应变能力，提高办公效率，同时也可满足用户改善工作环境、提高生活质量的需求。这些需求又极大地促进了建筑智能化工程的推广和应用。

建筑智能化的发展为我国建筑行业提供了广阔的发展空间，特别是为建筑电气技术、计算机应用技术、自动化技术和系统工程在建筑中的综合应用提供了良好的发展机遇，同时也为建筑设备制造业、建筑工程设计与施工、物业管理等创造了巨大的市场。本书以自动化技术、计算机技术和通信技术为主要内容，以建筑行业为背景，全面地介绍了建筑智能化系统的基本知识和主要构成，并以最新的国家标准 GB50314—2015《智能建筑设计标准》为依据，重点介绍了各子系统的组成、功能及其在建筑物中的作用。内容包括：智能建筑的基本概念，信息化应用系统（建筑物综合布线系统），信息设施系统，智能化集成系统，建筑设备管理系统（建筑设备自动化系统），公共安全系统，建筑环境，火灾自动报警及消防联动控制系统，并在最后一章介绍了可再生能源的相关知识和应用。

从事建筑智能化技术的专业人员主要来自高校本科电气信息类、土建类各专业以及高职高专的相应专业，考虑到各专业的基础存在着差别，对该技术掌握的深度要求也不同，本书定位于这类专业学习建筑智能化技术的入门教材，深浅适宜，具有较强的适用性。各学校可根据专业的不同，按 24~32 学时进行教学。另一方面，本书也可作为从事建筑行业的工程技术人员、管理人员学习建筑智能化技术的培训或自学教材。

全书共分 9 章。第 1 章及附录由王佳编写，第 2 章由文晓燕编写，第 3、6 章由谢雨飞编写，第 5 章由王晓辉编写，第 4、7 章由辛山编写，第 8 章由肖宁编写，第 9 章由薛慧杰编写。王佳任本书主编并统稿。本书由陈志新教授主审。

在编写过程中，作者查阅了大量的参考文献和国家标准，其中大部分作为参考书目已列于本书之后，以便读者查阅，同时谨对原作者表示感谢。

建筑智能化技术随着自动化技术、计算机技术、通信技术以及建筑技术的进步在不断地发展，一些新的技术和理念也将继续融合于其中，而作者的认识和专业水平有限，加之时间仓促，书中难免有不妥、疏忽或错误之处，敬请专家和读者批评指正。

编　者

目　　录

第1章 绪 论

1.1 智能建筑的产生

建筑物一般是指供人们进行生产、生活或其他活动的房屋或场所。它必须符合人们的一般使用要求并适应人们的特殊活动要求。按照 GB50314—2015《智能建筑设计标准》的规定，可根据建筑物的不同功能，分为办公建筑、商业建筑、文化建筑、媒体建筑、体育建筑、医院建筑、学校建筑、交通建筑、住宅建筑、通用工业建筑。

人类社会活动的需求是建筑不断发展进步的根本动力。今天的建筑已不仅限于居住栖身性质，它已成为人们学习、生活、工作、交流的场所，人们对建筑在信息交换、安全性、舒适性、便利性和节能性等诸多功能提出了更高更多的要求。现代科学技术的飞速发展为实现这样的建筑功能提供了重要手段。

自 20 世纪 80 年代开始，世界由工业化社会向信息化社会转型的步伐明显加快。很多跨国公司纷纷采用新技术新建或改建建筑大楼。1984 年 1 月美国联合科技集团 UTBS 公司将美国康涅狄格州福德市的旧金融大厦改建成都市大厦（City Place），当时该大厦中开创性地安装了计算机、移动交换机等先进的办公设备和高速信息通信设施，为客户提供诸如语言通信、文字处理、电子邮件、信息查询等服务，同时大厦内的暖通、给水排水、安防、电梯以及供配电系统均采用计算机进行监控。都市大厦成为世界上公认的第一座智能建筑。日本 1985 年开始建造智能大厦，并建成了电报电话株式会社智能大厦（NTT – IB），同时制定了从智能设备、智能家庭到智能建筑、智能城市的发展计划，成立了"建设省国家智能建筑专业委员会"及"日本智能建筑研究会"，加快了建筑智能化的建设。欧洲国家的智能建筑发展基本上与日本同步启动，到 1989 年，在西欧的智能建筑面积，伦敦占 12%，巴黎占 10%，法兰克福和马德里分别占 5%。新加坡政府为推广智能建筑，拨巨资进行专项研究，计划将新加坡建成"智能城市花园"。韩国准备将其半岛建成"智能岛"。印度于 1995 年开始在加尔各答的盐湖城建设"智能城"。

随着信息技术的不断发展，城市信息化应用水平不断提升，智慧城市建设在世界各国应运而生。我国近年来也出台了多项相关政策促进智慧城市的健康发展。智慧城市的建设离不开智能建筑的支撑，建筑的高效运转和节能环保是智慧城市的重要组成部分，在智慧城市中，智能建筑不再仅仅是一个概念，而将是人们所在城市的一道风景。在智能化、现代化、生态化、和谐化的可持续发展思路指导下，智能建筑将在我国未来的城市现代化建设和居民生活水平提升等方面发挥日益重要的作用，成为我国智慧城市建设的根基。

1.2 智能建筑的定义

智能建筑是建筑技术与现代控制技术、计算机技术、信息与通信技术结合的产物，随着科技水平的迅速发展，人们对于信息、环保、节能、安全的观念和要求在不断地提高，对建筑的"智能"也提出了更高的期盼，因而智能建筑的内涵和定义也在不断地发展完善。

按照 GB 50314—2015 的定义，智能建筑（Intelligent Building）是指以建筑物为平台，基于对建筑各种智能信息化综合应用，集架构、系统、应用、管理及其优化组合，具有感知、推理、判断和决策的综合智慧能力及形成以人、建筑、环境互为协调的整合体，为人们提供安全、高效、便利及延续现代功能的环境。

美国智能建筑学会定义为：智能建筑是对建筑物的结构、系统、服务和管理这四个基本要素进行最优化组合，为用户提供一个高效率并具有经济效益的环境。经过十几年的发展，美国的智能建筑已经处于更高智能的发展阶段，进入"绿色建筑"的新境界。智能只是一种手段，通过对建筑物智能功能的配备，强调高效率、低能耗、低污染，在真正实现以人为本的前提下，达到节约能源、保护环境和可持续发展的目标。若离开了节能与环保，再"智能"的建筑也将无法存在，每栋建筑的功能必须与由此功能带给用户或业主的经济效益密切相关。在其定义下，智能的概念逐渐被淡化。

欧洲智能建筑集团定义为：智能建筑是能使其用户发挥最高效率，同时又以最低的保养成本、最有效地管理本身资源的建筑，并能提供一个反应快、效率高和有支持力的环境，以使用户达到其业务目标。

日本智能大楼研究会将智能建筑的定义为：智能建筑提供商业支持功能、通信支持功能等在内的高度通信服务，并通过高度的大楼管理体系，保证舒适的环境和安全，以提高工作效率。

新加坡政府的公共设施署对智能建筑的定义为：智能建筑必须具备三个条件：一是具有保安、消防与环境控制等自动化控制系统以及自动调节建筑内的温度、湿度、灯光等参数的各种设施，以创造舒适安全的环境；二是具有良好的通信网络设施，使数据能在建筑物内各区域之间进行流通；三是能够提供足够的对外通信设施与能力。

智能建筑是一个发展中的概念，它随着科学技术的进步和人们对其功能要求的变化而不断更新。智能建筑的概念中有四个基本要素，它们是：

（1）结构　建筑环境结构，它涵盖了建筑物内外的土建、装饰、建材、空间分割与承载。

（2）系统　实现建筑物功能所必备的机电设施，如给水排水、暖通、空调、电梯、照明、通信、办公自动化、综合布线等。

（3）管理　是对人、财、物及信息资源的全面管理，体现高效、节能和环保等要求。

（4）服务　提供给客户或住户居住生活、娱乐、工作所需要的服务，使用户获得到优良的生活和工作的质量。

这四个要素是相互联系的。其中，结构是其他三个要素存在和发挥作用的基础平台，它对建筑物内各类系统的功能发挥起着最直接的作用，直接影响着智能建筑的目标实现，影响着系统的安置的合理性、可靠性、可维护性和可扩展性等。系统是实现智能建筑管理和服务的物理基础和技术手段，是建筑"先天智能"最重要的组成部分，系统的核心技术是所谓的"3C"技术，即现代计算机技术（Computer）、现代通信技术（Communication）和现代控制技术（Control）。管理是使智能建筑发挥最大效益的方法和策略，是实现智能建筑优质服务的重要手段，其优劣将直接影响建筑物的"后天智能"。服务是前三项的最终目标，它的效果反映了智能建筑的优劣。

只有综合考虑四要素的相关性及相互约束，充分地应用现有的技术及人们的相关知识，对智能建筑的目标进行正确的观察、思考、推理、判断、决策，合理投资，满足用户的需求，所建设的智能建筑才是具有可持续发展能力的。

1.3 智能建筑的特点

智能建筑相对于传统建筑具有以下几个方面的特点：

1. 提供安全、舒适和高效便捷的环境

智能建筑具有强大的自动监测与控制系统。该系统可对建筑物内的动力、电力、空调、照明、给水排水、电梯、停车库等机电设备进行监视、控制、协调、运行管理；智能建筑中的消防报警自动化系统和安防自动化系统可确保人、财、物的高度安全，并具备对灾害和突发事件的快速反应能力。智能建筑提供室内适宜的温度、湿度、新风以及多媒体音像系统、装饰照明、公共环境背景音乐等，使楼内工作人员心情舒畅，从而可显著地提高工作、学习、生活的效率和质量。其优美完善的环境与设施能大大提高建筑物使用人员的工作效率与生活的舒适感、安全感和便利感，使建造者与使用者都获得很高的经济效益。

2. 节约能源

节能是智能建筑的基本功能，是高效高回报率的具体体现。据统计，在发达国家中，建筑物的耗能占社会总耗能的 30% ~ 40% 左右。而在建筑物的耗能中，采暖、空调、通风等设备是耗能大户，约占 65% 以上；生活热水占 15%；照明、电梯、电视占 14%；其他占 6%。在满足使用者对环境要求的前提下，智能建筑通过其能源控制与管理系统，尽可能利用自然光和大气冷量（或热量）来调节室内环境，以最大限度地减少能源消耗。根据不同的地域、季节，按工作行程编写程序，在工作与非工作期间，对室内环境实施不同标准的自动控制。例如，下班后自动降低照度与温度、湿度控制标准。一般来讲，利用智能建筑能源控制与管理系统可节省能源 30% 左右。

3. 节省设备运行维护费用

通过管理的科学化、智能化，使得建筑物内的各类机电设备的运行管理、保养维修更趋自动化。建筑智能化系统的运行维护和管理，直接关系到整座建筑物的自动化与智能化能否实际运作，并达到其原设计的目标。而维护管理工程的主要目的，即是以最低的费用去确保建筑内各类机电设备的妥善维护、运行、更新。根据美国大楼协会统计，一座大厦的生命周期为 60 年，启用后 60 年内的维护及营运费用约为建造成本的 3 倍；依据日本的统计，一座大厦的管理费、水电费、煤气费、机械设备及升降梯的维护费，占整个大厦营运费用支出的 60% 左右，且这些费用还将以每年 4% 的幅度递增。因此，只有依赖建筑智能化系统的正常运行，发挥其作用才能降低机电设备的维护成本。同时，由于系统的高度集成，系统的操作和管理也高度集中，人员安排更合理，使得人工成本降到最低。

4. 提供现代通信手段和信息服务

智能建筑具有功能完备的通信系统。该系统可以多媒体方式高速处理各种图、文、音、像信息，突破了传统的地域观念，以零距离、零时差与世界联系；其办公自动化系统通过强大的计算机网络与数据库，能高效综合地完成行政、财务、商务、档案、报表等处理业务。

1.4　我国智能建筑的发展与现状

1. 起始阶段

我国对智能建筑的研究始于 1986 年。国家"七五"重点科技攻关项目中就将"智能化办公大楼可行性研究"列为其中之一，这项研究由中国科学院计算技术研究所 1991 年完成并通过了鉴定。

这一时期智能建筑主要是针对一些涉外的酒店等高档公共建筑和特殊需要的工业建筑，其所采用的技术和设备主要是从国外引进的。在此期间人们对建筑智能化的理解主要包括：在建筑内设置程控交换机系统和有线电视系统等通信系统将电话、有线电视等接到建筑中来，为建筑内用户提供通信手段；在建筑内设置广播、计算机网络等系统，为建筑内用户提供必要的现代化办公设备；同时利用计算机对建筑中机电设备进行控制和管理，设置火灾报警系统和安防系统为建筑和其中人员提供保护手段等。这时建筑中各个系统是独立的，相互没有联系。

1990 年建成的 18 层北京发展大厦可认为是我国智能建筑的雏形。北京发展大厦已经开始采用了建筑设备自动化系统（Building Automation System，BAS），通信网络系统（Communication Network System，CNS）和办公自动化系统（Office Automation System，OAS），但并不完善。三个子系统没有实现统一控制。1993 年建成的位于广州市的广东国际大厦可称为我国大陆首座智能化商务大厦。它具有较完善的"3A"系统及高效的国际金融信息网络，通过卫星可直接接收美联社道琼斯公司的国际经济信息，并且还提供了舒适的办公与居住环境。

这个阶段建筑智能化普及程度不高，主要是产品供应商、设计单位以及业内专家推动建筑智能化的发展。

2. 普及阶段

在 20 世纪 90 年代中期房地产开发热潮中，房地产开发商在还没有完全弄清智能建筑内涵的时候，发现了智能建筑这个标签的商业价值，于是"智能建筑"、"5A 建筑"，甚至"7A 建筑"的名词出现在他们促销广告中。虽然其中不乏名不符实，甚至是商业炒作，但在这种情况下，智能建筑迅速在中国推广起来。20 世纪 90 年代后期沿海一带新建的高层建筑几乎全都自称是智能建筑，并迅速向西部扩展。可以说这个时期房地产开发商是建筑智能化的重要推动力量。

从技术方面讲，除了在建筑中设置上述各种系统以外，主要是强调对建筑中各个系统进行系统集成和广泛采用综合布线系统。应该说，综合布线这样一种布线技术的引入，曾使人们对智能建筑的概念产生某些紊乱。例如，有的综合布线系统的厂商宣传，只有采用其产品，才能使大楼实现智能化等，夸大了其作用。其实，综合布线系统仅是智能建筑设备的很小部分。但不可否认综合布线技术的引入，确实吸引了一大批通信网络和 IT 行业的公司进入智能建筑领域，促进了信息技术行业对智能建筑发展和关注。同时，由于综合布线系统对语音通信和数据通信的模块化结构，在建筑内部为语音和数据的传输提供了一个开放的平台，加强了信息技术与建筑功能的结合，因此对智能建筑的发展和普及也产生了一定的推动作用。

这一时期，政府和有关部门开始重视智能建筑的规范，加强了对建筑智能化系统的管理。1995 年上海市建委审定通过了《智能建筑设计标准》（DBJ08 – 47 – 1995）；建设部在1997 年颁布了《建筑智能化系统工程设计管理暂行规定》（建设［1997］290 号），规定了承担智能建筑设计和系统集成必须具备的资格。2000 年建设部出台了国家标准 GB/T 50314—2000《智能建筑设计标准》；同年信息产业部颁布了 GB/T 50311—2000《建筑与建筑群综合布线工程设计规范》和 GB/T 50312—2000《建筑与建筑群综合布线工程验收规范》；公安部也加强了对火灾报警系统和安防系统的管理。2001 年建设部在 87 号令《建筑业企业资质管理规定》（中华人民共和国建设部令第 87 号）中设立了建筑智能化工程专业承包资质，将建筑中计算机管理系统工程、楼宇设备自控系统工程、保安监控及防盗报警系统工程、智能卡系统工程、通信系统工程、卫星及共用电视系统工程、车库管理系统工程、综合布线系统工程、计算机网络系统工程、广播系统工程、会议系统工程、视频点播系统工程、智能化小区综合物业管理系统工程、可视会议系统工程、大屏幕显示系统工程、智能灯光与音响控制系统工程、火灾报警系统工程、计算机机房工程等 18 项内容统一为建筑智能化工程，纳入施工资质管理。

3. 发展阶段

我国的智能建筑在 20 世纪 90 年代的中后期形成建设高潮，上海市的浦东区，仅 1997 年内就规划建设了上百座智能型建筑。我国在 2000 年 10 月正式实施 GB/T 50314—2000《智能建筑设计标准》。2007 年 7 月 1 日开始执行 GB/T 50314—2006《智能建筑设计标准》，2015 年底开始执行 GB50314—2015《智能建筑设计标准》。智能建筑直接服务于人，将建筑与生态环境、可持续性城市发展融为一体，已成为智慧城市实现与实践的基石。随着各国智慧城市的不断建设，智能建筑已成为其重要支撑，节能舒适的未来绿色智能建筑，已成为智慧城市发展可持续发展战略助力。在构建智慧城市中，智能建筑已经不再仅仅是一个概念，而是变成了人们所在城市的一道风景。在智能化、现代化、生态化、和谐化的可持续发展思路指导下，智能建筑将在我国未来的城市现代化建设和居民生活水平提升等方面发挥日益重要的作用，成为我国智慧城市建设的根基。智能建筑也将作为智慧城市发展的重点产业，为推动我国的经济发展和和谐社会建设发挥更加重要的作用。未来，智能建筑应适应建筑的低碳、节能、绿色、环保、生态等需求，同时结合"智慧城市"大环境、融入"物联网""云计算"高科技，以新应用、新目标、新技术、新方式对行业进行整理创新。

1.5 建筑智能化系统工程的构成要素

建筑智能化系统工程的构成要素包括信息化应用系统、智能化集成系统、信息设施系统、建筑设备管理系统、公共安全系统、机房工程和建筑环境等智能建筑主体配置要素及其各相关辅助系统等。表 1-1 是智能化系统工程配置分项表。

表 1-1　智能化系统工程配置分项表

信息化应用系统	通用应用	公共服务系统	
		智能卡应用系统	
	管理应用	物业运营管理系统	
		信息设施运行管理系统	
		信息安全管理系统	
	业务应用	通用业务系统	
		专业业务系统	
		其他业务应用系统	
智能化集成系统	管理应用	集成信息应用系统	
	信息集成设施	智能化信息集成（平台）系统	
信息设施系统	公共信息设施	信息接入系统	
		信息通信系统	信息网络系统
			电话交换系统
			综合布线系统
			无线对讲系统
		移动通信室内信号覆盖系统	
		卫星通信系统	
		有线电视接收系统	
		卫星电视接收系统	
		公共广播系统	
		信息综合管路系统	
	应用信息设施	会议系统	
		信息导引及发布系统	
		时钟应用系统	
		其他应用信息设施系统	
		其他公共信息设施系统	
建筑设备管理系统	管理应用	绿色建筑能效监管系统	
	应用设施	建筑设备综合管理（平台）系统	
	基础设施	建筑机电设备监控系统	
公共安全系统	火灾自动报警系统		
	安全技术防范系统	安全防范综合管理（平台）系统	
		基础设施	入侵报警系统
			视频安防监控系统
			出入口控制系统
			电子巡查管理系统
			访客及对讲系统
			停车库（场）管理系统
		其他特殊要求安全技术防范系统	
	应急响应系统		

（续）

机房工程	机房设施	信息（含移动通信覆盖）接入机房	
		有线电视（含卫星电视）前端机房	
		信息系统总配线房	
		智能化总控室	
		信息中心设备（数据中心设施）机房	
		消防控制室	
		安防监控中心	
		用户电话交换机房	
		智能化设备间（弱电间）	
		应急响应中心	
		其他智能化系统设备机房	
	机房管理	基础管理	机电设备监控系统
			安全技术防范系统
			火灾自动报警系统
		环境保障	机房环境综合管理系统
		绿色机房	绿色机房能效监管系统

1.5.1 信息化应用系统

信息化应用系统（Information Application System，IAS）是为满足建筑的信息化应用功能需要，以智能化设施系统为基础，具有各类专业化业务门类和规范化运营管理模式的多种类信息设备装置及与应用操作程序组合的应用系统。其主要功能有：

1）提供快捷、有效的业务信息运行。

2）具有完善的业务支持辅助的功能。

信息化应用系统的业务主要有：工作业务应用系统、物业运营管理系统、公共服务管理系统、公众信息服务系统、智能卡应用系统和信息网络安全管理系统等其他业务功能所需要的应用系统。

1.5.2 智能化集成系统

智能化集成系统（Intelligented Integration System，IIS）是为实现建筑的建设和运营及管理目标，以建筑内外多种类信息基于统一信息平台的集成方式，从而形成具有信息汇聚、资源共享、协同运行、优化管理等综合应用功能的系统。其主要功能有：

1）以满足建筑物的使用功能为目标，确保对各类系统监控信息资源的共享和优化管理。

2）以建筑物的建设规模、业务性质和物业管理模式等为依据，建立实用、可靠和高效的信息化应用系统，以实施综合管理功能。

智能化集成系统配置应符合下列要求：

1）应具有对各智能化系统进行数据通信、信息采集和综合处理的能力。

2）集成的通信协议和接口应符合相关的技术标准。

3）应实现对各智能化系统进行综合管理。

4）应支撑工作业务系统及物业管理系统。

5）应具有可靠性、容错性、易维护性和可扩展性。

1.5.3　信息设施系统

信息设施系统（Information Infrastructure System，IIS）是为适应信息通信需求，对建筑内各类具有接收、交换、传输、处理、存储和显示等功能的信息系统予以整合，从而形成实现建筑应用与管理等综合功能之统一及融合的信息设施基础条件的系统。

信息设施系统主要包括：信息接入系统、电话交换系统、信息网络系统、综合布线系统、室内移动通信覆盖系统、卫星通信系统、有线电视及卫星电视接收系统、广播系统、会议系统、信息导引及发布系统、时钟系统和其他相关的信息通信系统。GB 50314—2015《智能建筑设计标准》对上述各系统分别提出了相应的具体要求。

1.5.4　建筑设备管理系统

建筑设备管理系统（Building Management System，BMS）是为实现绿色建筑的建设目标，具有对建筑机电设施及建筑物环境实施综合管理和优化功效的系统。主要功能有：

1）应具有对建筑机电设备测量、监视和控制功能，确保各类设备系统运行稳定、安全和可靠并达到节能和环保的管理要求。

2）一般采用集散式控制系统。

3）具有对建筑物环境参数的监测功能。

4）能满足对建筑物的物业管理需要，实现数据共享，以生成节能及优化管理所需的各种相关信息分析和统计报表。

5）具有良好的人机交互界面及采用中文界面。

6）共享所需的公共安全等相关系统的数据信息等资源。

建筑设备管理系统主要对下列建筑设备情况进行监测和管理：

1）压缩式制冷机系统和吸收式制冷系统；

2）蓄冰制冷系统；

3）热力系统；

4）冷冻水系统；

5）空调系统；

6）变风量（VAV）系统；

7）送排风系统；

8）风机盘管机组；

9）给水排水系统；

10）供配电及照明控制系统；

11）公共场所的照明系统；

12）电梯及自动扶梯系统；

13）热电联供系统、发电系统和蒸汽发生系统。

1.5.5 公共安全系统

公共安全系统（Public Security System，PSS）是综合运用现代科学技术，应对危害建筑物公共环境安全而构建的技术防范或安全保障体系的系统。其主要功能有：

1）具有应对火灾、非法侵入、自然灾害、重大安全事故和公共卫生事故等危害人们生命财产安全的各种突发事件，建立起应急及长效的技术防范保障体系。

2）以人为本、平战结合、应急联动和安全可靠。

公共安全系统主要包括火灾自动报警系统、安全技术防范系统和应急联动系统等。

1.5.6 机房工程

机房工程（Engineering of Electronic Equipment Plant，EEEP）是为提供各智能化系统设备及装置等安置或运行的条件，确保各智能化系统安全、可靠和高效地运行与便于维护而实施的综合工程。

机房工程范围主要包括：信息中心设备机房、数字程控交换机系统设备机房、通信系统总配线设备机房、消防监控中心机房、安防监控中心机房、智能化系统设备总控室、通信接入系统设备机房、有线电视前端设备机房、弱电间（电信间）和应急指挥中心机房及其他智能化系统的设备机房。

机房工程内容主要包括机房配电及照明系统、机房空调、机房电源、防静电地板、防雷接地系统、机房环境监控系统和机房气体灭火系统等。

1.6 建筑智能化技术与绿色建筑

绿色建筑首先强调节约能源，不污染环境，保持生态平衡，体现可持续发展的战略思想，其目的是节能环保。建筑智能化技术是信息技术与建筑技术的有机结合，为人们提供一个安全的、便捷的和高效的建筑环境，同时实现建筑的健康和环保。在节能环保意识已成为世界性问题的今天，建筑必须朝着生态、绿色的方向发展，而在发展过程中，绿色建筑的内涵也在逐渐丰富。

当前，建筑智能化技术和绿色建筑的有机结合已经成为未来建筑的发展方向，"绿色"是概念，"智能"是手段，合理应用智能化技术的绿色建筑，可大大提高绿色建筑的性能。例如，在绿色建筑中采用电动百叶窗和智能遮阳板，既可满足室内采光，又可防止太阳光的直接照射，增加室内空调的负荷，从而实现节能。又如，通过设备监控系统，对空调、给排水设备和照明等设备的工作状态进行监控，根据其负荷的变化情况实现温度、流量和照度的自动调节，从而提高能源利用率。在绿色建筑中，经常会应尽可能使用可再生能源，如果采用智能化控制技术，对地热能、太阳能等分布式能源进行优化利用，可使绿色建筑的能耗进一步降低。

1.7 BIM 技术推动智能建筑的变革

BIM（Building Information Modeling）即建筑信息模型，是建筑设施的物理与功能特征的数字化表示，它作为共享的建筑信息资源，为建筑全生命周期的各种决策提供了可靠的基础。BIM 技术，是一项建筑业信息技术，可以自始至终贯穿建筑的全生命周期，实现全过程信息化、智能化，为建筑的全过程精细化管理提供强大的数据支持和技术支撑。

信息技术已经成为智能建筑的重要工具手段，以云计算、移动应用、大数据、BIM 技术等为代表并快速发展的信息技术，为现代建筑业的发展奠定了技术基础。2015 年 7 月 1 日，住房和城乡建设部工程质量安全监管司发布《关于推进 BIM 技术在建筑领域应用的指导意见》，明确至 2016 年，政府投资的 2 万 m^2 以上大型公共建筑以及申报绿色建筑项目的设计、施工和运维均要采用 BIM 技术。

新型城镇化建设是以城乡统筹、城乡一体、节约集约、生态宜居、和谐发展为基本特征的发展思路，作为中国未来战略发展支点的新型城镇化倡导走集约、智能、绿色、低碳的建设之路，其对建筑行业提出了更高的要求，建设绿色节能的智能建筑是建筑业的未来发展之路。

第2章　信息化应用系统

2.1　概述

2.1.1　信息化应用系统的概念

信息化是以现代通信、网络、数据库技术为基础，将所研究对象各要素汇总至数据库，供特定人群生活、工作、学习以及辅助决策等，且与人类息息相关的各种行为相结合的一种技术。使用该技术后，可以极大地提高各种行为的效率，为推动人类社会进步提供有力的技术支持。以信息化为基础，按照各行各业的需求所设计的应用系统即信息化应用系统。

对智能建筑而言，信息化应用系统是为满足建筑的信息化应用功能需要，以智能化设施系统为基础，具有各类专业化业务门类和规范化运营管理模式的多种类信息设备装置及与应用操作程序组合的应用系统。下文提及信息化应用系统也专指智能建筑中的信息化应用系统。

随着智能建筑的发展，信息化应用系统应成为建立建筑智能化系统工程的主导需求及应用目标。建立以信息化应用为有效导向的建筑智能化系统工程设计，能有效杜绝工程建设的盲目性和提升智能化功效的客观性，也能真实地兑现工程实施后应交付或应达到的具体应用验证成果。

2.1.2　信息化应用系统的分类

信息化应用系统应对建筑环境设施的规范化管理和主体业务高效的信息化运行提供完善的服务。例如，对于通用办公建筑来说，信息化应用系统应满足通用办公建筑的服务和管理要求；对高等学校而言，信息化应用系统需要包括教学视音频及多媒体教学系统、语音教学系统、图书馆管理系统、教学与管理评估视音频观察系统、教学业务应用系统等。

根据应用领域的不同，信息化应用系统可以分为三类：通用应用系统、管理应用系统和业务应用系统。具体而言，信息化应用系统应包括公共服务、智能卡应用、物业运营管理、信息设施运行管理、信息安全管理、通用业务、专业业务等建筑所需要的多种门类的应用系统，见表2-1。

表2-1　信息化应用系统的分类

信息化应用系统	通用应用系统	公共服务系统
		智能卡应用系统
	管理应用系统	物业运营管理系统
		信息设施运行管理系统
		信息安全管理系统
	业务应用系统	通用业务系统
		专业业务系统
		其他业务应用系统

目前在智能建筑中已有各种各样的应用系统，并且随着信息科技的不断发展和信息化应用的持续深入，越来越多且日益完善的信息化应用系统将为人类所研发并使用，为人类营造更为便捷舒适的智能环境。

2.2　各类信息化应用系统的功能

2.2.1　公共服务系统

公共服务系统应具有对建筑物各类公共服务事务进行周全的信息化管理功能。该系统应该能够整合公共数字化资源、管理手段和服务设施；能够同时进行常规管理与应急管理，为常规服务与应急服务提供电子平台，提高常规/应急管理与服务能力。其中，常规管理包括日常政务/事务信息收集、整理、归档与分发，以及日常政务/事务信息的发布、监督、跟踪、反馈与调整等常规公共运作。应急管理则要求公共服务系统在紧急情况、危机状态下，能够对应急信息的监测、收集、处理形成快速、高效、规范的应急机制，为事件与危机化解提供信息化和高效化的技术支持。

智能建筑中的公共服务系统有很多，如信息网络系统、电话交换系统、综合布线系统、移动通信室内信号覆盖系统等。后续章节对上述各系统有详细介绍。

2.2.2　智能卡应用系统

智能卡具有智能性及便于携带的特点，目前在各个领域被广泛使用，如电信领域的 IC 卡公用电话、移动电话 SIM 卡，交通领域的公交一卡通、路桥收费、驾驶员违章处理，智能建筑里的门禁 IC 卡系统、停车收费管理系统，学校里广泛应用的校园卡，公共事业的水费、电费、燃气费的业务卡等。

1. 什么是智能卡

智能卡为集成电路卡，即 IC（Integrated Circuit）卡，也称智能卡（Smart Card）。它是镶嵌了一个集成电路芯片的塑料卡，外形和尺寸遵循国际标准 ISO 7816。1974 年 3 月，微芯片之父 Roland Moreno 申请了智能卡的专利。第一张卡片于几年后问世。1978 年电子产品小型化后，智能卡的需求猛增，并逐渐普及。智能卡的结构原理如图 2-1 所示。

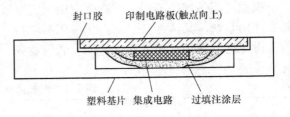

图 2-1　智能卡结构原理图

2. 智能卡的分类

按照智能卡的结构特点，可以分为非加密存储卡、加密存储卡、CPU 卡和超级智能卡。

1）非加密存储卡（Memory Card）。其内嵌芯片相当于普通串行 E^2PROM 存储器，有些芯片还增加了特定区域的写保护功能。这类卡信息存储方便、使用简单、价格便宜，在很多场合可替代磁卡，但由于其本身不具备信息保密功能，因此，只能用于保密性要求不高的场合。

2）加密存储卡（Security Card）。加密存储卡内嵌芯片在存储区外增加了控制逻辑，在访问存储区之前需要核对密码，只有密码正确，才能进行存取操作。这类卡信息保密性较好，使用与普通存储卡相类似。

3）CPU 卡（Smart Card）。CPU 卡内嵌芯片相当于一个特殊类型的单片机，内部除了带有控制器、存储器、时序控制逻辑等外，还带有算法单元和操作系统。由于 CPU 卡有存储容量大，处理能力强，信息存储安全等特性，因此广泛用于信息安全性要求特别高的场合。

4）超级智能卡。在卡上具有 MPU 和存储器并装有键盘、液晶显示器和电源，有的卡上还具有指纹识别装置等。

按照数据读写方式，智能卡又可分为接触式 IC 卡和非接触式 IC 卡两类。

1）接触式 IC 卡。接触式 IC 卡由读写设备的触点和卡片上的触点相接触，进行数据读写；国际标准 ISO7816 系列对此类 IC 卡进行了规定。接触式 IC 卡的应用范围很广，如公用电话 IC 卡，以及图 2-2 所示的金融 IC 卡等。

2）非接触式 IC 卡。非接触式 IC 卡与读写设备无电路接触，由非接触式的读写技术进行读写（例如，光或无线电技术）。其内嵌芯片除了存储单元、控制逻辑外，增加了射频收发电

图 2-2　金融 IC 卡

路。这类卡一般用在存取频繁、可靠性要求特别高的场合。国际标准 ISO10536 系列阐述了对非接触式 IC 卡的有关规定。非接触式 IC 卡也在各个领域得到了广泛应用，如校园卡、公交一卡通等。

3. 智能卡的典型应用——校园一卡通

众所周知，校园一卡通是校园的重要组成部分，通过校园一卡通系统与数字化校园系统的整合，学生和教职员工可以通过一张卡片方便地使用校内的各种设施，而学校也可以通过一卡通系统实现更加方便、高效的校园管理。

（1）校园一卡通系统的网络结构

校园一卡通系统的网络结构如图 2-3 所示。

校园一卡通系统一般由发卡中心，一卡通系统服务器，学校食堂、机房等各个管理系统的刷卡机组成。各个部门的管理系统通过校园局域网连接到一卡通系统服务器，再加上学生和教师的校园卡，即构成整个校园一卡通系统。

校园一卡通系统可以服务于校园的各种信息化应用需求：

1）作为身份识别的手段。校园卡可以用于机房管理、考勤、门禁、查询成绩、借阅图书、学校医务所挂号、查询网上资料等功能。

2）作为电子交易的手段。校园卡可以把现金集中于学校财务部门，进行集中管理，持卡人可以使用卡片进行校园内的小额消费，公共机房上机收费，缴纳住宿费、学杂费，以及使用其他各种为学生和教师服务的项目。

3）作为金融服务手段。校园卡可以通过校园一卡通平台将银行金融服务延伸，覆盖整个校园，提供查询银行信息（余额、明细）、交纳大额费用等服务。

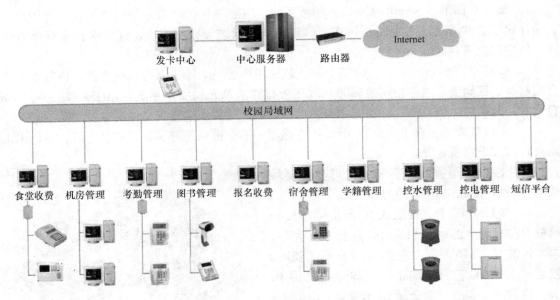

图 2-3　校园一卡通系统的网络结构

　　校园一卡通系统的建设为实现师生员工的基本信息查询（如课程成绩、学籍学分、教学情况）、管理信息查询、后勤信息查询、消费统计分析查询，以及领导宏观管理的综合查询等，提供了一个统一、简便、快捷的平台，进而可以与学校的各种管理信息系统无缝连接。

　　（2）校园一卡通的信息管理系统

　　通过校园一卡通信息管理系统，学校的管理人员可以对学生的各类信息进行查询或者改写操作。图 2-4 所示为某高校校园一卡通管理软件界面，由图可以看出，在该软件中，管理

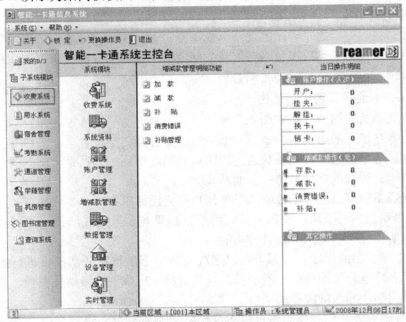

图 2-4　校园一卡通管理软件界面示例

人员可以通过学籍管理系统、考勤系统、收费系统等得到学籍信息、考勤信息、缴费信息等各类信息。可见，校园一卡通系统对学校的教学和日常管理工作发挥着重要作用。

（3）一卡通系统的设备及工作原理

校园一卡通系统的设备主要包括校园卡、刷卡机、服务器及网络传输介质等。下文以其在校园食堂收费系统中的应用为例，简要介绍其工作原理。

食堂收费系统的硬件主要包括校园卡、终端消费机、食堂收费系统服务器等。终端消费机的主要功能是实现持卡者的刷卡操作，一般有两种工作模式：一种是每次由食堂员工输入消费金额、按确认键后，教师或学生将校园卡贴近收费机，实现扣除消费金额；另一种是定额消费模式，即可以预先设定金额，操作员每次只需按下确认键即可，这样可以节省时间，不必每次都输入相同的金额。

食堂收费系统的工作流程是当教师或学生使用校园卡在食堂消费机上刷卡时，消费机通过无线方式完成对卡片内余额信息的改写；并且与食堂消费服务器进行通信，将消费相关信息记录下来，如消费时间、消费地点、消费金额等。如有需要，可以通过服务器管理程序对校园卡的消费情况进行查询。图 2-5 所示为某学校的食堂收费管理系统界面示例。

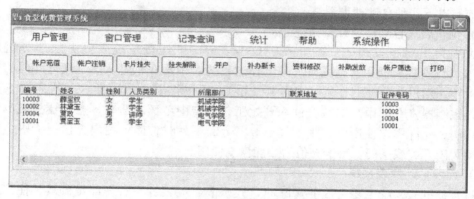

图 2-5　食堂收费管理系统界面

校园中其余各个系统的硬件构成和工作流程与食堂收费系统类似。例如在图书馆等地点，当学生或教师进行刷卡登记时，这些部门的读卡器也会把该次刷卡记录发送到一卡通系统服务器进行保存。

2.2.3　物业运营管理系统

物业管理涉及领域很广泛，包括对不动产、土地、建筑物、设备、房间、家具、备品、环境系统、服务、信息、预算和能源等的管理。物业运营管理系统是一个复杂、完善的智能建筑不可缺少的一部分，它不单为了延长物业使用年限及确保其功能正常发挥，扩大收益、降低运营费用，也是为了提高企业形象，提供适合于用户的各种高效率、低收费的服务，改善业务，变革业务体制，使工作流程规范化和合理化。一个好的物业运营管理系统可以使日常管理更加方便，提高物业管理的经济效益、管理水平。

为满足智能建筑物业管理的需要，物业运营管理系统应包括房产管理、住户管理、财务管理、设备管理、保安管理、环境卫生与绿化管理、物业办公管理、一卡通管理、三表数据远传及收费管理、小区 ISP/ICP（Internet Service Provider/Internet Content Provider，互联网服务提供商/互联网内容提供商）服务、数据可住户租用、电子商务等。举例来说，房产管理是指用户可以通过网络登记和查询建筑名称、面积、层数等房产登记信息及变更资料；住户管理中，采用 IC 卡住户档案登记管理，网上报修与投诉，住户也可以通过网络查询有关住户管理资料。

为了更好地理解物业运营管理系统的功能及工作原理，下面对三表数据远传及收费管理和一卡通停车场自动管理系统进行详细介绍。

1. 三表数据远传及收费管理

智能住宅小区要求水、电、气和供热等的计量表具有远程抄表和数据传送的功能。水、电、气和供热等表具的现场数据通过远程抄表系统现场采集，再通过传输网络将抄表数据传送到智能化物业管理中心，实现各户各表数据的自动录入、费用计算并打印收费账单，实施收费管理。如需要时，可将相关数据传送到相应的职能部门。该系统彻底改变了传统的居民住宅水、电、气等生活耗能逐月入户验表的收费方式，同时也避免了入户抄表扰民和人为读数误差。

目前有以下几种自动抄表系统：

（1）预付费表自动计量计费系统

这类表具主要指投币表、磁卡表、IC 卡表等。该计费系统主要由三部分组成：卡（币）、表具计费控制器和管理系统。其工作过程为：用户在供电、水、气等部门的管理中心开户建档；用户在管理中心预付或购卡（币）；用户将卡（币）插入（投入）表具计费控制器；控制器将卡（币）的数据读入开始工作：卡中金额合适时，控制器接通电气开关或打开阀门，允许用户使用电、水、气；卡中金额不足时，提示用户充值；卡中金额为零时，自动关闭开关或阀门，待卡充值后才能恢复使用。

（2）远程自动抄表系统

远程自动抄表系统主要由数字（脉冲）式水表、电表、气表等计量表具，住户数据采集器，传输系统和管理计算机等设备组成，系统结构如图 2-6 所示。

小区远程抄表系统中，具有数字或脉冲输出的表具作为系统前端计量仪表，对用户的用水量（生活用冷热水、空调冷热水、纯净水）、用电量、用气量、用热量进行计量。住户数据采集器对前端仪表的输出数据进行实时采集，并对采集结果进行长期保存。当物业系统管理主机发出读表指令时，住户数据采集器立即向管理系统传送计量数据。住户数据采集器和物业管理主机采用双方约定的通信协议进行通信，确保传输过程数据信息的正确性。管理系统负责计量数据采集指令的发出、数据的接收、计费、统计、查询、打印等，以及根据需要将收费结果分别传送到相应物业部门的管理计算机中。

远程自动抄表系统有无线和有线两种方式。无线方式是将数据采集器采集的表数据组成一个文件夹，然后将其调制到微波波段，经发射机发射，控制中心的接收机接收解调后送入管理计算机。有线方式是数据采集器采集的数据用 RS485 总线或其他总线经专门传输网络连接到控制中心管理计算机。

远程自动抄表系统的数据采集器也可利用现有的网络与控制中心计算机连接进行数据传输。例如，采集的数据可通过小区的局域网采用 TCP/IP 方式传送到控制中心管理计算机，或通过电力线采用载波的方式传送到控制中心管理计算机。

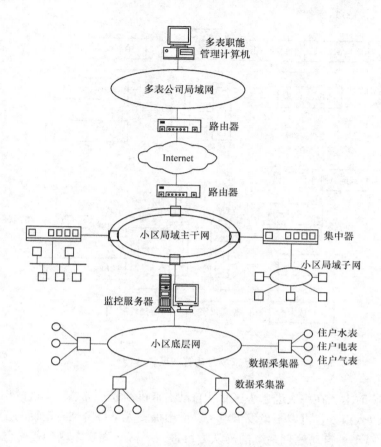

图 2-6　小区远程抄表系统结构

2. 一卡通停车场自动管理系统

传统停车场采用人工管理的办法，效率低，安全性差。随着私家车数量的不断增长，传统的管理方法已经无法满足实际需要。为了解决这些问题，智能化的停车场自动管理系统应运而生。

停车场自动管理系统是一整套自动化系统，该系统将机械、电子自控设备，图像识别，智能 IC/ID 卡等技术有机地结合起来，通过在小区车行口及地下车库出入口设置相应设施，对小区住户车辆及外来车辆进行有效管理、收费，大大减轻了小区物业管理部门的工作压力。

（1）系统功能

停车场管理系统应该具备入口管理、出口管理、IC 卡管理和车辆识别等功能。图 2-7 所示为某小区停车场自动管理系统结构。

1）入口管理。一般来说，住宅小区都有多个出入口，可以将其中的一个设置为车行口，其余作为行人出入口。在车行口设置一进一出的停车场管理系统，并设置管理工作站，对进出车辆进行管理。

住宅小区中通常采用"一车一卡一位"的管理模式，无论是小区固定车辆还是临时车辆，都由管理中心统一发卡。小区固定车辆的卡片由管理中心发放，一般使用时限较长，如一年；

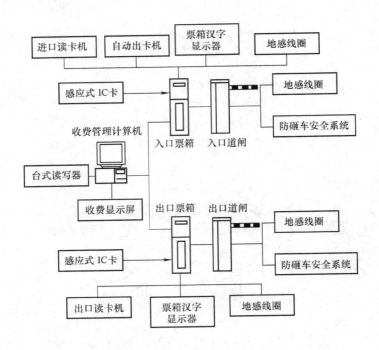

图 2-7　停车场自动管理系统结构

临时车辆的卡片为临时卡，在每次进入小区时从自动出卡机领取。考虑到小区的出入口一般都配备保安人员，所以入口处也可以不设发卡设备，而由保安人员负责临时车辆的发卡工作。

车辆必须通过停车场自动管理系统的确认方可进入小区。固定车辆的信息已经录入到管理系统数据库中，进入小区时车辆识别模块会经过比对后打开道闸。临时车辆领取卡片后，自动管理系统会通过车辆识别模块对临时车辆信息进行扫描，把扫描所得信息写入其临时卡中，然后打开道闸，允许车辆进入小区。

2）出口管理。出口管理主要负责车辆收费工作。小区固定车辆直接刷卡即可离开小区，系统从其卡中扣费；临时车辆驾车离开小区时，收费工作站管理人员根据车辆型号和停泊时间计算收费，收费完毕打开道闸，临时车辆驶出小区。

若小区地下停车库不允许临时车辆进入，则可以在地下车库出入口设置停车场管理系统，通过系统设置可限制临时车辆进入地下车库，而经过授权的小区固定车辆可以刷卡进入。

（2）硬件组成

停车场自动管理系统可以采用集中监控模式，并采用感应式 IC 卡控制进出车辆。对于只有一个出入口的小区，可采用一套 AKT2000 图像型感应式 IC 卡计算机收费管理系统，整个收费管理系统包括入口部分、出口部分及收费管理处三部分。

1）入口部分。入口部分主要由入口票箱［内含感应式 IC 卡读卡机、自动出卡机、天线、地感线圈（有车读卡）、停车场智能控制器、LED 中文显示屏、对讲分机和专用电源］、自动入口道闸、地感线圈（防砸车）、满位显示牌及彩色摄像机等组成，如图 2-8 所示。

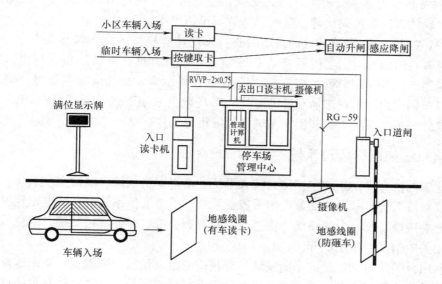

图 2-8　入口部分的系统构成

设在车道下的地感线圈可以检测到是否有车辆到来，当有车辆到来时，车辆识别模块会判断车辆类型：固定车辆或临时车辆。若为小区固定车辆，入口处的票箱 LED 显示屏会提示驾驶人刷卡，若车辆并非小区固定车辆，则提示驾驶人按键取卡。临时车辆驾驶人按下取卡按键后，票箱内的发卡器会发出一张 IC 卡，并传送到入口票箱出卡口。

固定车辆的驾驶人在读卡机感应区刷卡后，入口票箱内 IC 卡读卡机将读取卡内信息，判断其有效性，同时启动入口摄像机，摄录一幅该车辆图像，并依据相应卡号，存入收费管理处的计算机硬盘中。若卡片信息有效，系统会控制道闸起杆放行车辆入场；若该卡无效，则不会开起道闸，限制车辆入场。临时车辆驾驶人取得临时卡后，再在读卡机感应区域刷卡；管理系统将通过车辆识别模块扫描车牌号并写入卡片中，同时启动入口摄像机摄录车辆图像，并依据相应卡号存入收费管理处的计算机硬盘中，然后道闸起杆放行车辆入场。

车辆通过后闸杆会自动落下。如果在闸杆下落的过程中，道闸的地感线圈感应到闸杆下有车辆，则闸杆会自动回位不下落，直至车辆离开后闸杆才重新落下。

当停车场内车位满时，入口满位显示牌则显示"满位"，并自动关闭入口处读卡系统，不再发卡或读卡。

2）出口部分。出口部分主要由出口票箱［内含感应式 IC 卡读卡机、天线、地感线圈（有车读卡）、停车场智能控制器、LED 中文显示屏、对讲分机和专用电源］、自动出口道闸及地感线圈（防砸车）等组成。

小区固定车辆驶出停车场时，设在车道下的地感线圈检测到车辆，出口票箱 LED 显示屏提示驾驶人读卡。驾驶人刷卡后，出口票箱内 IC 卡读卡器通过卡内信息判断其有效性，同时启动出口摄像机，摄录一幅该车辆的图像；收费计算机根据 IC 卡记录信息自动调出入口处所拍摄对应图像，收费员对图像进行人工对比，确认无误后控制道闸起杆，放行车辆出场。

临时车辆驶出停车场时，驾驶人在出口处将 IC 卡交给收费员，收费员刷卡后，收费计算机根据 IC 卡记录信息自动调出入口处所拍摄对应图像，并自动计算应交费用，通过出口票箱 LED 收费显示牌显示，提示驾驶人交费；收费员对车辆进出图像进行人工对比并确认收费金额，确认无误后按确认键，道闸起杆放行车辆出场。

3）收费管理处。收费管理处的设备由收费管理计算机（内配图像捕捉卡）、IC 卡台式读写器、报表打印机、对讲主机系统及 UPS 组成。收费管理计算机除负责与出入口票箱控制器、发卡器通信外，还负责对报表打印机和 LED 显示屏发出相应控制信号，同时完成同一卡号入口车辆图像与出场车辆车牌的对比、车场数据采集下载、读写用户 IC 卡、查询打印报表、统计分析、系统维护和固定车辆卡片发售等工作。

2.2.4　信息设施运行管理系统

智能建筑的信息设施系统包括信息接入系统、信息网络系统、电话交换系统、综合布线系统、无线对讲系统、移动通信室内信号覆盖系统、卫星通信系统、有线电视及卫星电视接收系统、公共广播系统、会议系统、信息导引及发布系统、时钟应用系统、信息综合管理系统及其他相关的信息通信系统等。

可以看出，随着智能建筑的不断发展，建筑内的信息设施越来越多、越来越复杂，设备管理信息化成为亟待解决的课题。通过信息设备运行管理系统，可以对信息设施进行全面监测，包括设施运行状况、技术状况、服务质量、响应时间及运行维护队伍等，及时发现存在的问题，提高对异常情况的处理能力和信息设施的管理、使用效率。

2.2.5　信息安全管理系统

随着 Internet 的发展，众多的企业、单位、政府部门与机构都组建和发展了自己的网络，并连接到 Internet 上，网络丰富的信息资源给用户带来了极大的方便，但同时也带来了信息安全问题。

信息安全管理系统通过采用防火墙、加密、虚拟专用网、安全隔离和病毒防治等各种技术和管理措施，使网络系统正常运行，确保经过网络传输和交换的数据不会发生增加、修改、丢失和泄露等。

2.2.6　通用业务系统

通用业务系统即面向各种通用业务的信息化应用系统。采用信息化应用系统，可以将大量繁琐、零散的工作交给计算机系统处理，通过对常规性事务进行管理、集成、合理部署，提高工作效率。

工作流管理系统就是一种通用业务系统。作为一个软件系统，工作流管理系统可以完成工作量的定义和管理，并按照在系统中预先定义好的工作流逻辑进行工作流实例的执行。工作流管理系统不是企业的业务系统，而是为企业业务系统的运行提供了一个软件的支撑环境。它可以带来以下收益：

1）改进和优化业务流程，提高业务工作效率。

2）实现更好的业务过程控制，提高对顾客的服务质量。

3）提高业务流程的柔性等。

4）规范行为，落实制度。

5）协同内外，快速响应。

6）监控全面，提升执行。

2.2.7　专业业务系统

专业业务系统又称专业化工作业务信息化应用系统，是根据不同的建筑种类，以满足其所承担的具体工作职能及工作性质的基本功能为目标而设立的信息化应用系统，比如按建筑的不同类别，可分为商业建筑信息化应用系统、文化建筑信息化应用系统、体育建筑信息化应用系统、医院建筑信息化应用系统、学校建筑信息化应用系统等。

不同的建筑种类所承担的工作职能不同，所以各类建筑对信息化应用系统的需求也不同。例如，商业经营信息管理系统分为商业前台、后台两大部分，前台 POS 销售实现卖场零售管理；后台进行进、销、调、存、盘等综合管理，通过对信息的加工处理达到对物流、资金流、信息流的有效控制和管理，科学合理订货、缩短供销链，提高商品的周转率、降低库存，提高资金利用率及工作效率，降低经营成本。而体育建筑信息化应用系统需要包括记时计分、现场成绩处理、现场影像采集及回放系统、电视转播和现场评论、售验票、主计时时钟、升旗控制和竞赛中央控制系统等。

此外，上述建筑分类方法中，有些建筑分类可能包含功能差别较大的多种建筑类型，此时需要根据各自功能分别进行信息化应用系统的设计。例如，文化建筑分类中又包括图书馆、博物馆、会展中心、档案馆等，它们虽然都是文化建筑，但是功能上差别比较大，所以它们的信息化应用系统也有比较明显的差别。具体而言，图书馆信息化应用系统应包括电子浏览查询、图书订购、库存管理、图书采编标引、声像影视制作、图书咨询服务、图书借阅注册、财务管理和系统管理员等功能；博物馆信息化应用系统则应该包括藏品管理系统、多媒体发布系统、多媒体导览系统等；会展中心信息化应用系统的内容应该包括会务管理、招商管理、展位管理、网上互动展览、资源管理等。

由于智能建筑的功能多种多样，所以信息化应用系统的种类也是不胜枚举。同时，随着人们工作、社会发展的需要，也还会有新的信息化应用系统诞生。

2.3　智能建筑的信息化应用系统配置

上文已经提到，不同的建筑类型要根据自身需求配置和选择信息化应用系统，下面举例说明智能建筑设计标准中对信息化应用系统配置的要求，见表2-2、表2-3。

表 2-2　通用办公建筑信息化应用系统配置

信息化应用系统	设计标准		
	通用商务办公	通用科技办公	综合商贸办公
公共服务系统	●	●	●
智能卡应用系统	⊙	●	●
物业运营管理系统	⊙	⊙	●
信息设施运行管理系统	○	⊙	●
信息安全管理系统	○	⊙	●
通用业务系统	⊙	●	●
专业业务系统	●	●	●
其他业务应用系统	○	○	⊙

注：表中，●—应配置；⊙—宜配置；○—可配置。

表 2-3　行政办公建筑信息化应用系统配置

信息化应用系统	设计标准		
	其他职级行政职能办公	独立县处、地市级行政职能办公	独立地市级、省部级及以上行政职能办公
公共服务系统	●	●	●
智能卡应用系统	◉	●	●
物业运营管理系统	◉	◉	●
信息设施运行管理系统	◉	●	●
信息安全管理系统	◉	●	●
通用业务系统	●	●	●
专业业务系统	●	●	●
其他业务应用系统	○	○	◉

可以看出，通用办公建筑和行政办公建筑虽然同为办公建筑，但是由于承担的具体职能不同，信息化应用系统的配置有着明显的差别。

思 考 题

1. 信息化应用系统的作用和组成部分是什么？
2. 智能建筑对信息化应用系统的要求是怎样的？
3. 什么是智能卡，可分为哪几类？
4. 校园一卡通系统的组成和功能有哪些？
5. 试简述校园一卡通系统中"宿舍管理"门禁子系统的工作原理。
6. 简要描述小区远程自动抄表系统的结构。
7. 不同类型车辆进入小区时，自动管理系统的工作流程有何异同？
8. 通用业务信息化应用系统与专业业务信息化应用系统有何异同？
9. 试列举两例专业业务信息化应用系统，说明其作用和功能。

第3章 信息设施系统

3.1 概述

信息设施系统（Information Infrastructure System）即建筑通信系统。GB/T 50314—2014《智能建筑设计标准》将信息设施系统定义为：为适应信息通信需求，对建筑内各类具有接收、交换、传输、处理、存储和显示等功能的信息系统予以整合，从而形成实现建筑应用与管理等综合功能之统一及融合的信息设施基础条件的系统。

信息设施系统为建筑物的使用者和管理者提供良好的信息化应用基础条件，具有对建筑内外相关的各类信息，予以接收、交换、传输、处理、存储、检索和显示等功能，它包括信息接入系统、信息网络系统、电话交换系统、综合布线系统、无线对讲系统、移动通信室内信号覆盖系统、卫星通信系统、有线电视及卫星电视接收系统、公共广播系统、会议系统、信息导引及发布系统、时钟应用系统、信息综合管路系统及其他相关的信息通信系统。

3.2 电话交换系统

3.2.1 电话通信的起源

电话通信是人们生活中应用最广泛、使用最频繁的一种通信方式。电话通信于1876年由美国科学家贝尔发明。1892年，纽约和芝加哥之间的电话线路开通，电话发明人贝尔第一个试音："喂，芝加哥"，这一历史性声音被记录了下来。从此之后，电话便成为了人类生活中最重要的工具之一。

现代的电话机一般都是爱迪生送话器与贝尔受话器的结合。送话器一般都是用炭精话筒来做。主要部件包括：前电极、连在前电极上的振动膜、后电极、前后电极之间的炭精砂。

电话的工作原理是这样的：当人对着送话器讲话时，振动膜会发生振动，连带对炭精砂产生挤压，炭精砂的电阻产生变化，因而送话器就输出与讲话相对应的电流。这个电流通过电话线传送到受话器上，产生随电流大小而变化的磁场，导致振动膜片产生振动，将电流还原成语音。

电话传入我国是在1881年，英籍电气技师皮晓浦在上海十六铺沿街架起一对露天电话，付36文钱可通话一次，这是中国的第一部400电话。1882年2月，丹麦大北电报公司在上海外滩扬于天路办起我国第一个400电话局，有用户25家。

但是到1949年新中国成立时，我国的电话普及率仅为0.05%，电话用户只有26万户。到1978年，全国也仅有电话用户214万，电话普及率也仅为0.38%，不及世界水平的1/10，占世界1/5人口的中国拥有的话机总数还不到世界话机总数的1%，每200人中拥有话机还不到1部，比美国落后75年。交换机自动化比重低，大部分县城、农村仍在使用"摇把子"，长途传输主要靠明线和模拟微波，即使北京每天也有20%的长途电话打不通，15%

的要在 1 小时后才能接通。改革开放后，中国的电信事业得到了飞速的发展，现在，电话已经普及寻常百姓家。贝尔曾经有过这样的设想：将电话线埋入地下，或悬架在空中，用它连接到住宅、乡村、工厂……，这样，任何地方都能直接通电话。

3.2.2　电话交换机

最初的电话通信只能完成一部话机与一部话机的固定通信，这种仅涉及两个终端的通信称为点对点通信。点对点通信需要的传输线的数量大，并且当终端间相距较远时，线路信号衰耗大。1878 年，美国人阿尔蒙·B·史端乔提出了交换的设想，其基本思想是将多个终端与一个转接设备相连，当任何两个终端要传递信息时，该转接设备就把连接这两个用户的有关电路接通，通信完毕再把相应的电路断开。人们称这个转接设备为交换机。

当终端用户分布的地域较广时，可设置多个交换机（如市话分局交换机），每个交换机连接与之较近的终端，且交换机之间互相连接。当终端用户分布的地域更广，多个交换设备之间也不便做到个个相连时，就要引入汇接交换设备，构成典型的电信通信网。

终端设备一般置于用户处，故将终端设备与交换设备之间的连接线叫做用户线，而将交换设备与交换设备的连接线叫做中继线。用户交换机是由机关、企业等集团单位投资建设，供内部通信使用的交换机。

3.2.3　电信网

电信网的基本组成如图 3-1 所示，它由终端、传输和交换等三类设备组成。

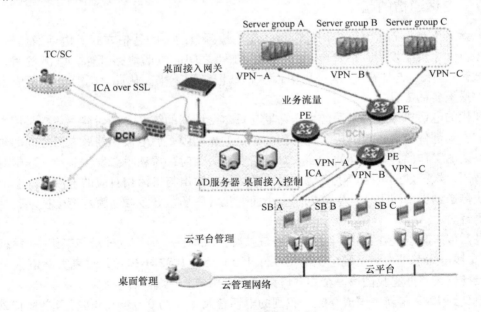

图 3-1　电信网的基本组成

1）终端设备。终端设备的主要功能是把待传送的信息和在信道上传送的信号进行相互转换。对应不同的电信业务有不同的终端设备，如电话业务的终端设备就是电话机终端，数据通信的终端设备就是计算机等。

2）传输设备。传输设备是传输媒介的总称，它是电信网中的连接设备，是信息和信号的传输通路。传输链路的实现方式很多，如市内电话网的用户端电缆、局间中继设备和长途传输网的数字微波系统、卫星系统以及光纤系统等。

3）交换设备。如果说传输设备是电信网络的神经系统，那么交换系统就是各个神经的中枢，它为信源和信宿之间架设通信的桥梁。其基本功能是根据地址信息进行网内链路的连接，以使电信网中的所有终端能建立信号通路，实现任意通信双方的信号交换。对不同的电信业务，交换系统的性能要求不同，例如对电话业务网，交换系统的要求是话音信号的传输时延应尽量小，因此目前电话业务网的交换系统主要采用直接接续通话电路的电路交换设备。交换系统除电路交换设备外，还有适合于其他业务网用的报文交换设备和分组交换设备等。

由于交换系统的设备承担了所有终端设备的汇接及转接任务，在通信网中成了关键点，因此在网络的结构图中，常将含交换系统的点称为节点。

电信网仅有上述设备往往不能形成一个完善的通信网，还必须包括信令、协议和标准。从某种意义上说，信令是实现网内设备相互联络的依据，协议和标准是构成网络的规则。因为它们可使用户和网络资源之间，以及各交换设备之间有共同的"语言"，通过这些"语言"可使网络合理地运转和正确地控制，从而达到全网互通的目的。

3.3　有线电视系统

有线电视起源于共用天线电视系统 MATV（Master Antenna Television）。共用天线系统是多个用户共用一组优质天线，以有线方式将电视信号分送到各个用户的电视系统。

3.3.1　有线电视系统的起源

有线电视系统（电缆电视，Cable Television，CATV）最初是为了解决偏远地区收视或城市局部被高层建筑遮挡影响收视而建立的共用天线系统。真正意义上的 CATV 出现在 20 世纪 50 年代后期的美国，人们利用卫星、无线、自制等节目源通过线路单向广播传送高清晰、多套的电视。进入 20 世纪 90 年代后，我国 CATV 建设如雨后春笋般发展起来。本着更清晰、更多套的原则，网络从 300MHz 邻频传输逐步升级，高带宽、光缆化成为城市 CATV 建设的基础，HFC（Hybrid Fiber–Coaxial，光缆/同轴电缆混合）网络在全国范围内初具规模。经过 5～6 年的飞速发展，CATV 逐渐降温，从哪里增值及如何发挥网络的巨大潜力，成了 CATV 首先需要解决的问题。人们渐渐意识到，虽然有线电视网最初的服务定位在提供高质量、多套的电视服务，建网时也采用单向广播技术，但 HFC 网络的业务扩展性是相当大的。在 HFC 网络上进行数字数据综合业务传输的带宽可达 1GHz。除传输模拟视频外，还有很多的频带资源留给数字视频传输和双向数据通信，利用 HFC 网络可以较好地支持 Internet 访问等。于是，通过 CATV 网接入到 Internet，便被提到了日程上。

3.3.2　有线电视系统的组成

有线电视系统主要由信号源、前端、干线传输和用户分配网络组成，如图 3-2 所示。

信号源部分的主要任务是向前端部分提供系统欲传输的各种信号。它一般包括开路电视

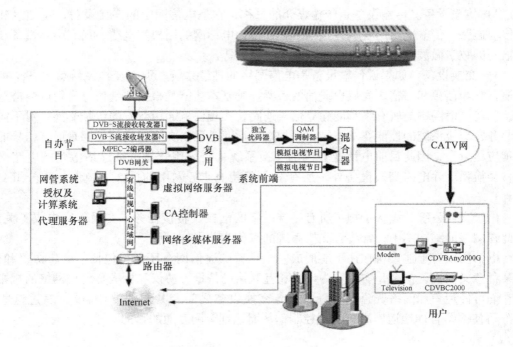

图 3-2　有线电视系统的组成

接收信号、调频广播、地面卫星、微波，以及有线电视台自办节目等信号。系统前端部分的主要任务是将信号源送来的各种信号进行滤波、变频、放大、调制、混合等，使其适用于在干线传输系统中进行传输。

系统的干线传输部分的主要任务是将系统前端部分所提供的高频电视信号通过传输媒体不失真地传输给用户分配网络。其传输方式主要有光纤、微波和同轴电缆三种。

用户分配网络的任务是把从前端部分传来的信号分配给千家万户，它是由支线放大器、分配器、分支器、用户终端以及它们之间的分支线、用户线组成的。

3.3.3　有线电视系统的特点

有线电视有以下优点：

1）收视节目多，图像质量好。在有线电视系统中可以收视当地电视台开路发送的电视节目，包括 VHF 和 UHF 各个频道的节目。有线电视采用高质量信号源，保证信号的高水平，因为用电缆或光缆传送，避免了开路发射的重影和空间杂波干扰等问题。

2）有线电视系统可以收视卫星上发送的我国以及国外 C 波段及 ku 波段电视频道的节目。

3）有线电视系统可以收视当地有线电视台（或企业有线电视台）发送的闭路电视。闭路电视可以播放优秀的影视片，也可以是自制的电视节目。

4）有线电视系统传送的距离远，传送的电视节目多，可以很好地满足广大用户看好电视的要求。如果采用先进的邻频前端及数字压缩等新技术，则频道数目还可大为增加。

5）根据不少地方有线电视台和企业有线电视台的经验，有线电视台比个人直接收视既经济实惠，又可以极大地丰富节目内容。对于一个城市而言，将会再也看不到杂乱无章的大量的小八木天线群，而是集中的天线阵，使城市更加美化。

6）有线电视随着技术的不断发展和人民生活水平的不断提高，还可以进一步的发展，例如电视频道数目可以不断加多，自办节目也可以不断增加，而且还可以发展双向传送功能，利用多媒体技术把图像、语言、数字、计算机技术综合成一个整体进行信息交流。国外双向系统早已实用化，其主要功能主要有以下几个方面：

① 保安、家庭购物、电子付款、医疗。

② 付费电视节目可放送最新电影等，可以按月付费租用一个频道，也可以按租用次数付费，用户还能点播所需节目。付费用户装有解密器，未付费用户则无法收看。

③ 用户可与计算中心联网，进行数据信号，实现计算机通信。

④ 交换电视节目。

⑤ 系统工作状态监视。

然而，有线电视系统也面临一些挑战，比如：

1）网络电视（IPTV）动摇着有线电视的垄断地位。网络电视作为一种新型的视频节目传输形态在全球迅速发展，对于有线电视来说，有狼来了的感觉。

2）互联网动摇着电视第一媒体的地位。互联网集报纸、广播、电视三大媒体的优势和双向互动的优势于一身，深受人们的欢迎。而有线电视目前提供的服务仍是广播式单向的电视传输，已满足不了用户的需求。

3）有线电视网络公司营业收入来源单一，抗风险能力低。

3.3.4　我国有线电视系统的现状

我国有线电视的发展走的是一条由上至下，由局部到整体的路线。各地有线电视的发展一般都是由最初的居民楼闭路电视，发展到小区有线电视互连，进而整个城域（行政辖区）的有线电视互连。自 1990 年以后，我国有线电视从各自独立的、分散的小网络，向以部、省、地市（县）为中心的部级干线、省级干线和城域联网发展，并已成为全球第一大有线电视网。目前我国有线电视体系结构存在着调整趋势，这主要体现在"网台分离"和"有线电视产业化"两个方面。

目前，我国的有线电视网有两大优势：带宽很宽；覆盖率高于电信网。电信网形成时只是为了一个业务，那就是打电话，而打电话只要求 64kbit/s 的带宽，所以整个网络的设计也就仅局限于这 64kbit/s。这样一来电信网的带宽就存在瓶颈，限制了网络速度的提高。尽管电信采取了 ISDN、ADSL（非对称线性环路），目前可做到 6Mbit/s、8Mbit/s、10Mbit/s 的带宽，但在当前价位上提高的余地不大，再往前走，成本将非常高。而 CATV 的同轴电缆带宽很容易就可以做到 800Mbit/s，按现在的带宽要求，CATV 网的能力绰绰有余。

近年来，深圳、上海、大连、青岛、苏州、南京等有线电视台进行了多功能业务先导网实验。现已实验开通的业务有高速 Internet 接入、计算机联网、视频点播、音频点播、网上购物、可视电话、电视会议等内容。实验验证了有线电视网的关键技术，如回传噪声的客服、Cable MODEM 应用等的可行性，为多项功能的全部铺开积累了经验。

3.4　信息网络系统

3.4.1　通信网概述

现代社会已经跨入信息时代，人们的生活和工作都离不开信息的沟通 —— 通信。众多的用户要想相互间通信，就必须靠由传输媒质组成的网络来完成信息的传输和变换。早已存在于人们生活中的电话网，就是用传输介质接通交换机形成的传输和交换声音信息的通信网络。随着社会的进一步现代化，100 年前发明的模拟有线电话、电报独占天下的时代已结束，当今通信已出现了如下几个新特征。

1）信源多样化：语音、电报、传真、电视、计算机数据，以及其他各种数据的多信息形式出现在通信中，乃至要求其能同时被传输使用。

2）传输手段多样化：电缆、光缆、移动无线电、卫星、微波中继等传输手段的使用及它们的综合应用。

3）计算机的广泛使用：计算机技术的高度发展，使其应用遍及各个方面。通信、广播、信号处理、控制、管理等领域，计算机无不存在。加之信息的普遍数字化，传输速率的提高，并要求能够进行存储、交换和处理，这些都要依靠计算机技术才能得以实现。

4）通信业务量激增，通信质量要求越来越高。

这一切都显示出对通信的需求与日俱增，整个社会都想尽快取得有效信息，因为能否获得快速、高质的有效信息，将是事业成败的关键。

通信网由用户终端、交换设备、集线器以及连接它们的传输介质等组成。除了这些硬件设备外，为了保证网络正确合理地运行，还必须有管理网络运行的软件（如标准、协议、信令等）。

交换设备、集线器、终端等称为通信网的节点，连接这些节点的传输介质称为链路。链路的功能是为信息传输提供通路；节点的功能是为信息的输入输出或交换提供场所。所以，通信网的基本任务是为网络用户提供信息传输路径，使处于不同地理位置的用户之间可以相互通信。为此，通信网应具备以下功能：

1）路径：网络能在源节点和目的节点之间建立信息传输通道（通常要经过中间节点转接），为通信双方提供信息交换路径。

2）寻址：网络应具有寻址能力，能使标明地址的被传输信息正确到达目的地。

3）路由选择：能在源节点和目的节点之间提供最佳的路由。

4）协议转换：能使采用不同字符、码型、格式、控制方法等的用户间进行信息交换。

5）速率匹配：能在用户和网络间进行速率变换，使之达到速率匹配。

6）差错控制：为了保证信息传输的可靠性，应具有差错控制的功能，通过检错、纠错或重发进行差错控制。

7）分组：网络通常以分组的形式传输信息。因此，在发送端，应能将用户报文分成分组；在接收端，应能将接收分组按原样组装成用户报文。

3.4.2　通信网的基本要求

任何一个通信网都应满足一定的要求，以便对用户提供良好的服务。对通信网的基本要求可概括为以下几方面：

（1）接通的任意性和快速性　对通信网的最基本要求是网内任意两个用户都能互相通信，这就是接通的任意性。这里接通不但是任意的，而且还应是快速的，否则接通可能是无意义的。影响快速接通的原因或是由于转接次数太多，或是某些环节出现拥塞现象。不过，要使网络完全不产生拥塞，往往是不经济的，有时甚至是不可能的。对于紧急用户，可采用直通方式解决。当网内用户都是紧急用户时，只好采用全连通网络。在某些情况下，也可利用优先级来适应紧急用户。

（2）可靠性　这里所谓可靠性是指概率意义上平均故障间隔时间或平均运行率是否达到要求。提高可靠性意味着需要增加备用信道和设备，这就必然要增加投资和维护费。在军用通信网中，中断通信的损失可能是无法估计的。所以，这类通信网的可靠性要求几乎凌驾于经济性之上。民用通信网的可靠性要求要低一些，但随着信息交换价值的提高，对可靠性的要求也越来越高。

（3）透明性　所谓透明性，就是所有信息都可以在网内传输，就像透明的物体中能通过任何波长的可见光线一样。良好的网应不对用户进行限制，而使信息仍能畅通，也就是说，一个理想的网应允许用户任何形式的信息都可在网内传递。这当然是一个很高的要求。目前，透明性应对用户提出尽可能少的限制，以使通信网发挥最大的效用。

（4）一致性　为了保证一定的通信质量，任何通信系统都必须规定一些质量指标。在通信网中，除了各子系统都应满足这些质量指标外，还必须规定全程指标和它们的一致性。网内任何两个用户通信时，不管这两个用户距离远近，都应有相同或相近的通信质量，这个网才是正常的。质量的一致性是规定最低的质量指标，网内所有通信的质量不低于这个指标，就认为网络的通信质量是一致的。

（5）灵活性　如果一个通信网建成以后，不再允许新用户或新业务进网，也不能与其他网互联互通，这样便限制了网的发展，自然是很不理想的，或者说，网络的灵活性差。此外，网络的灵活性还应包括网络的过载能力，即当业务量超过网的设计容量时，仍应有一定的适应能力。一个设计良好的网应有足够的灵活性，以适应过载状态，尽量避免或推迟拥塞现象。

（6）经济合理性　如果网的造价太高或者维护费用太大，再好的网也是难以实现的。可见网络的经济合理性要求是十分重要的。同时，网络经济的合理性也是一个十分复杂的问题。它不仅仅涉及技术问题，还涉及社会条件和人为因素。因为在一个时期，技术上、经济上不合理的网络，会随着技术的进步、经济的发展而变得合理，甚至成为一个很好的网络，所以，经济合理性是一个相对概念。

3.4.3　通信网的业务

信息的形式是多种多样的，与之对应的通信业务的种类也是多种多样的。目前通信网中提供的业务类型主要有电话、电报、传真、数据等。电报、电话是通信网中最基本、最主要的业务。

电报虽然发明得早，但由于它的非交互性，不如电话使用方便，所以业务量远低于电话。

传真传送的是静止图像，用于文件、图片、图形等的传送。公用传真业务多是在公用电话网上附加传真业务实现的。

随着计算机技术的普及和发展，越来越多的用户需要传输、交换数据和共享资源。因此，许多国家都建立了专用或公用数据网，并与 Internet 相连。

半导体技术和光通信技术的飞速发展，使通信业务发生了明显的变化，以电话为主的语音通信将向可视图文和图像通信发展。智能化业务（如语音拨号、手写输入等）将成为未来通信业务的主要形式，新的业务将随着信息化程度的提高不断地涌现。

3.4.4　通信网的类型

通信网有多种分类方法。按业务性质可分为电话网、电报网、传真网、数据网等，按运营方式又可分为公用通信网和专用通信网等。此外，通信网还有其他的分类方法，如交换网，包括电路交换网、报文交换网、分组交换网；广播网，包括分组无线电网、卫星网、局域网。

1. 地理位置分类

局域网（LAN）：一般限定在较小的区域内，小于 10km 的范围，通常采用有线的方式连接起来。

城域网（MAN）：规模局限在一座城市的范围内，10～100km 的区域。

广域网（WAN）：网络跨越国界、洲界，甚至全球范围。

局域网和广域网是网络的热点。局域网是组成其他两种类型网络的基础，城域网一般都加入了广域网。广域网的典型代表是 Internet。

个人网：个人局域网就是在个人工作地方把属于个人使用的电子设备（如便携电脑等）用无线技术连接起来的网络，因此也常称为无线个人局域网 WPAN，其范围大约在 10m 左右。

2. 传输介质分类

有线网：采用同轴电缆和双绞线来连接的计算机网络。同轴电缆网是常见的一种联网方式。它比较经济，安装较为便利，传输率和抗干扰能力一般，传输距离较短。双绞线网是目前最常见的联网方式。它价格便宜，安装方便，但易受干扰，传输率较低，传输距离比同轴电缆要短。

光纤：光纤网也是有线网的一种，但由于其特殊性而单独列出。光纤网采用光导纤维作传输介质。光纤传输距离长，传输率高，可达数千 Mbit/s，抗干扰性强，不会受到电子监听设备的监听，是高安全性网络的理想选择。不过由于其价格较高，且需要高水平的安装技术，所以尚未普及。

无线网：用电磁波作为载体来传输数据。无线网联网费用较高，还不太普及，但由于联网方式灵活方便，是一种很有前途的联网方式。

局域网常采用单一的传输介质，而城域网和广域网一般需采用多种传输介质。

3. 拓扑结构分类

星形网络：各站点通过点到点的链路与中心站相连。星形网络的特点是很容易在网络中增加新的站点，数据的安全性和优先级容易控制，易实现网络监控，但中心节点的故障会引起整个网络瘫痪。

环形网络：各站点通过通信介质连成一个封闭的环形。环形网容易安装和监控，但容量有限，网络建成后，难以增加新的站点。

总线型网络：网络中所有的站点共享一条数据通道。总线型网络安装简单方便，需要铺设的电缆最短，成本低，某个站点的故障一般不会影响整个网络。但介质的故障会导致网络瘫痪，总线网安全性低，监控比较困难，增加新站点也不如星形网容易。

树形、簇星形、网状形等其他类型拓扑结构的网络都是以上述三种拓扑结构为基础的。

4. 通信分类

点对点：数据以点到点的方式在计算机或通信设备中传输。星形网、环形网采用这种传输方式。

广播式：数据在共用介质中传输。无线网和总线型网络属于这种类型。

5. 使用目的分类

共享资源：使用者可共享网络中的各种资源，如文件、扫描仪、绘图仪、打印机以及各种服务。Internet 是典型的共享资源网。

数据处理网：用于处理数据的网络，如科学计算网络、企业经营管理用网络等。

数据传输网：用来收集、交换、传输数据的网络，如情报检索网络等。

6. 服务分类

客户机/服务器网络：服务器是指专门提供服务的高性能计算机或专用设备，客户机是用户计算机。这是客户机向服务器发出请求并获得服务的一种网络形式，多台客户机可以共享服务器提供的各种资源。这是最常用、最重要的一种网络类型，其不仅适合于同类计算机联网，也适合于不同类型的计算机联网，如 PC、MAC 的混合联网。这种网络安全性容易得到保证，计算机的权限、优先级易于控制，监控容易实现，网络管理能够规范化。网络性能在很大程度上取决于服务器的性能和客户机的数量。针对这类网络有很多优化性能的服务器，称为专用服务器。银行、证券公司都采用这种类型的网络。

对等网：对等网不要求文件服务器，每台客户机都可以与其他每台客户机对话，共享彼此的信息资源和硬件资源，组网的计算机一般类型相同。这种网络方式灵活方便，但是较难实现集中管理与监控，安全性也低，较适合于部门内部协同工作的小型网络。

7. 其他分类

例如，按信息传输模式的特点来分类的 ATM 网，网内数据采用异步传输模式，数据以 53 字节单元进行传输，提供高达 1.2Gbit/s 的传输率，有预测网络延时的能力，可以传输语音、视频等实时信息，是最有发展前途的网络类型之一。

另外还有一些非正规的分类方法，如企业网、校园网等。

3.4.5　通信网的发展

可视化、智能化和个人化是通信业务发展的总趋势，它们将对通信网的发展产生深刻的影响。未来的通信网将向数字化、综合化、宽带化、智能化和个人化方向发展，最终实现全球一网。

数字化就是通信网全面采用数字技术，包括数字传输、数字交换、数字终端等，从而形成数字网，以满足大容量、高速率、低误差的要求。综合化就是把来自各种信息终端的业务综合到一个数字网中传输处理，为用户提供综合性服务。宽带化意味着高速化，即以每秒几百兆比特以上的速率传输和交换从语音、数据到图像等多媒体信息，以满足人们对高速数据信息的要求。智能化是指在通信网中引进更多的智能部件，形成"智能网"，以提高网络的应变能力，动态分配网络资源，并自动适应各类用户的需要。个人化即个人通信，它将把传统的"服务到终端"变为"服务到个人"，使任何人都能随时随地与任何地方的另一个人通信，而不管双方是处于静止状态还是处于运动状态。为了实现全人类无约束地自由通信，全球一网将是通信网发展的必然趋势。

3.4.6　现代通信网

1. 电话网

电话网是最早建立起来的一种通信网。一个电话网由以下几部分组成：

1）传输系统：提供数据传输通道，有线、无线均可使用。

2）交换系统：进行数据的交换，设于电话局内。

3）用户系统：包括用户终端设备以及连接终端设备与交换机的传输线路。

4）信令系统：为实现用户间通信，在交换局间提供呼叫建立、释放控制等信号。

按覆盖面积的大小，电话网可分为市话网、国内长途电话网和国际长途电话网三类。

（1）市话网

市话网有单局制、多局制和汇接制三类。单局制适于小城镇；多局制适于中等城市；汇接制适于大城市。下面以汇接制为例说明市话网的连接方式和工作原理。

汇接制是将整个城市电话网分成若干个汇接区，每个汇接区设置一个汇接局，每个汇接局下属若干个分局。不同汇接区的用户通话时，两者均需经过各自所在的汇接区的汇接局。图 3-3a 示出了具有 A、B、C 三个汇接区的汇接制市话网。图 3-3b 为 B 区用户向 C 区用户发话的路由。实际的汇接局是由位置适中的区内某个分局担任的。

（2）国内长途电话网

由于长途电话网覆盖面积大，用户数和交换局数多，故采用分级汇接制组网。分级数目视其覆盖面积而定。

我国采用四级汇接辐射制，它是按照大区、省、地区、县四级行政体制组成的。除县局外，每层结构均有如下特点：①彼此两两相连，即层局间皆有直通电路；②同层内的任一局都向下辐射相连。

世界上绝大多数国家采用五级汇接辐射网。在整个系统中，除了最高汇接中心外，其他每个交换局都和一个比它高一级的汇接局相连。最高汇接局之间是全互联的。这种结构保证了网中任意两个交换局之间都有一条通路。

（3）国际长途电话网

实际上，国际长途电话网是由各国长途电话网互联而成的。因此，其结构是一种树形分层式的。按照 CT1、CT2、CT3 将各国长途电话网互联，构成国际长途电话网。其主体结构如图 3-4 所示。

1）一级国际中心局 CT1：全世界按地理区域分设了七个一级国际中心局，分管各自范围内国家的话务。

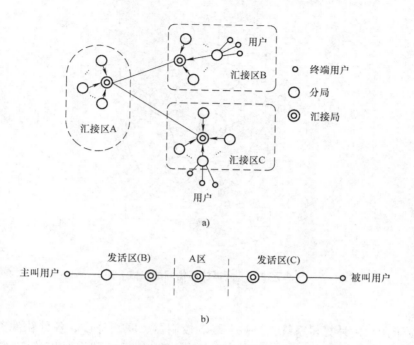

a)

b)

图 3-3 汇接制市话网及其通话路由
a）汇接网 b）通话路由

2）二级国际中心局 CT2：是为在每个 CT1 所辖区域的一些较大国家设置的中间转接局。它将这些较大国家的国际业务经 CT2 汇接后送到就近的 CT1 局。CT2 和 CT1 之间仅连国际电路。

3）三级国际中心局 CT3：是设置在各个国家内连接其长途电话网的转接局。任何国家至少有一个 CT3 局。国内长途电话局只能接到 CT3 上进行国际通话。

2. 计算机通信网

计算机通信网就是实现计算机通信的网络。它是计算机技术与通信技术相结合的产物，是将分布在不同地理位置的计算机、终端

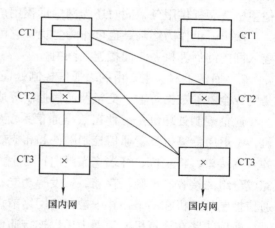

图 3-4 国际长途电话网主体结构

以及外设等通过通信线路互相连接形成的。计算机通信网是数据通信网的一个重要类型，目前已成为现代通信网的基础。Internet 就是一个全球性的计算机通信网。

计算机通信网的基本功能是数据处理与数据传输（包括交换），因此，在结构上形成了与之相应的两部分：计算机和终端负责数据处理；通信控制处理机（CCP）和通信线路负责数据传输和交换。计算机通信在逻辑功能上形成了两个子网，即资源子网和通信子网，如图 3-5 所示。

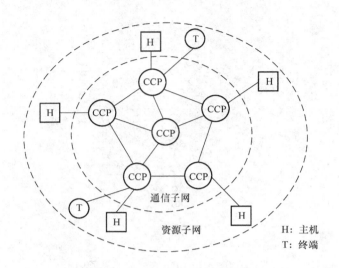

图 3-5　计算机通信网的组成

（1）组成

1）资源子网：由计算机系统、终端、终端控制器、联网外设、各种软件资源与数据资源等组成。资源子网负责全网的数据处理业务，向网络用户提供各种网络资源和网络服务。联网主机可以是大型机、中型机、小型机、工作站或微机，它是资源子网的主要组成单元。主机通过高速通信线路与通信子网的通信控制处理机相连接。主机要为本地用户访问网络其他主机资源提供服务，同时还为网中远程用户访问本地资源提供服务。

微机既可作为终端，也可作为主机，它可通过通信控制处理机直接连入网内，也可通过连入网内的计算机系统间接连入网内。

2）通信子网：主要由网络通信控制处理机、通信线路和其他通信设备等组成。其功能是完成全网的数据传输、交换及通信控制等通信处理任务。

通信控制处理机是一种在数据通信系统和计算机网络中处理通信控制功能的专用计算机，一般由计算机配置通信控制硬件和相应软件构成。它一方面作为资源子网的主机、终端的入网接口，将主机、终端连入网内；另一方面它又作为通信子网中的分组存储转发节点，完成分组的接收、校验、存储、转发等功能，将源主机的报文分组正确地转发到目的主机。通信控制处理机在网络拓扑中被称为网络节点。

通信线路在计算机通信网中用以连接通信控制处理机和通信控制处理机、通信控制处理机和主机，在它们之间形成通信信道。计算机通信网中常采用的通信线路有双绞线、同轴电缆、光缆、无线介质等。

（2）拓扑结构

计算机通信网的拓扑结构主要是指通信子网的拓扑结构。根据通信信道的类型，通信子网分为两类：点—点线路的通信子网和广播信道的通信子网。

点—点线路通信子网的基本拓扑结构有星形、环形、树形和网状形四类。广播信道通信子网也有四类，即总线型、树形、环形和无线型。

在点—点线路的通信子网中，每条物理线路连接一对节点。若两节点间没有直接连接的线路，则两点之间的通信要通过其他节点转接。在广播信道通信子网中，多个物理节点共享一条公共信道，但任一时间内只允许一个节点使用信道。当某一节点在公共信道上发送数据时，接于公共信道上的其他节点都能"收听"到发送的数据。

（3）分类

按计算机通信网覆盖的地理范围可分为三类：广域网（WAN）、城域网（MAN）和局域网（LAN）。广域网覆盖范围在几十千米以上。它可以覆盖一个国家、一个地区或横跨几大洲，形成一个国际性的大网。

城市地区构成的计算机通信网常称为城域网。它覆盖的范围介于广域网和局域网之间。

局域网是将一个实验室、一幢大楼、一个校园等有限范围内的各种计算机、终端及外设等互相连接形成的网络。目前，局域网发展迅速，应用广泛，是计算机通信网中十分活跃的领域。

3. 移动通信网

移动通信网是通信网的一个重要分支。由于无线通信具有移动性、自由性，以及不受时间、地点制约等特点，故深受广大用户欢迎。在现代通信中，移动通信已成为与卫星通信、光纤通信并列的三大重要通信手段。

移动通信是在移动状态下的实时通信。要实现运动物体之间的通信，只能使用无线通信这种传输方式。由于移动通信会遇到各种恶劣的地形和天气，从而要求移动通信设备必须能适应这种严酷的环境，因此，移动通信综合体现了整个通信技术的发展水平。

移动通信涉及的范围广泛，凡是固定点与移动体，或者移动体之间通过无线方式进行的实时通信，都属于移动通信的范畴。

（1）移动通信的特点

移动通信质量的好坏主要取决于无线传输质量的高低。由于陆地条件复杂，移动台位置不断变化，电波传播会受到多种影响，因此，传播参数会随之变化。概括起来说，移动通信具有以下几个方面的特点：

1）多径效应：电波在传播过程中，因受地形、地物的反射、阻挡及电离层散射的影响，移动台所收到的信号是从多条路径来的电波组合，这种现象称为多径效应。这种组合信号的幅度和相位是随机变化的，因而会造成信号严重衰落。多径效应所引起的这种衰落会随移动台移动速度的增加而加快。

2）阴影效应：随地形和地物的不同而产生的衰落称为阴影效应。当移动台进入某些区域时，会产生收不到信号的现象，这些区域称为阴影区或盲区。

3）多普勒效应：在移动通信中，由于移动台收到的多径信号的相位是变化的，因而会使载波频率发生偏移。这种现象称为多普勒效应，该频偏称为多普勒频偏。工作频率越高，运动速度越快，多普勒频偏就越大。多普勒效应会使工作频率发生"晃动"，这对采用相干解调的移动台是有影响的。

4）远近效应：移动通信是在运动状态下进行通信的，这样，在移动台之间就会出现近处移动台干扰远距离移动台之间的通信，这种现象称为远近效应。为了减小这种干扰，要求发射机要具有自动功率控制功能。

5）干扰噪声：当移动台处于环境噪声较大的区域时，会受到较大的干扰。除此之外，还有移动通信系统本身的干扰，例如移动台的收发信机是放在一起的，这会造成发对收的干扰。

（2）移动通信网的分类

移动通信网有多种分类方法，按服务对象划分，可分为专用移动通信网和公用移动通信网两类。

1）专用移动通信网：是针对某种特殊需要而建立的移动通信系统，公安、交通、铁路等移动通信网属于专用网。

专用移动通信网针对性强，适应本系统的特殊需要，一般只在本系统内部使用。我国的专用移动通信网使用的频率为 150MHz 和 450MHz 频段。

2）公用移动通信网：是一种公众移动通信服务系统，任何人只要申请办理相应手续都可以使用，就像电话网一样是面向大众的。

根据传输的基带信号是连续的还是离散的，公用移动通信网有模拟和数字之分。数字移动通信网是近年发展起来的先进通信体制，它有模拟移动通信所不具备的许多优点。

由于公用移动通信网是开放的，因此，它具有覆盖面积大、用户数量多等特点。我国公用移动通信网使用的频率是 900MHz 频段。

（3）移动通信系统的组成

典型的陆地移动通信系统的组成如图 3-6 所示。移动通信系统由移动台（MS）、基站（BS）、移动业务交换中心（MSC）及连接市话网的中继线路等组成。

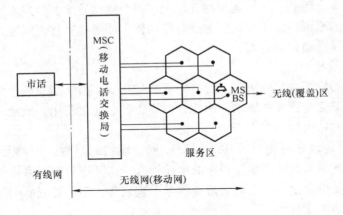

图 3-6　移动通信系统的组成

基站和移动台设有收发信机和天馈线等设备。每一基站都有一个可靠通信的服务范围，称为无线小区。无线小区的大小主要由基站的发射功率和天线高度决定。服务范围分为大区制、中区制和小区制三种。大区制是指一个城市由一个无线区覆盖，覆盖半径可达 25km 以上。小区制一般是指覆盖半径为 2 ~ 10km 的多个无线区链合而成整个服务区的制式。介于两者之间的为中区制。目前发展方向是将小区划小，成为微区或微微区。

移动交换中心与基站共同完成信息的交换、接续以及对无线频道的控制管理等功能。

移动通信系统是一个有线与无线相结合的综合通信系统。基站和移动台以及移动台之间采用无线传输方式，而基站与移动交换中心及移动交换中心与市话局之间一般采用有线（中继线）传输方式。

4. 综合业务数字网（ISDN）

目前存在的各种通信网，都是为完成单项通信业务独立设立的专用网，如用于语音传输的电话网、用于数据传输的电路交换数据网或分组交换数据网、用于传送广播电视节目或广播式可视图文的电视网等。当用户需要多种通信业务时，必须按业务类型分别申请多条用户线，与各种专用业务网连通。显然，这对用户是不方便的，也是不经济的。于是，人们提出了将语音、数据、图像等综合到一个网中去的设想，能够实现这种设想的网络称为综合业务数字网（ISDN）。ISDN 的基本结构如图 3-7 所示。

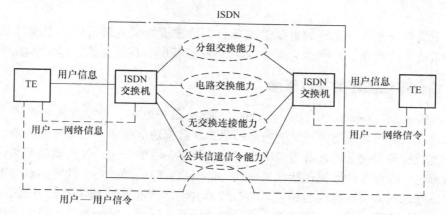

图 3-7　ISDN 的基本结构

ISDN 是由综合数字电话网（IDN）演变而来的，它提供端到端的数字连接，支持包括话音和非语音等一系列业务，为用户进网提供一组标准的多用途用户—网络接口。

图 3-7 中，TE 是用户终端设备，它通过标准的用户—网络接口接入 ISDN。在用户—网络接口上有信息通道和信令通道。

ISDN 具有电路交换功能、分组交换功能、无交换连接功能和公共信道信令功能。但一般情况下只提供低层（OSI - RM 中 1 ~ 3 层）功能。当一些增值业务需要 ISDN 的高层（OSI - RM 中 4 ~ 7 层）功能支持时，它可在 ISDN 内部实现，也可由单独的服务中心提供。

用户终端设备（TE）完成信道编码和通信控制等，提供 OSI - RM 中 1 ~ 7 层的功能。但是，不同类型的业务所要求的 TE 是不同的。ISDN 向用户提供的入网接口是标准的，它适合各种类型的业务和各种类型的终端。用户可通过标准接口与 ISDN 用户通信，或与其他专用网建立联系。

ISDN 的任务是向用户提供语音、非语音等一系列广泛的业务。ISDN 业务分为三大类：承载业务、用户终端业务和补充业务。下面简述这三类业务：

1）承载业务：是单纯的信息传送业务，由 ISDN 提供，其任务是将信息不作任何处理地由一地传送到另一地。这类业务包含了 OSI - RM 中 1 ~ 3 层的功能。由业务接入参考点 S 和 T 提供的业务就是承载业务。承载业务还可分为线路交换方式的承载业务和分组交换方式的承载业务。

2）用户终端业务：是面向用户的通信或信息处理业务，由网络和终端共同提供，包含 OSI - RM 中 1 ~ 7 层的全部功能。由此可见，用户终端业务包含了承载业务内容。由业务接入参考点向 TE1 和 TE2 提供的业务就是用户终端业务。用户终端业务包括网络提供的通信能力和终端本身所具有的通信能力。操作员操作终端所获得业务就是用户终端业务，例如电话业务的通话、传真业务的字符传送等。

3）补充业务：是在承载业务和用户终端业务的基础上附加的业务，其目的是为用户提供更多、更方便的服务。补充业务不能单独存在，必须随基本业务一起提供给用户。

3.5　综合布线系统

综合布线系统是智能建筑的重要组成部分，是建筑物或建筑群内部之间的信息传输网络。综合布线系统构成了智能建筑的"信息高速公路"，以保证建筑智能化的实现。

3.5.1　综合布线系统的基本概念

综合布线系统（Generic Cabling System，GCS）是由电缆、光缆及相关连接件组成的信息传输通道，它能使建筑物或建筑群内部的语音、数据通信设备、信息交换设备、建筑物物业管理及建筑物自动化管理设备等系统之间彼此相连，也能使建筑物内通信网络设备与外部通信网络相连。综合布线系统包括建筑物到外部网络或电话局线路上的连接点与工作区的语音或数据终端之间的所有电缆及相关联的布线部件。综合布线系统由不同系列的部件组成，其中包括：传输介质、线路管理硬件、连接器、插座、插头、适配器、传输电子线路、电气保护设备和支持硬件。上述这些部件被用来构建各种子系统，它们都有各自的具体功能与作用，不仅易于实施，而且能随需求的改变而平稳过渡到增强型分布技术。综合布线系统是针对计算机与通信的配线系统设计的，因此它可以满足各种不同的计算机与通信的要求，主要包括：

1）模拟与数字的语音系统。

2）高速与低速的数据系统。

3）传真机、图形终端、绘图仪等需要传输的图像资料。

4）电视会议与安全监视系统的视频信号。

5）建筑物的安全报警和建筑设备控制系统的传感器信号。

3.5.2　综合布线系统的结构

综合布线系统结构如图3-8所示，由6个子系统组成，它们是：

1）工作区子系统（Work Area Subsystem）。

2）配线子系统（水平子系统）（Horizontal Subsystem）。

3）干线子系统（垂直子系统）（Backbone Subsystem）。

4）设备间子系统（Equipment Room Subsystem）。

5）管理子系统（Administration Subsystem）。

6）建筑群子系统（Campus Subsystem）。

1. 工作区子系统

工作区是需要设置终端设备的独立区域。工作区子系统由终端设备连接到配线（水平）子系统的信息插座的连线（或软线）组成，包括装配软线、连接器和连接所需的扩展软线，

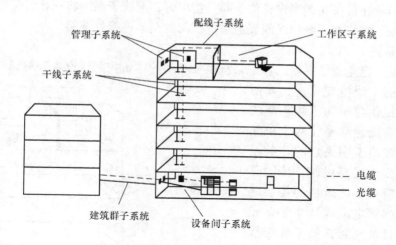

图 3-8 综合布线系统结构

并在终端设备与 I/O 之间搭桥，如图 3-9 所示。

在进行终端设备和 I/O 连接时，可能需要某种传输电子装置，但这种装置并不是工作区子系统的一部分。例如调制解调器，它能为终端与其他设备之间的兼容性和传输距离的延长提供所需的转换信号，但不能说是工作区子系统的一部分。

工作区子系统中所使用的连接器必须具备有国际 ISDN 标准的 8 位接口，这种接口能接受建筑物自动化系统所有低压信号以及高速数据网络信息和数码声频信号。

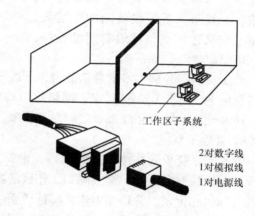

图 3-9 工作区子系统

2. 配线子系统

配线子系统也称水平子系统。该子系统由用户工作区的信息插座、信息插座至楼层配线设备的配线电缆或光缆、楼层配线设备和跳线组成，如图 3-10 所示。配线子系统是综合布线系统的一部分，它与主干线子系统的区别在于：配线子系统总是在一个楼层上，并与信息插座连接。在综合布线系统中，配线子系统由 4 对双绞线组成，能支持大多数现代通信设备。如果需要某些宽带应用时，可以采用光缆。

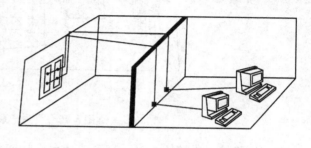

图 3-10 配线子系统

从用户工作区的信息插座开始，配线子系统在交连处端接；或在小型通信系统里，在以下任何一处互连：卫星接线间、干线接线间或设备间。在设备间，当设备位于同一楼层时，配线子系统将在布线交汇处连接。在上面几个楼层上，它将在干线接线间或卫星接线间的交叉连接处连接。

3. 干线子系统

干线子系统也称垂直子系统。该子系统由设备间的建筑物配线设备和跳线以及设备间至各楼层交换间的干线电缆组成，如图 3-11 所示。它提供建筑物干线电缆的路由。干线子系统通常是在两个单元之间，特别是在位于中央点的公共系统设备处提供多个线路设施。传输介质可能包括一幢多层建筑物的楼层之间垂直布线的内部电缆或从主要单元如计算机房或设备间和其他干线接线间来的电缆。

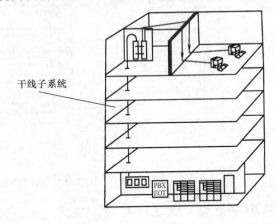

图 3-11　干线子系统

为了与建筑群的其他建筑物进行通信，干线子系统把设备间的中继线和布线交叉连接点与建筑物间设施相连，以组成建筑群子系统。

为了提供与外部网络的通信能力，干线子系统将中继线和网络接口（由电话局提供的网络设施的一部分）连接起来。网络接口通常放在与设备间相邻近的房间。网络接口为这些设施和建筑物综合布线系统之间划定界限。

4. 管理子系统

管理子系统设置在楼层配线间内，由交叉连接、互连以及 I/O 组成，如图 3-12 所示。管理子系统应对设备间、交接间和工作区的配线设备、缆线、信息插座等设施，按一定的模式进行标识和记录。管理点为连接其他子系统提供连接的手段。交叉连接和互连允许用户将通信线路定位或重新定位在建筑物的不同部分，以便能更容易地管理通信线路。

I/O 位于用户工作区和其他房间，使用户在移动终端时能方便地进行插拔。

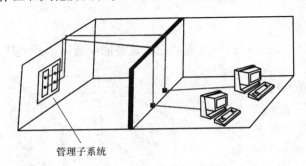

图 3-12　管理子系统

在使用跨接线或接插线时，交叉连接允许将连接在单元一端的电缆上的主线路连接到单元另一端的电缆上的线路上。跨接线是一根很短的单根导线，可将交叉连接处的两条导线端点连接起来；插入线包含几根导线，而且每根导线末端均有一个连接器。接插线为重新安排线路提供一种简易的方法，而且不需要像安排跨接线时使用的专用工具。

互连可实现交叉连接的相同目的，但不使用跨接线或接插线，只使用带插头的导线、插座和适配器。互连和交叉连接均适用于光纤。光纤交叉连接要求使用光纤的接插线（在两端都有光纤连接器的短光缆）。

根据布线安排和管理通信线路以适应终端设备的位置变化的需要，在各种不同的交叉连接处可选用接插线。但在中继线交叉连接处、布线交叉连接处和干线接线间，通常用接插线的交叉连接硬件。

在远程通信（卫星）接线区，如安装在墙上的布线区，交叉连接可以不要接插线，因为线路经常是通过跨接线连接到 I/O 上的。在大型布线系统中的上述位置，交叉连接处经常是将干线子系统的大型电缆转接到连接 I/O 的小型水平电缆的过渡点。在线路重新布局时，一般不使用这种馈通式（Feed Through）交叉连接。

5. 设备间子系统

设备间子系统是在每一幢大楼的适当地点设置电信设备和计算机网络设备，以及建筑物配线设备，进行网络管理的场所。对于综合布线系统工程设计，设备间主要安装建筑物配线设备（BD）。设备间子系统由设备间中的电缆、连接器和有关的支撑硬件组成。为便于布线，节省投资，设备间一般位于建筑物的中间。设备间子系统的作用是把公共系统设备的各种不同设备互连起来。该子系统将中继线交叉连接处和布线交叉连接处与公共系统设备如用户电话交换机（PBX）连接起来。该子系统还包括设备间和邻近单元（如建筑物的入口区）中的导线。这些导线将设备或避雷装置连接到有效建筑物接地点。

6. 建筑群子系统

建筑群子系统由连接各建筑物之间的综合布线缆线、建筑群配线设备（CD）和跳线等组成，如图 3-13 所示。它将一个建筑物中电缆延伸到建筑群的另外一些建筑物中的通信设备和装置上。建筑群子系统是综合布线系统的一部分（包括传输介质），它支持提供楼群之间通信所需的硬件，其中包括导线电缆、光缆以及防止电缆的浪涌电压进入建筑物的电气保护设备。

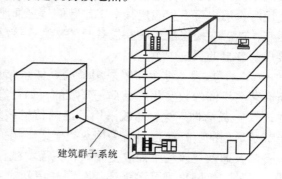

建筑群子系统

图 3-13　建筑群子系统

3.5.3　综合布线系统的特点

1. 传统布线的缺陷

以往在为一个建筑物或建筑群内的语音、数据和电视各系统传输线路设计时，布线系统是按各个系统分别进行设计的。这种传统布线系统是各个系统根据各自系统设备的传输要求选用各自所需的缆线及配线设备，各个系统的线路敷设也是各自独立的。随着现代建筑业的发展，特别是智能建筑的出现，传统布线的缺陷越来越明显，主要表现在：

1）系统各自独立、互不兼容，主要表现在各系统传输介质不同。例如，电话通信系统、共用天线电视系统、计算机系统等采用不同的传输电缆和插座等，不可互换。即使同一系统，产品厂商不同传输介质也不同。例如，不同的计算机及计算机网络所要求的传输介质可能不同。

2）灵活性较差，不适应今后扩展。传统布线是每一个系统按各自系统设备为标准"封闭式的布线"，其体系结构是固定的，用户若想增加或更改设备是相当困难的，甚至是不可能的。

3）传统布线不适合大容量、高速度、高效益的信息传输。例如，由于在传统布线中，语音、数据、电视设备的布线系统相互独立，因此不能满足综合业务数字网络（ISDN）的要求，即不能以一套单一的布线系统支持有关语音、数字、电视设备。

4）对设计、施工及物业管理的影响较大，主要表现在：

① 在设计方面，由于各个系统是分别独立地进行设计，使用的缆线、配线设备和终端插座种类繁多，故给设计工作带来了一定难度。另外，配线设备型号不统一，相应各系统的交接间（系统管井）面积要求也较大。

② 在施工方面，由于各系统是分别进行施工安装，故施工安装的协调难度很大，施工安装的费用较高。

③ 在物业管理方面，由于各系统所采用的缆线、配线设备和终端插座互不兼容，品种繁多，故给物业管理、系统维护带来很多困难。

2. 综合布线系统的特点

（1）兼容性　综合布线将语音、数据与监控设备的信号线经过统一的规划和设计，采用相同的传输介质、信息插座、交连设备、适配器等，把这些不同的信号综合到一套标准的布线中，构成一个完全独立的、与应用系统相对无关的网络，可以适用于多种应用系统。在使用时，用户可不用确定某个工作区的信息插座的具体应用，只要把终端设备插入这个信息插座，然后在楼层配线间和设备间的交叉连接设备上做相应的接线操作，这个终端设备就被接入到各自的系统中了。

（2）开放性　综合布线采用开放式体系结构，符合多种国际上现行的标准。它几乎对所有著名厂商的数字化产品都是开放的，如计算机、交换机等，同时支持所有通信协议。

（3）灵活性　综合布线采用标准的传输线缆和相关连接件，进行模块化设计，所有通道都是通用的。每条通道若采用 6 类电缆和相关连接件通道，都可支持千兆位以太网。所有设备的开通及更改均不需改变布线，只需增减相应的应用设备以及在配线架上进行必要的跳线。另外，组网也可灵活多样，在同一房间对不同的用户终端可根据需要组成不同的拓扑网络。

（4）可靠性　综合布线采用高品质的材料和组合压接的方式构成一套高标准信息传输通道。所有线缆和相关连接件均通过 ISO 认证，每条通道都要采用专用仪器测试链路阻抗及衰减，以保证其电气性能。应用系统布线全部采用点到点端接，任何一条链路故障均不影响其他链路的运行，为链路的运行维护及故障检修提供了方便，从而保障了应用系统的可靠运行。另外，由于各应用系统采用相同传输介质，因而可互为备用，提高了备用冗余。

（5）先进性　综合布线一般采用超 5 类或 6 类双绞电缆，传输通道最大带宽为250MHz，采用光缆传输通道最大带宽可达 10GHz，完全能够适合语音、数据和视频等信息的传输。为了满足特殊用户的需求，还可把光纤引到桌面 FTTD（Fiber To The Desk）。通常，干线子系统的语音部分采用电缆，数据部分、视频部分采用光缆。

（6）经济性　综合布线采用光纤与双绞电缆混合的布线方式，较为合理地构成一套完整的信息通道。在初期投资阶段，增加一部分必要的投资，预留管线和路由，将来可避免在建筑物内穿墙打洞，减少将来的运行费用和变更费用。

综合布线有极其广阔的发展远景。由于企业对于计算机、通信业务以及图像、管理、消防系统、空调系统、采暖调节系统、照明系统等各种不同需求的急剧增加，办公大楼必须配备可靠、经济而又能适应未来发展的真正的智能综合布线系统。

3. 综合布线与传统布线的比较

综合布线系统是一项一次性投入资金较大的工程，一般占大楼总投资的 3%~5%。与传统布线相比，综合布线系统有着明显的优越性。表 3-1 给出了综合布线系统与传统布线系统的比较。

表 3-1　传统布线与综合布线系统的比较

项目	传统布线系统	综合布线系统
标准化	无标准可言	基于公用标准
结构设计	非模块化设计	模块化设计
传输媒体	各种系统采用不同的传输媒体	统一传输媒体
设备相关性	与实际设备密切相关	与具体设备无关
适应性	难以适应任何位置的改变	能适应终端位置的改变
容错性	无故障隔离能力	能方便地隔离故障点
可维护性	需具有一定的管理经验	易于管理和维护
可扩充性	无法满足发展和扩充的需要	系统发展和扩充方便
适用范围	只适用于指定的应用范围	可适用于多种应用领域
限制条件	自由设计	有一定的拓扑和距离限制
投资	一次性投资相对较小	一次性投资较大
维护成本	维护成本很大	基本上无维护成本

3.6　无线通信网络

通常计算机组网的传输媒介主要依赖电缆或光缆，构成有线局域网。但有线网络在某些场合要受到布线的限制：布线、改线工程量大，线路容易损坏，网中的各节点不可移动。特别是要把相离较远的节点联接起来时，敷设专用通信线路的布线施工难度大、费用高、耗时长，对正在迅速扩大的联网需求形成了严重的瓶颈阻塞。并且，对于局域网络管理主要工作之一，是铺设电缆或是检查电缆是否断线这种耗时的工作，很容易令人烦躁，也不容易在短时间内找出断线所在。再者，由于配合企业及应用环境不断地更新与发展，原有的企业网络必须配合重新布局，需要重新安装网络线路，因此虽然电缆本身并不贵，可是请技术人员来配线的成本很高，尤其是老旧的大楼，配线工程费用就更高了。无线通信网络就是解决有线网络存在的以上问题而出现的，可以说，架设无线局域网络是最佳解决方案。

3.6.1　无线通信网络的优点

1）安装便捷：一般在网络建设中，施工周期最长、对周边环境影响最大的，就是网络布线施工工程。在施工过程中，往往需要破墙掘地、穿线架管。而 WLAN 最大的优势就是免去或减少了网络布线的工作量，一般只要安装一个或多个接入点（Access Point）设备，就可建立覆盖整个建筑或地区的局域网络。

2）使用灵活：在有线网络中，网络设备的安放位置受网络信息点位置的限制。而一旦WLAN建成后，在无线网的信号覆盖区域内任何一个位置都可以接入网络。

3）经济节约：由于有线网络缺少灵活性，这就要求网络规划者尽可能地考虑未来发展的需要，往往导致预设大量利用率较低的信息点，一旦网络的发展超出了设计规划，又要花费较多费用进行网络改造。而WLAN可以避免或减少以上情况的发生。

4）易于扩展：WLAN有多种配置方式，能够根据需要灵活选择。这样，WLAN就能胜任从只有几个用户的小型局域网到上千用户的大型网络，并且能够提供像"漫游（Roaming）"等有线网络无法提供的特性。

由于WLAN具有多方面的优点，其发展十分迅速。在最近几年里，WLAN已经在政府、军队、油田、酒店、医院、商场、工厂和学校等不适合网络布线的场合得到了广泛的应用。

3.6.2　无线局域网络的发展趋势

在新的无线网络技术上所做的很多开发努力使用了在许多国家并不需要许可授权的这部分频谱。在美国，有两个这样的频带：位于2.4GHz附近的工业、科学与医学（Industrial, Scientific, and Medical, ISM）频带，以及新近分配的不需要许可的无线电频带——不需要许可的国家信息基础设施（Unlicensed National Information Infrastructure, UNII）频带。由（美国）联邦通信委员会（Federal Communications Commission, FCC）分配的UNII准许一些生产厂商开发高速无线网。为了找到能满足需求的足够的带宽，UNII的频带位于5GHz，这使得它与2.4GHz的设备是不相容的。使用免费的无须许可的无线电频谱可以使生产厂商避免几十亿美元的许可证费用。

多年来，这些无线电频率被人们忽视，仅仅是在无绳电话和微波炉中应用。然而，近年来在消费者需求和活跃的标准化组织的激励下，相当多的研究和开发工作在进行中。这些工作的第一个显著成果是Wi-Fi（Wireless Fidelity，无线保真），这是基于IEEE 802.11标准的非常流行的无线局域网技术。实质上，Wi-Fi是指经认证的可与Wi-Fi联盟（的产品）互操作的802.11兼容产品，Wi-Fi联盟是建立这种认证的一个专门组织。Wi-Fi不仅覆盖了基于办公室的局域网，也包括基于家庭的局域网和公开可获得的热点（Hot Spots）。热点是指中心天线周围的一些区域，人们使用经适当配备的笔记本电脑可以无线地共享信息或连接到Internet上。

Wi-Fi只是利用这些频带的第一个主要工作，还有4个其他的创新技术通过研究、开发和标准化的努力正进行着这方面的工作，它们是WiMAX、Mobile-Fi、ZigBee和Ultrawideband。以下简要概述这些技术。

WiMAX类似于Wi-Fi。二者均可建立热点，Wi-Fi覆盖的范围是几百米，WiMAX可以有40～50000m的覆盖范围。因而，WiMAX可以为用于"最后一英里"宽带接入的有线、DSL和T1/E1方案提供一种无线的技术选择。它也作为附赠技术可用于连接802.11热点和Internet。WiMAX最初部署在固定位置上，但其移动版本在开发中。

Mobile-Fi在技术方面类似于WiMAX的移动版本。Mobile-Fi的目标是以比今天家庭宽带链路可获得的更高的数据速率为移动用户提供Internet接入。在这里的上下文中，移动确实意味着移动（Mobile），不只是可活动的（Movable）。这样，在一个移动的汽车或火车中旅行的 Mobile – Fi 用户就可以享受到宽带的 Internet 接入。Mobile – Fi 是基于 IEEE 802.20 规范的。

与 Wi – Fi 相比，ZigBee 是在一个相对短的距离上提供一个相对低的数据速率，其目标是开发非常低成本的产品，具有非常低的功率消耗和低的数据速率。ZigBee 技术使得在数千个微型传感器之间的通信能够协调进行，这些传感器可以散布在遍及办公室、农场或工厂地区，用于收集有关温度、化学、水或运动方面的细微信息。它们被设计使用非常少的电能，因为会放置在那里 5 年或 10 年，而且还要持续供电。ZigBee 设备的通信效率非常高，它们通过无线电波传送数据的方式就像人们在救火现场排成长龙依次传递水桶那样。在这条长龙的末端，数据可以传递给计算机用于分析，或通过另一种像 Wi – Fi 或 WiMAX 的无线技术将数据接收。

Ultrawideband 可以使人们在短距离内以高的数据速率移动大量文件。例如，在家庭中，Ultrawideband 可使用户不需要任何凌乱的线缆就可将几小时的视频从一台 PC 传送到 TV 上。在行车途中，乘客可以将笔记本电脑放在行李箱内，通过 Mobile – Fi 接收数据，然后再利用 Ultrawideband 将这些数据拖到放在前座位的一台手持式计算机（Handheld Computer，也称掌上电脑）上。

3.7　多网融合系统

3.7.1　多网融合的概念

从机理上讲，多网融合系统就是将原来的多个纵向责任子系统变为三个横向的责任系统，以宽带网络为基础，在局部将各个子系统通过多种接口形式接入到网络，首先实现接入融合，然后通过协议协商实现信息融合，从而将各个子系统融合联动，达到最大效益和最大舒适度。

传统的智能化系统是由多个纵向子系统构成，独立多网融合系统结构则变为三层横向结构，简化了系统结构，可以做到各种产品协议经过多媒体平台实现兼容，具有末端产品的可互换性，并且机房的位置变得不敏感了，也有利于今后的维护和管理。

"多网融合"技术有两个层面的含义：一是基于 IP 的控制网与信息网的"接入融合"；二是各个子系统信息间的"内容融合"。基于 IP 是实现接入融合的基础，而要实现内容融合还要由高层管理软件进行系统联动和系统融合，才能最大限度地发挥系统效能。目前一些厂商已经看到基于 IP 的优势，开发出了可以直接上网的对讲系统、门禁系统和楼宇控制系统，但是协议上仍然各自为战，没有实现开放和统一，所以只能做到"接入融合"。而在系统建设过程中，为了分清责任，还要各自铺设局域网线路，又走到了传统的老路上去了。所以，要实现多网融合，还必须从设计这个源头抓起。

3.7.2　多网融合的优势

1）可长期维护和管理。由于采用了电信的光纤宽带网络，多个小区和建筑、多个地区的系统都可以采用统一的管理中心来管理和维护。更加上采用先进的地理信息系统（GIS），可以方便地远程指挥当地的物业维修人员或者当地的技术人员查找故障设备。

2）可以节约贵重有色金属材料。由于大量地采用光纤，做到光纤到楼（FTTB）或者光纤到户（FTTH），因此，从几个实际案例分析来看，多网融合系统的铜线使用量只有传统系统的60%，节省了40%的贵重有色金属。

3）可以节约土地资源。由于采用基于IP的网络系统，因此机房的位置就变得不重要了，不需要中心的位置来兼顾路由问题。同时，对于大型社区，也不需要每个组团建设一个机房，只需要一个机房就可以管理所有的区域。当然为了安全的需要，集成管理软件中需要加入很多联动报警策略。

4）可以节约能源。从系统角度考虑，在传统系统中各个子系统都必须投入工作的情况，在多网融合技术架构下将会得到改善。以可视对讲为例，在新的系统中，不需要长期待机，因此每台每年可以节约$13kW \cdot h$电，对于一个中等社区来说，每年节约几万$kW \cdot h$电，对于大型社区将是几十万$kW \cdot h$电。

5）可以节约建设投资。经过分析已经建成的或者正在建设的案例，采用多网融合技术体系，其投资量并不增加，而功能还会增加。其基本的平衡点在12万m^2，即当社区建设面积大于12万m^2时，还可以节约投资，大概可以节约10%～20%。

6）可以方便建立能源和环境评估体系。结合无线网络传感器技术，多网融合技术架构可以比较方便地建立基于大型公建和大型社区的各种设备的数据采集系统，并能够将数据集中传输到分析管理中心，这样就能够快速地建立起针对能源和环境的评估体系。

思 考 题

1. 电信网由哪些设备组成？它们各自的功能是什么？
2. 通信网的基本要求有哪些？
3. 什么是计算机通信网？它的基本功能有哪些？
4. 综合布线系统的组成有哪些？有何特点？
5. 无线通信网络的优点有哪些？
6. 什么是多网融合？它有哪些优势？

第 4 章　智能化集成系统

4.1　概述

4.1.1　智能化集成系统的概念

智能化集成系统（Intelligent Integration System，IIS）是一个不断发展的概念，是由系统集成（Systems Integration，SI）衍生而来的，并随着智能建筑和系统集成概念的发展而不断进化。由于智能建筑领域的各主要厂商和研究团体对智能建筑相关概念有不同的理解，因此不同文献资料对智能化集成系统的定义和范畴互不相同。最初的智能建筑设计中并不包括智能化集成系统的独立概念，而只对系统集成做了简要规定。在我国最早的 GB/T 50314—2000《智能建筑设计标准》中，系统集成是指"将智能建筑内不同功能的智能化子系统在物理上、逻辑上和功能上连接在一起，以实现信息综合、资源共享"。这些智能化子系统包括建筑设备自动化系统（BAS）、通信网络系统（CNS）、办公自动化系统（OAS）、综合布线系统（GCS）等。而 BAS 被定义为"将建筑物或建筑群的电力、照明、给水排水、防火、保安、车库管理等设备或系统，以集中监视、控制和管理为目的，构成综合系统"。

此后，建筑设备管理系统（BMS）的概念和内涵被人们提出，并不断进行修正。在2006 年修订的 GB/T 50314—2006《智能建筑设计标准》中正式给出了 BMS 的概念，即"对建筑设备监控系统和公共安全系统等实施综合管理的系统"，尝试完善并代替 BAS 的概念。同时，该标准还给出了智能化集成系统的定义，即"将不同功能的建筑智能化系统，通过统一的信息平台实现集成，以形成具有信息汇集、资源共享及优化管理等综合功能的系统"。这些智能化系统包括信息设施系统（ITSI）、信息化应用系统（ITAs）、建筑设备管理系统（BMS）和公共安全系统（PSS）等。与 BMS 同步发展的概念还有 IBMS（Intelligent Building Management System，部分文献中表述为 Integrated Building Management System），意图实现比 BMS 更进一步的系统集成。部分文献中将建立在 5A 基础上的 IBMS 作为特定的建筑智能化系统。所谓"5A 系统"，包括办公自动化系统（Office Automation System，OAS）、通信自动化系统（Communication Automation System，CAS）、楼宇自动化系统（Building Automation System，BAS）、消防自动化系统（Fire Automation System，FAS）和安防自动化系统（Security Automation System，SAS）等。IBMS 的演进过程如图 4-1 所示。

为表述准确统一，本章中相关概念以最新的《智能建筑设计标准》（修订版——征求意见稿）为准，将智能化集成系统定义为"为实现对建筑物的综合管理和控制目标，基于统一的信息集成平台，具有信息汇聚、资源共享及协同管理的综合应用功能系统"；将 BMS 定义为"为实现绿色建筑的建设目标，具有对各类建筑机电设施实施优化功效和综合管理的系统"。从系统集成的层次上来看，智能化集成系统集成的范畴存在由 BMS（即传统的楼控 BA，只包括暖通、供配电、照明、给水排水系统的集中监控，不包括消防和安防）向 IBMS 演变的趋向。建筑智能化系统是在 BMS 的基础上集成了 ITIS（IT Infrastructure System，

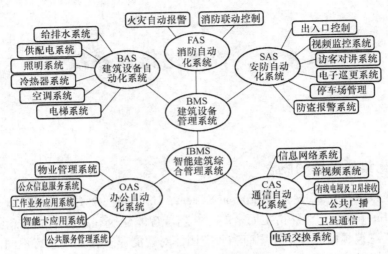

图 4-1　IBMS 的演进过程

信息设施系统）、ITAS（IT Application System，信息化应用系统）与 PSS（Public Security System，公共安全系统）形成的。图 4-2 是智能化集成系统层次框图。

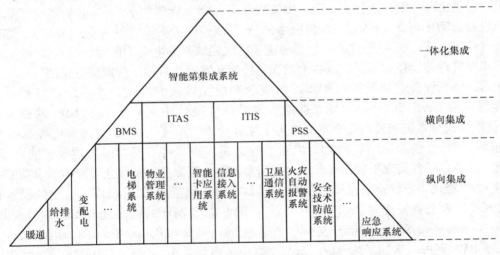

图 4-2　智能化集成系统层次框图

智能化集成系统的层次结构可以分为以下三层：

1）最底层为面向现场设备的纵向集成，目的在于实现各弱电子系统如暖通空调、给水排水、变配电、电梯系统的具体功能的实现。

2）中间层为面向弱电子系统的横向集成，主要体现于各弱电子系统的联动控制和优化运行，实现相关子系统之间的监控和管理功能集成。

3）最上层为面向各智能化系统的一体化集成，即建立信息集成平台，实现网络集成、功能完备、软件界面统一的"一体化"智能化集成系统。

4.1.2　智能化集成系统分析

在智能建筑中，为满足功能、管理等要求，需要资源共享。要利用各种智能系统信息资源，采用系统集成的技术手段、方式方法把与建筑物综合运作所需要的信息汇集起来，以实现对建筑物的综合运作、管理和提供辅助决策，以及各个子系统独立运行无法实现的功能。智能化系统集成的目的，就是为设置在建筑物内的各种智能子系统建立一个统一的操作平台，利用先进的计算机及网络技术，使各种智能化系统的效能得到充分的利用和统一的管理，并使其操作使用简洁协调。智能化集成系统是信息设施系统、信息化应用系统、建筑设备管理系统、公共安全系统、机房工程和建筑环境等设计要素系统集成的产物，可实现如下功能：

1）可实现对各智能化系统监控信息资源共享和集约化协同管理。

2）具有实用、可行和高效的综合监管功能。

3）适应更大范围信息化综合应用功能的扩展。

IBMS 是目前国内比较流行的智能化集成系统，为对智能化系统工程设计有进一步的了解，下面以 IBMS 为例，介绍智能化集成系统的设计需求。IBMS 是通过统一的软件平台对建筑物内的设备进行自动控制和管理并为用户提供信息和通信服务，用户可以在该软件平台上取得通信、文字处理、电子邮件、情报资料检索、科学计算、行情查询等服务。另外，通过 IBMS 还可对建筑物的所有空调、给水排水、供配电设备、通风、消防、保安设备等进行综合监控和协调，使建筑物的用户获得经济舒适、高效安全的环境，使大厦功能产生质的飞跃。IBMS 系统集成主要应包括以下内容：

1）IBMS 是在 BMS 的基础上更进一步地与 ITAS、ITIS 与 PSS 实现的更高一层的建筑集成管理系统，即建立在 5A 集成之上的更高层次的又一系统集成。该类集成由三部分组成：Web 功能的集成化监视平台、监控服务器和协议转换网关。而且它又是一个强大的开发平台，可以建立相对固定又比较复杂的综合应用功能系统，可以完成对整个智能建筑的管理控制一体化工作。

2）BMS 与 PSS 的互联偏重硬件设施，包括消防与空调系统联动、消防与闭路电视监控（CCTV）系统联动、消防与门禁系统联动、消防与照明系统联动、消防与电梯系统联动、停车场与 CCTV 系统的联动、照明系统与防盗报警系统联动、门禁系统与防盗报警系统联动等。图 4-3 所示是典型的消防设备联动控制示例，通过 IBMS 可以实现消防系统同与空调系统、门禁系统、照明系统以及电梯系统的联动控制。

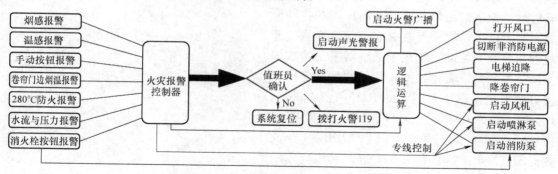

图 4-3　典型的消防设备联动控制示例

3）ITAS、ITIS 与 BMS 的互联偏重软件方面，在这方面要具备全局事件决策与 BMS 的共享及联动，人事管理与门禁管理系统的共享及联动、人事管理模块与考勤管理模块的共享及联动、考勤管理软件模块与财务管理软件模块的联动、出差管理软件模块与考勤管理软件及财务管理软件的联动、考勤管理软件与电梯/空调/照明/门禁系统之间的联动等功能。IBMS实现考勤如图 4-4 所示。

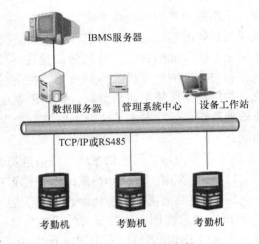

图 4-4　　IBMS 实现考勤

4）与其他建筑智能化系统不同，智能化集成系统更多突出的是集中管理方面的功能，即如何全面实现优化控制和管理，节能降耗，高效、舒适，环境安全的目的。

区别于 BMS 与 BAS 等专用的楼宇控制/管理系统，智能化集成系统具有以下特点：

1）智能化集成系统将智能建筑内所有的智能化系统集成为唯一的一个信息集成平台。
2）系统采用标准化的系统互联技术和通信接口，可扩展性强。
3）系统应具有对各智能化系统信息采集、数据通信和综合处理等能力。
4）系统应具有开放性，并不依赖于任何一家的产品。
5）被集成的系统应具有互操作性，可进行相互协作实现智能化集成系统的总体目标。

4.2　智能化集成系统设计

4.2.1　设计需求与设计步骤

作为建筑智能化系统工程设计中最关键的信息平台，智能化集成系统不仅需要解决多个复杂系统和多种通信协议之间的互联性和互操作性问题，还需要具有极高的开放性和广泛的接入性，以解决用户的二次开发问题。系统的开放性是指通信协议公开，不同厂商的各种设备之间可以进行物理互联并实现信息交换。开放性所涉及的关键问题在于系统所采用的数据交换技术和接口实现技术，常用的数据交换和接口技术包括图 4-5 所示的 BACnet、Modbus、LonWorks、DeviceNet、SOAP、API（应用程序接口）、OPC（动态数据交换）、ODBC（开放数据库互联）、XML 和 HTML 等，具体应用示例如图 4-6 所示。

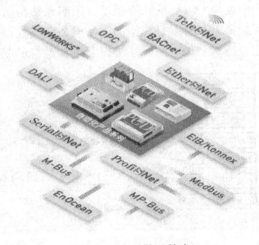

图 4-5　　常用接口技术

智能化集成系统的构建应符合以下要求：
1）智能化集成系统应包括智能化系统信息共享平台建设和信息化应用功能实施。
2）系统信息平台应由集成系统网络、集成系统平台应用程序、集成互为关联的各系统

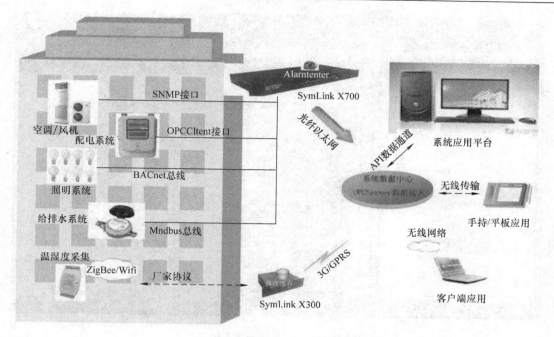

图 4-6　常用接口应用示例

通信接口等组成。

3）系统应用功能程序应由通用基本管理模块和专业业务运营管理模块配接构成。

4）系统通用基本管理模块应包括安全权限管理、信息集成集中监视、报警及处理、数据统计和储存、文件报表生成和管理等，包括监测和控制、管理及数据分析等。

5）系统业务运营模块应具有建筑主体业务专业需求功能和符合标准化运营管理应用功能。

6）系统应符合建筑物智能信息集成方式（基础信息采集、信息合成型式）、业务功能和运营管理模式等需求。

作为计算机网络系统集成的具体应用，智能化集成系统应提供一个友好和易操作的一体化界面。下面以图 4-7 所示的某公司的 Metasys 楼宇自控系统界面为例进行说明。

图 4-7 中的用户界面主要包含 4 个区域：菜单栏、显示区、导航区和状态栏，具体说明见表 4-1。

该用户界面可以提供动态的图形界面来直观地监控整个楼宇中的设施，能监控哪些特性取决于使用者的权限。此外，该图形界面还可以提供多种导航方式，如通过楼层平面图迅速按照地理位置找到希望查看的设备，或通过系统分类导航，系统逐步进入想要查看的设施，同时，可以通过系统汇总页，纵览同类设备的主要参数。

智能化集成系统的数据库系统应同时具有实时数据库和非实时数据库功能，实现信息交互和数据库共享，并综合集成到统一的浏览器界面下，访问智能的所有信息资源，实现构建综合应用功能系统的目标。智能化集成系统的设计步骤如下：

1）合理选择 BMS 各弱电子系统，采用开放的网络及接口技术，把各自独立分离的设备、功能和信息集成到一个相关联的综合网络系统和数据库组中，使系统信息得到高效、合理的分配和共享，实现功能联动。

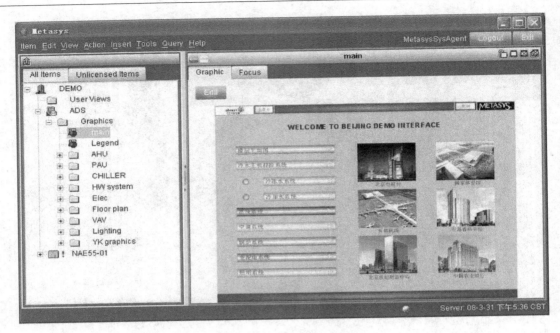

图 4-7　Metasys 楼宇自控系统界面

表 4-1　用户界面各要素说明

名称	说明
菜单栏（Menu）	显示菜单栏和已登录用户的姓名，可使用菜单栏中的 Logout 或 Exit 按钮注销或退出系统
显示区（Display）	显示用户所选的数据或信息。如果某设备在导航区中被选择，设备名在显示区的顶部显示
导航区（Navigation）	显示能反映系统结构的导航树。导航树在配置系统数据库时自动生成。用户可生成一个或多个用户导航树
状态栏（Status）	显示当前用户的活动以及所登录服务器的时间/时区的信息。状态栏的图标指示系统状态

2）根据智能建筑类别和等级确定各智能化系统的内容，并根据服务内容确定网络结构，在充分了解智能建筑监控管理的实际需求和流程的基础上，实现办公自动化、通信自动化、完成电子档案库、资料查询等基本功能，对网络进行规划布置，建立信息服务平台。

3）利用计算机网络，通过数据库进行数据管理和数据交换，使各智能化系统有机地结合为一体化的智能化集成系统，决策层通过对资源的分析、传递和处理，从而实现对智能建筑的集成监控和管理，实现综合用户服务平台。

在很多资料中，建筑智能化集成系统还延伸出 IBMS（Integrated Building Management Systems）、I^2BMS（Integrated Intelligent Building Management Systems）和 I^3BMS（Integrated Intelligent Internet Building Management Systems）一系列的概念和范畴，限于篇幅，其设计需求和设计步骤有很大的不同，在此就不一一介绍了。

4.2.2 系统设计的技术手段

在许多没有进行系统集成的智能建筑中，各个智能化系统处于分开管理的局面，形成了一些相互脱节的独立系统。各智能化系统之间的没有相互关联，操作和管理人员需要熟悉和掌握各个不同厂商的技术，因而造成了系统建设、技术培训及维修的高额投资和系统效率的低下。智能化集成系统通过特定的技术手段，将不同功能的建筑智能化系统，通过统一的信息平台实现集成，以形成具有信息汇集、资源共享及优化管理等综合功能的系统。常用的技术手段有如下几种：

1. 采用协议转换方式

智能化集成系统可采用协议转换方式，把原本独立的智能化系统（包括 BMS、ITAS、ITIS 与 PSS）集成到智能化集成系统中。该方式提供的协议转换器是一种开发工具和方法，用户可选用不同的产品，利用开发工具和方法进行二次开发。可集成的产品只需提供相应的通信协议和信息格式即可。但该方式禁绝了集成系统中网络匹配的问题。

2. 采用开放式标准协议

常用的开放式标准协议有 Ethernet 协议、BACnet 标准与 LonWorks 技术。BACnet 标准结合智能建筑的特点，定义了系统集成所需要的数据结构和网络结构，正向 BACnet/IP 方向发展；而 LonWorks 则是一个完整的、开放式、可操作性成熟、低成本的分布式控制网络技术，产品种类丰富，为系统集成提供了很好的设备互联条件。

3. 采用 OPC 技术

OPC 重点解决应用软件与过程控制设备之间的数据读取和写入的标准化。当控制设备由 OPC 进行互联时，图形化应用软件、报警应用软件、现场设备的驱动程序均基于 OPC 标准。各应用程序可直接读取现场设备的数据，不需要逐个编制专用接口程序。OPC 接口使设备的软件标准化，从而实现不同网络平台、不同通信协议、不同厂商产品方便地互联和互操作。因此，采用 OPC 技术将是智能化集成系统设计的主要方式。

此外，基于 Web 技术的深度系统集成也越来越多地用于智能化集成系统的设计中。Web 是 WWW（World Wide Web）的简称，通过它可以访问分布在 Internet 主机上的链接文档。随着智能建筑和建筑智能化集成系统的深入发展，对建筑物的实时监控、分析决策、信息发布及人员培训等方面的需求水平也越来越高，各部门、人员之间的信息交互也越来越多，越来越频繁，同时要求具有在不同地域对数据的读写功能。Web 技术为解决这一信息资源共享及数据的异地读写提供了一个有效的解决方案。实现 Web 技术开发的方式主要有两种：Client/Server 模式和 Browser/Server 模式。

1）Client/Server（C/S）结构，即客户机和服务器结构。它将任务合理分配到 Client 端和 Server 端来实现，降低了系统的通信开销。C/S 结构可以看作是胖客户端架构。客户端实现绝大多数的业务逻辑处理和界面展示，作为客户端的部分需要承受很大的压力，充分利用客户端的资源，对客户机的要求较高，其实现可以是客户端包含一个或多个在用户的计算机上运行的程序。而服务器端有两种，一种是数据库服务器端，客户端通过数据库连接访问服务器端的数据；另一种是 Socket 服务器端，服务器端的程序通过 Socket 与客户端的程序通信。目前大多数应用软件系统都是 Client/Server 形式的两层结构。

2）Browser/Server（B/S）结构，即浏览器和服务器结构。它是随着 Internet 技术的兴起，而对 C/S 结构的一种变化或者改进的结构。在这种结构下，用户工作界面是通过 WWW 浏览器实现，极少部分事务逻辑是在前端（Browser）实现，主要事务逻辑是在服务器端（Server）实现，即所谓三层 3 - tier 结构。这样就大大简化了客户端计算机载荷，减轻了系统维护与升级的成本和工作量，降低了用户的总体成本。B/S 结构可以看作是瘦客户端，只是把显示的较少的逻辑交给了 Web 浏览器，事务逻辑数据处理放在了 Server 端，这样就避免了庞大的胖客户端，减少了客户端的压力。B/S 结构的系统无须特别安装，只要有 Web 浏览器即可。以目前的技术看，建筑智能化集成系统建立 B/S 结构的网络应用，并通过 Internet/Intranet 模式下的数据库应用，相对易于把握，成本也是较低的。

4.2.3　三网融合与下一代网络

要实现智能建筑各智能化系统的系统集成与信息集成，必须将各专用网络、现场总线网络、互联网、电信网、广播电视网有机地连接在一起，实现互联互通、资源共享，为用户提供语音、数据和广播电视等多种服务。这就涉及了电信网、广播电视网、计算机网络（即互联网）的"三网融合"问题，如图 4-8 所示。此处的三网融合并不意味着三大网络的物理合一，而主要是指高层业务应用的融合。因此，智能建筑的三网融合，表现为三网在技术上趋向一致，网络层上实现互联互通、业务层上可以相互渗透和交叉、应用层上趋向统一。三网融合不仅使语音、数据和图像这三大基本业务的界限逐渐消失，也使网络层和业务层的界面变得模糊。通过三网融合，各种业务层和网络层正走向功能乃至物理上的融合，整个网络正在向下一代的融合网络演进，为实现更高级的信息集成平台打下坚实的基础。

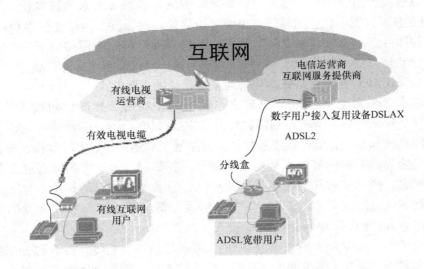

图 4-8　三网融合

三网融合推广以后，将很大程度上简化现有智能化系统的系统框架。从传输技术来看，目前谈论比较多的三网融合的传输方式有 4 种：以计算机以太网为基础的 IPTV/固话方式（上海模式），以有线电视的双向分配系统为基础的 IP 电话/交互电视方式（石龙模式），以有线电视的单向分配系统 + 双绞线为基础的 IP 电话/交互电视方式（杭州模式），以有无线移动通信网为基础的无线电话/电视方式。

由于智能建筑的建设者大多是企业，他们通常会考虑以最通用的方式确保各种传输模式都能够使用，以避免在若干年后政策改变时需要进行改造的麻烦。在以上 4 种传输方式中，无线网方式显然不适合于智能建筑，因为在智能建筑建设中，基本上已经形成共识：无线传输是作为有线传输的扩展和备份，而不是首选的传输技术。剩下的三种方式归纳其传输介质就会发现：基本的传输线缆是光缆（主干）、水平双绞线（末端）和同轴电缆（末端）。这时，只要末端采用双绞线与同轴电缆同步敷设的方式，无论采用哪一种传输方式（上海模式、杭州模式或石龙模式），都可以满足传输上的需要。

从技术上看，智能建筑中已经具备了建立三网融合的基础：建筑群主干和建筑物主干均为光纤网、水平子系统包含了光纤到桌面和水平双绞线，只要在视频点旁增加一个数据点，三网融合就成为机房内的工作，并不存在技术上的障碍。目前，部分智能建筑已经实现了计算机网络、电话系统的传输线融合，正在进行的是楼宇自控、一卡通、视频监控（CCTV）的传输线融合，如果能够再实现包含有线电视在内的视频融合，那就在一定程度上实现了前文所提出的智能化集成系统的融合目标。

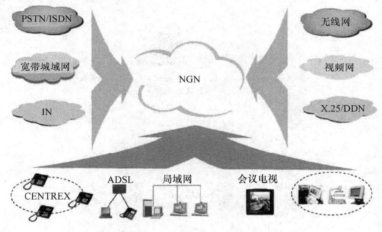

图 4-9 下一代网络 NGN

下一代网络（Next Generation Network，NGN）又称为次世代网络，如图 4-9 所示。它以软交换为核心，能够提供语音、视频、数据等多媒体综合业务，采用开放、标准体系结构，提供丰富的业务。NGN 能够提供电信业务，利用多种宽带能力和 QoS 保证的传送技术，使用户还可以自由接入到不同的业务提供商。NGN 标志着新一代电信网络时代的到来，它在一个统一的网络平台上以统一管理的方式提供多媒体业务，在整合现有的市内固定电话、移动电话的基础上，增加了多媒体数据服务及其他增值型服务。平台的主要实现方式为 IP 技术。NGN 是一个分组网络，它提供包括电信业务在内的多种业务，能够利用多种带宽和具有 QoS 能力的传送技术，实现业务功能与底层传送技术的分离；它允许用户对不同业务提供商网络的自由接入，并支持通用移动性，实现用户对业务使用的一致性和统一性。NGN 是以软交换为核心的，能够提供包括语音、数据、视频和多媒体业务的基于分组技术的综合开放的网络架构，代表了通信网络发展的方向。NGN 具有分组传送，控制功能从承载、呼叫/会话、应用/业务中分离，业务提供与网络分离，提供开放接口，利用各基本的业务组成模块，提供广泛的业务和应用、端到端 QoS 和透明的传输能力，通过开放的接口规范与传统网络实现互通、通用移动性，允许用户自由地接入不同业务提供商，支持多样标志体系，融合固定与移动业务等特征。

4.3　现场总线

4.3.1　BACnet

　　美国采暖、制冷和空调工程师协会（ASHRAE）于1995年6月制定和发布了世界上第一个楼宇自动控制技术标准文件——"A Data Communication Protocol for Building Automation and Control Networks"（楼宇自动控制网络数据通信协议，即"BACnet"，并于当年12月被美国国家标准协会批准为美国国家标准。BACnet主要用于采暖、通风、空调和制冷控制设备（简称HVAC&R）的监控计算机设备之中，也可用于其他楼宇自动控制系统的计算机设备之中，其典型应用如图4-10所示。

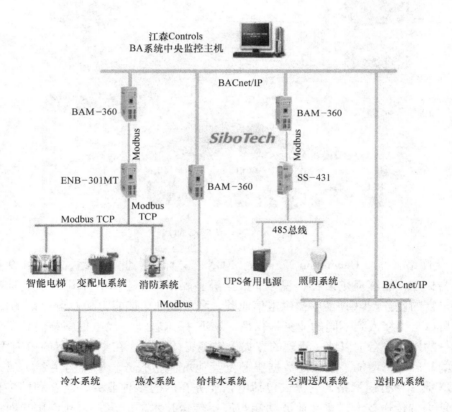

图4-10　BACnet典型应用

　　BACnet协议的核心是面向控制网络信息交换的数据通信解决方案，目的是提供一种楼宇自动控制系统实现互操作的方法。所谓互操作性是指分散分布的控制设备相互交换和共享数字化信息，从而协调工作，最终实现一个共同目标。BACnet协议参照国际标准化组织（ISO）制定的开放系统互连参考模型（OSI/RM）的体系结构，同时根据楼宇自控系统的具体特点进行了简化。BACnet 协议在确定分层时主要考虑了下列两个因素：

1）OSI/RM 模型的实现需要很高的费用，实际上在绝大部分楼宇自控系统应用中并不需要这么多的层次，事实上 BACnet 只包含 OSI 模型中被选择的层次，其他各层则去掉，这样减少了报文长度，降低了通信处理开销，同时也节约了楼宇自控工业的生产成本。

2）BACnet 应充分利用现有的广泛使用的局域网技术，如 Ethernet、ARCNET 和 Lon-Talk，因此成本进一步降低，同时也有利于技术的推广和性能的提高。

BACnet 协议提出了一种简化的 4 层体系结构，从下到上，4 层分别对应于 OSI/RM 模型中的物理层、数据链路层、网络层和应用层。

如图 4-11 所示，BACnet 标准定义了自己的应用层和简单的网络层，对于其数据链路层和物理层，提供了以下 5 种选择方案：

1）ISO 8802－2 类型 1 定义的逻辑链路控制（LLC）协议，加上 ISO 8802－3 介质访问控制（MAC）协议和物理层协议。

2）ISO 8802－2 类型 1 定义的逻辑链路控制协议，加上 ARCNET（ATA/ANSI 878.1）。

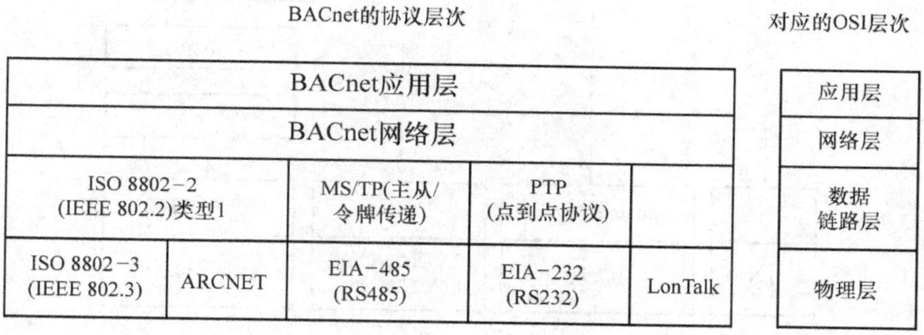

BACnet的协议层次				对应的OSI层次
BACnet应用层				应用层
BACnet网络层				网络层
ISO 8802－2 (IEEE 802.2)类型1	MS/TP(主从/令牌传递)	PTP (点到点协议)		数据链路层
ISO 8802－3 (IEEE 802.3)	ARCNET	EIA－485 (RS485)	EIA－232 (RS232)	LonTalk	物理层

图 4-11 BACnet 简化的体系结构层次

3）主从/令牌传递（MS/TP）协议加上 EIA－485 协议。MS/TP 协议是专门针对楼宇自动控制设备设计的，同 ISO 8802－2 类型 1 一样，它通过控制 EIA－485 的物理层，向网络层提供接口。

4）点对点（PTP）协议加上 EIA－232 协议，为拨号串行异步通信提供了通信机制；

5）LonTalk 协议。

这些选择都支持主/从 MAC、确定性令牌传递 MAC、高速争用 MAC 以及拨号访问。拓扑结构上，支持星形和总线型拓扑。物理介质上，支持双绞线、同轴电缆和光缆。

BACnet 协议有如下技术特点：

1）独立于任何制造商，也不需要专门芯片，并得到众多制造商的支持。

2）产品有良好的互操作性，有利于系统的扩展和集成。

3）有利于厂商提高产品的技术和质量，降低产品的成本和价格。

4）系统可以由不同厂商的产品组成，有利于市场竞争，保护先进的产品占有市场。

5）BACnet 产品有众多的供应商提供服务和维护，有利于运行费用的降低。

6）用户可以从多厂商中实现竞标，避免专用协议的设备与系统垄断，尽量减少工程投资费用。

4.3.2　Modbus 协议

Modbus 是由原 Modicon 公司在 1979 年发明的，是全球第一个真正用于工业现场的总线协议。在中国，Modbus 已经成为国家标准 GB/T 19582—2008《基于 Modbus 协议的工业自动化网络规范》。Modbus 协议是应用于电子控制器上的一种通用语言。通过此协议，不同厂商生产的控制器相互之间、控制器经由网络（例如以太网）和其他设备之间可以通信，实现集中监控。该协议支持传统的 RS232、RS422、RS485 和以太网设备。许多工业设备，包括 PLC、DCS 和智能仪表等，都在使用 Modbus 协议作为它们之间的通信标准。

Modbus 是 OSI 模型第 7 层上的应用层报文传输协议，用于在通过不同类型的总线或网络连接的设备之间的客户机/服务器通信。它的通信协议栈结构如图 4-12 所示。

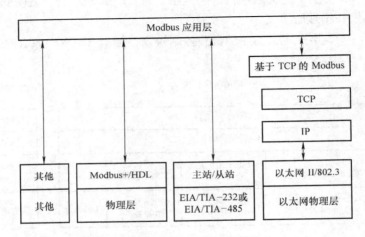

图 4-12　Modbus 协议栈结构

目前，使用实现 Modbus 有下列情况：

1）以太网上的 TCP/IP。

2）各种媒体（有线：EIA/TIA – 232 – E、EIA – 422、EIA/TIA – 485 – A；光纤、无线等）上的异步串行传输。

3）Modbus PLUS，一种高速令牌传递网络。

Modbus 具有以下几个特点：

1）标准、开放，用户可以免费、放心地使用 Modbus 协议，不需要交纳许可证费，也不会侵犯知识产权。

2）Modbus 可以支持多种电气接口，如 RS232、RS485 等，还可以在各种介质上传送，如双绞线、光纤、无线等。

3）Modbus 的帧格式简单、紧凑，通俗易懂。用户使用容易，厂商开发简单。

GB/T 19582—2008 在描述 Modbus 应用协议的基础上，提供了 Modbus 应用协议在串行链路和 TCP/IP 上的实现指南。

1. Modbus 协议在串行链路上的实现

Modbus 串行链路协议是一个主/从协议。该协议位于 OSI 模型的第二层。一个主从类型的系统有一个向某个"子"节点发出显式命令并处理响应的节点（主节点）。典型的子节点在没有收到主节点的请求时并不主动发送数据，也不与其他子节点通信。在物理层，Modbus 串行链路系统可以使用不同的物理接口（RS485、RS232），典型应用如图 4-13 所示。其中，最常用的是 TIA/EIA－485（RS485）两线制接口；作为附加的选项，也可以实现 RS485 四线制接口；当只需要短距离的点到点通信时，TIA/EIA－232－E（RS232）串行接口也可以使用。

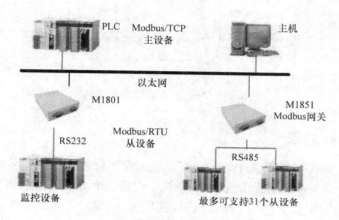

图 4-13　Modbus 典型应用

Modbus 应用层报文传输协议提供了连接于总线或网络的设备之间的客户机/服务器通信。在 Modbus 串行链路上客户机的功能由主节点提供而服务器功能由子节点实现。Modbus 串行链路协议是一个主－从协议。在同一时刻，只有一个主节点连接于总线，一个或多个子节点（最大编号为 247）连接于同一个串行总线。Modbus 通信总是由主节点发起。子节点在没有收到来自主节点的请求时，从不会发送数据。子节点之间从不会互相通信。主节点在同一时刻只会发起一个 Modbus 事务处理。

Modbus 有两种串行传输模式：RTU 模式和 ASCII 模式。

1）设备使用 RTU（Remote Terminal Unit）模式在 Modbus 串行链路通信时，报文中每个 8 位字节含有两个 4 位十六进制字符。这种模式的主要优点是有较高的数据密度，在相同的波特率下比 ASCII 模式有更高的吞吐率。每个报文必须以连续的字符流传送。

2）当 Modbus 串行链路的设备被配置为使用 ASCII（American Standard Code for Information Interchange）模式通信时，报文中的每个 8 位子节以两个 ASCII 字符发送。当通信链路或者设备无法符合 RTU 模式的定时管理时使用该模式。

2. Modbus 协议在 TCP/IP 上的实现

Modbus 报文传输服务可提供连接在一个 Ethernet（以太网，即 TCP/IP）网络上设备之间的客户机/服务器通信。Modbus TCP/IP 的通信系统包括连接至 TCP/IP 网络的 Modbus TCP/IP 客户机和服务器设备，以及相应的互连设备。

Modbus TCP/IP 通信结构如图 4-14 所示。

图 4-14 中，在 TCP/IP 网络和串行链路子网之间可通过网桥、路由器或网关互联，同时串行，链路子网允许将 Modbus 串行链路客户机和服务器终端设备连接起来。

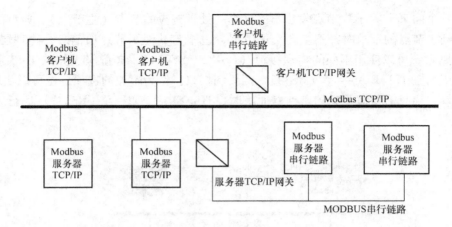

图 4-14　Modbus TCP/IP 通信结构

4.3.3　LonWorks 协议

LonWorks 系统是楼宇和家庭自动化、工业、运输和公共设备控制领域一个开放式的解决方案。LonWorks 系统的核心是 LonWorks 协议，它是一个分层的以数据报为基础的对等通信协议，遵守国际标准化组织（ISO）开放系统互连（OSI）参考模型的分层体系结构准则的、公开的标准，按照国际标准化组织的建议分层。LonWorks 协议可以通过可变规模的协议提供完整、充分地提供 ISO/OSI 模型的所有服务。但是，LonWorks 协议设计是用于控制系统而不是用于数据处理系统的特殊要求，为了用一个可靠和稳固的通信标准来满足这些要求，LonWorks 协议通过使协议配合 OSI 各层的每一层的控制要求，提供了一个各个控制特定的解决方案，具有控制应用软件所需的可靠性、性能和稳固的通信。LonWorks 协议提供的服务内容见表 4-2。

表 4-2　LonWorks 协议提供的服务内容

	OSI 层	目的	服务
7	应用层	应用程序	标准对象和类型；配置属性；文件传输；网络服务
6	表示层	数据解释	网络变量；应用报文；外部帧
5	会话层	远程行动	对话；远程程序调用；连接恢复
4	传输层	端到端可靠性	端到端确认；业务类型；数据包排序；双重检测
3	网络层	目的地寻址	单播和多播寻址；数据包路由选择
2	数据链路层	介质访问和组帧	组帧；数据编码；CRC 错误检测；介质访问；冲突检测；优先级
1	物理层	电气互联	特定的介质接口和调制方式（双绞线、电力线、无线、同轴电缆、红外和光纤）

表 4-2 中，LonWorks 协议提供了一系列通信服务，使设备中的应用程序能在网上对其他设备收发报文而无须知道网络拓扑结构、名称、地址或其他设备的功能。LonWorks 协议也可以提供端到端的报文确认、报文鉴别以及为提供绑定（Bounded）事务处理时间的优先

级发送。对网络管理服务的支持使远程网管工具能通过网络和其他设备相互作用，例如网络地址和参数的重新配置、应用程序的下载、报告网络问题以及设备应用程序的起始/停止/复位等。

LonWorks 协议不依赖介质，所以 LonWorks 设备能在任何物理传输介质上通信。这使得网络设计者能够充分利用控制网上各种可用的信道。协议还提供一些可修改的配置参数，以便为某一特殊的应用在性能、安全和可靠性等各方面取得折中。信道是特定的物理通信介质，LonWorks 设备通过专用于该信道的收发器与其连接。每种信道在所连接设备的最大数量、通信比特率和物理距离限值等各方面有不同的特点。常用信道类型特点见表 4-3。

表 4-3 常用信道类型特点

信道类型	数据速率	兼容的收发器	介质	最大设备数量	最大距离
TP/FT – 10	双绞线、自由拓扑或者总线拓扑、可选信道电源	78kbit/s	FTT – 10A LPT – 11 FT3120 & TF 3150	64 ~ 128	500m（自由拓扑）；2200m（总线拓扑）
TP/XF – 1250	双绞线、总线拓扑	1.25Mbit/s	TPT/XF – 1250	64	125m
PL – 20	电力线	5.4kbit/s	PL3120 & PL 3150	视环境而定	视环境而定
IP – 10	IP 之上的 LonWorks	由 IP 网络决定	由 IP 网络决定	由 IP 网络决定	由 IP 网络决定

需特别提出的是自由拓扑双绞线信道（TP/FT – 10），它允许设备能够用双绞线线缆连接，不论其配置如何——没有对短截线长度、设备间距、分支长度等的限制，只是每个网段的电缆最大长度有限制。LonWorks 协议每个域可以有多达 32385 个设备。一个域中可以有多达 256 个组，每个组可以有分配给它的任意数量的设备，除了在需要端到端确认时，组被限制在 64 个设备以下。

总之，LonWorks 协议提供的各种服务能提高可靠性、安全性和网络资源的优化。这些服务的特点和优点如下：

1）支持广泛的通信介质，包括双绞线、电力线和 IP 网上的通信。

2）支持以混合介质类型构建的网络及其通信速度。

3）支持小报文的有效发送，优化网络的控制应用。

4）支持可靠通信，包括防止非授权的使用系统。

5）消除单点故障，进一步提高系统可靠性。

6）不论网络大小，能够提供可预测的反应时间。

7）支持低成本的设备、工具和应用程序的实施。

8）使安装和维护成本最小化，达到较低的工作生命周期成本。

9）支持成千上万的设备——但是对只有少数设备的网络也同样有效。

10）允许灵活和方便的设备间可重配置的连通性。

11）允许对等通信，这样，使其既可用于集中化控制系统，也可用于分布式控制系统。

12）为产品互可操作性提供有效机制，使得一个制造商能和其他制造商共享有关标准物理量的信息。

　　LonWorks 系统的目标是方便和有成本效应地建立开放控制系统。为要获得快速、经济和标准化的部署，可使用神经元芯片（Neuron Chip）。如图 4-15 所示，神经元芯片内装的通信协议和处理器使在这些领域中的任何开发和编程极度简化。

　　为了实施一个网络控制系统必须执行 4 个主要任务：系统设计、网络配置、应用程序配置和安装。

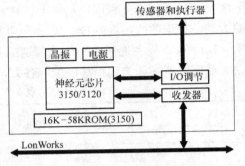

图 4-15　神经元芯片使用示例

1. 系统设计

系统设计分两步：

1）选择 LonWorks 设备，该设备必须包含必要的 I/O 点或能连接到 I/O 点，而且具有能执行诸如 PID 环路或时序调度等必要控制功能的合适的应用软件。

2）确定合适的信道类型和数量，再选择路由器来连接它们。这项工作包括选择网络主干这样的重要决策。较大系统通常使用 IP 做网络主干，中等系统可使用 IP 或 TP/XF – 1250 做网络主干，小系统可使用 TP/FT – 10 做网络主干。

2. 网络配置

网络配置的步骤如下：

1）把域 ID 和逻辑地址分配给所有设备和设备组。

2）绑定网络变量，在设备间建立逻辑连接。

3）为要求的特点和性能，在每个设备中配置各个 LonWorks 协议参数，包括信道速率、确认、鉴别和优先级服务等。

　　网络配置可能十分复杂，但这种复杂性被 LonWorks 系统的组成部分的网络集成工具所掩盖。功能网络设计极为简单，就像把设备的应用功能块拖曳到图上，并连接输入和输出，以确定功能块之间如何相互通信。

3. 应用程序配置

　　因为每个设备中的应用程序是由应用程序配置流程根据要求的功能定制的，所以要选择适当的配置属性。每个设备制造商可自行定义怎样完成这项任务。大部分制造商允许从网上下载配置，但少数制造商仍然要求把一个特殊工具例如便携式编程器直接连接到设备上。LNS 网络操作系统为制造商提供一个平台来创建易于使用的叫做 Plug – in 插件程序的图形化配置界面，而该插件程序自动和任何其他基于 LNS 的网络工具相兼容。例如，埃施朗公司的 LonPoint 接口模块中的应用软件，都有用于配置的 LNS Plug – in 插入程序。在使用 Lon-Maker for Windwos 定义和执行这些设备的网络配置后，用户就能简单地鼠标右击 LonPoint 功能块图符，从快捷菜单中选择"Configure"，此时，应用程序的插件程序立即从 LonMaker 工具中启动。

4. 安装

为信道安装物理通信介质。

1）把包括路由器在内的 LonWorks 设备连接到信道上。

2）把传统 I/O 点连接到 LonWorks 设备上。

3）使用网络集成工具下载网络配置数据和应用配置数据到每个设备，这称为启动设备。

4）对于未经制造商预装应用程序的设备，网络工具下载应用程序到设备中非易失性的 RAM 存储器中。

设备通常是逐一地启动和测试，或者以脱机模式启动，然后再使设备联机逐一地测试。

4.4　常用接口技术

4.4.1　OPC

OPC（Object Linking and Embedding for Process Control）规范是由 OPC 基金会制定的一个工业标准，它规范了过程控制和自动化软件与工业现场设备之间的接口。OPC 以 OLE/COM/DCOM 技术为基础，采用客户端/服务器模式，为工业自动化软件面向对象的开发提供了统一的标准。采用这项标准后，硬件开发商将取代软件开发商为自己的硬件产品开发统一的 OPC 接口程序，而软件开发者可免除开发驱动程序的工作，充分发挥自己的特长，把更多的精力投入到其核心产品的开发上。这样不但可避免开发的重复性，也提高了系统的开放性和可互操作性。

复杂数据规范 OPC 技术的实现由两部分组成，OPC 服务器和 OPC 客户应用部分。OPC 服务器完成的工作就是收集现场设备的数据信息，然后通过标准的 OPC 接口传送给 OPC 客户端应用。OPC 客户端则通过标准的 OPC 接口接收数据信息，如图 4-16 所示。由于 OPC 技术的采用，使得可以以更简单的系统结构、更长的寿命、更低的价格解决工业控制成为可能。同时，现场设备与系统的连接也更加简单、灵活、方便。因此，OPC 技术在国内的工业控制领域得到了广泛的应用。

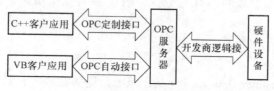

图 4-16　OPC 系统结构示意图

OPC 的作用主要表现在以下几个方面：

1）OPC 解决了设备驱动程序开发中的异构问题。随着计算机技术的不断发展，复杂的控制系统往往选用了几家甚至十几家不同公司的控制设备或系统集成一个大的系统，但由于缺乏统一的标准，开发商必须对系统的每一种设备都编写相应的驱动程序，而且，当硬件设备升级、修改时，驱动程序也必须跟随修改。有了 OPC 后，由于有了统一的接口标准，硬件厂商只需提供一套符合 OPC 技术的程序，软件开发人员也只需编写一个接口，而用户可以方便地进行设备的选型和功能的扩充，只要它们提供了 OPC 支持。所有的数据交换都通过 OPC 接口进行，而不论连接的控制系统或设备是哪个具体厂商提供。

2）OPC 解决了现场总线系统中异构网段之间数据交换的问题。现场总线系统仍然存在多种总线并存的局面，因此系统集成和异构控制网段之间的数据交换面临许多困难。有了

OPC 作为异构网段集成的中间件，只要每个总线段提供各自的 OPC 服务器，任一 OPC 客户端软件都可以通过一致的 OPC 接口访问这些 OPC 服务器，从而获取各个总线段的数据；并可以很好地实现异构总线段之间的数据交互。而且，当其中某个总线的协议版本做了升级，也只需对相对应总线的程序作升级修改。

3）OPC 可作为访问专有数据库的中间件。实际应用中，许多控制软件都采用专有的实时数据库或历史数据库，这些数据库由控制软件的开发商自主开发。对这类数据库的访问不像访问通用数据库那么容易，只能通过调用开发商提供的 API 函数或其他特殊的方式。然而不同开发商提供的 API 函数是不一样的，这就带来和硬件驱动器开发类似的问题：要访问不同监控软件的专有数据库，必须编写不同的代码，这显然十分繁琐。采用 OPC 则能有效解决这个问题，如果专有数据库的开发商在提供数据库的同时也能提供一个访问该数据库的 OPC 服务器，那么当用户要访问时只需按照 OPC 规范的要求编写 OPC 客户端程序而无须了解该专有数据库特定的接口要求。

4）OPC 便于集成不同的数据，为控制系统向管理系统升级提供了方便。当前控制系统的趋势之一就是网络化，控制系统内部采用网络技术，控制系统与控制系统之间也网络连接，组成更大的系统，而且，整个控制系统与企业的管理系统也网络连接，控制系统只是整个企业网的一个子网。在实现这样的企业网络过程中，OPC 也能够发挥重要作用。在企业的信息集成，包括现场设备与监控系统之间、监控系统内部各组件之间、监控系统与企业管理系统之间，以及监控系统与 Internet 之间的信息集成，OPC 作为连接件，按一套标准的COM 对象、方法和属性，提供了方便的信息流通和交换。无论是管理系统还是控制系统，无论是 PLC（可编程序控制器）还是 DCS，或者是 FCS（现场总线控制系统），彼此都可以通过 OPC 快速可靠地交换信息。换句话说，OPC 是整个企业网络的数据接口规范，所以，OPC 提升了控制系统的功能，增强了网络的功能，提高了企业管理的水平。

5）OPC 使控制软件能够与硬件分别设计、生产和发展，并有利于独立的第三方软件供应商的产生与发展，从而形成新的社会分工，有更多的竞争机制，为社会提供更多更好的产品。

4.4.2　DDE

动态数据交换（Dynamic Data Exchange，DDE）是为在同一台计算机或不同计算机上运行的程序提供动态数据交换，最早由 Microsoft 公司提出。该协议允许在 Windows 环境中的应用程序之间彼此发送/接收数据和指令，是进程间通信（Inter Process Communication，IPC）的方法。进程间通信（IPC）包括进程之间和同步事件之间的数据传递。DDE 使用共享内存来实现进程之间的数据交换以及使用 DDE 协议获得传递数据的同步。DDE 协议是一组所有的 DDE 应用程序都必须遵循的规则集。DDE 协议可以应用于两类 DDE 应用程序：第一类是基于消息的 DDE，第二类是动态数据交换管理库（DDEML）应用程序（使用动态连接库）。

DDE 的实现需要有两个应用程序参与一个"对话"以便交换信息。提供数据和执行命令的一方被指定为服务器，获取数据的一方称为客户。服务器和客户是程序在一次具体会话中的角色，其区别在于所能启动的"事务"类型的不同。对于每一个 DDE 对话，会话双方要指定或专门建立维护会话的不可见 DDE 窗口以负责对 DDE 消息的处理。一个 DDE 对话是由参与会话的窗口控点来标识的，正因如此，任何一个窗口都不应当参与与其他窗口的多于一个的 DDE 对话。如果在一个客户和服务器之间存在多个对话过程，则必须为每一个新的对话过程在一对一的基础上提供一个附加窗口。

　　图 4-17 给出了一个典型的 DDE 会话事务流程。由于 DDE 对话是由客户程序启动的，因此在客户程序启动对话前要确保 DDE 服务器程序已投入运行。客户首先启动会话，服务器程序响应客户的请求并向客户发送数据，客户方则可以主动向服务器发送数据，并要求与服务器建立热/温数据链路。此后，客户可以向服务器发送命令并要求服务器执行。客户和服务器中的任何一方均有权利要求对方结束此次对话。在进行这些事务处理时，必须严格按照消息接收顺序去进行处理。当应用程序在等待 DDE 响应而无法处理另一个请求时，会发出一条表示忙的消息。

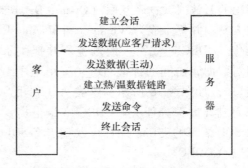

图 4-17　DDE 会话事务流程

　　建立 DDE 会话后，客户应用程序和服务器应用程序可通过三种链接方式进行数据交换：

　　1）冷链接（Cold Link）：客户应用程序申请数据，服务器应用程序立刻给客户应用程序发送数据，服务器应用程序处于主动地位。

　　2）温链接（Warm Link）：服务器应用程序通知客户应用程序数据项发生了变化，但并没有将已变化的值发送给用户应用程序。

　　3）热链接（Hot Link）：当数据项发生变化时，服务器应用程序立即把变化后的值发送给客户应用程序，服务器应用程序处于主动地位。

　　DDE 技术由于其具有实时性好、网络通信连接实现方便等特点，在控制软件与信息网络集成中得到了广泛应用。DDE 的网络形式称为 NetDDE，它包含了 DDE 的全部特征，是 DDE 的扩充，可以在跨越网络的计算机之间使用。采用 NetDDE 后，两个或更多网络上的应用能够通过 DDE 共享来建立网络上不同工作站之间的连接，从而实现站与站之间的动态信息共享。

　　DDE 的出现使人们以为数据访问的问题得到了有效解决，已成为许多类型的自动化设备的标准接口。但在使用过程中，用户才发现采用 DDE 来在设备和控制系统之间传递实时信息并非理想的办法，因为它在传输性能和可靠性等方面都存在许多限制。为此开发商不得不对 DDE 标准进行扩展，于是出现了 DDE 的多种演化版本，也最终使得 DDE 不能够再称为统一的标准。另外，DDE 不适用于大量数据的高速数据采集，并且 DDE 从来没有为不同计算机之间的数据交换提供可靠的机制。上述这些原因促使工业界不得不采用更为高效、可靠的数据访问标准 OPC。OPC 提供的是一个标准的通信协议，而不像 DDE 那样存在不同的 DDE 格式。OPC 时代的到来使数据的交换与通信变得开放、高效、安全、可靠，同时也为信息的集成提供了更为合理和简便的方法。与 DDE 相比，OPC 最主要的优势体现在数据传输速率上。由于 OPC 服务器每秒能管理成百上千个事务，而且与 DDE 不同的是它的每个事务能包含多个数据项，因此采用 OPC 传输数据要比 DDE 快得多。

4.4.3　ODBC

　　目前，众多的厂商推出了形形色色的数据库系统，它们在性能、价格和应用范围上各有千秋。一个综合信息系统的各部门由于需求差异等原因，往往会存在多种数据库，它们之间的互联访问成为一个棘手的问题，特别是当用户需要从客户机端访问不同的服务器时。微软提出的开放式数据库互联（Open – DataBase – Connectivity，ODBC）成为目前一个强有力解决方案，并逐步成为 Windows 和 Macintosh 平台上的标准接口，推动了这方面的开放性和标准化。ODBC 建立了一组规范，并提供了一组对数据库访问的标准 API（应用程序编程接口）。如图 4-18 所示，这类 API 利用 SQL 来完成其大部分任务。ODBC 本身也提供了对 SQL 语言的支持，用户可以直接将 SQL 语句送给 ODBC。

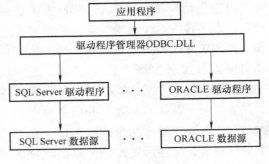

图 4-18　ODBC 的层次结构

　　ODBC 的基本思想是为用户提供简单、标准、透明的数据库连接的公共编程接口，开发厂商根据 ODBC 的标准去实现底层的驱动程序，这个驱动对用户是透明的，并允许根据不同的 DBMS 采用不同的技术加以优化实现，这就利于不断吸收新的技术而趋完善。概括起来，ODBC 具有以下特点：

　　1）使用户程序有很高的互操作性，相同的目标代码适用于不同的 DBMS。

　　2）由于 ODBC 的开放性，它为程序集成提供了便利，为客户机/服务器结构提供了技术支持。

　　3）由于应用与底层网络环境和 DBMS 分开，因此简化了开发维护上的困难。

　　ODBC 是依靠分层结构来实现的，如此可保证其标准性和开放性。如图 4-19 所示，ODBC 共分为 4 层：应用程序、驱动程序管理器、驱动程序和数据源。微软公司对 ODBC 规程进行了规范，它为应用层的开发者和用户提供标准的函数、语法和错误代码等，微软还提供了驱动程序管理器，它在 Windows 中是一个动态链接库即 ODBC. DLL。驱动程序层由微软、DBMS 厂商或第三开发商提供，它必须符合 ODBC 的规范。

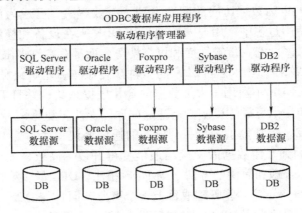

图 4-19　ODBC 的体系结构

　　ODBC 提供了在不同数据库环境中为客户机/服务器（简称 C/S）结构的客户机访问异构数据库的接口，也就是在由异构数据库服务器构成的 C/S 结构中，要实现对不同数据库进行的数据访问，就需要一个能连接不同的客户机平台到不同服务器的桥梁，ODBC 就是起这种连接作用的桥梁。ODBC 提供了一个开放的、标准的能访问从 PC、小型机到大型机数据库数据的接口。使用 ODBC 标准接口的应用程序，开发者可以不必深入了解要访问的数据库系统，比如其支持的操作和数据类型等信息，而只需掌握通用的 ODBC API 编程方法即可。使用 ODBC 的另一个好处是当作为数据库源的数据库服务器上的数据库管理系统升级或转换到不同的数据库管理系统时，客户机端应用程序不需作任何改变，因此利用 ODBC 开发的数据库应用程序具有很好的移植性。

4.5 智能化集成系统实例

目前在智能建筑领域，以江森自控、霍尼韦尔、西门子、施耐德为首的国外企业垄断了绝大部分系统集成的市场份额，而国内企业如清华同方等也推出了自己的系统集成产品。下面着重介绍几个典型的智能化集成系统实例。

4.5.1 施耐德 Vista 系统

施耐德电气致力于信息技术在楼宇管理中的应用，提出了 Building IT 理念。所谓 Building IT，就是将 IT 行业的四大特征（开放、友好、集成、安全）贯穿于整个楼宇自控化管理系统从研发至运行维护的全生命周期。Vista 为实现 Building IT 提供了一套强大的技术平台和运行、管理决策机制。Vista 不仅为楼宇环境监控提供了有力工具，同时，其强大的管理功能也可服务于其他楼宇智能化系统。通过一个界面监控和管理所有楼宇智能化系统，加强系统之间的协调配合，同时减少客户在软/硬件及系统调试、维护上的投资。

Vista 采用全开放网络架构，以保证用户可以在众多供应商之间自由选择产品，真正摆脱对单一厂商的依赖性。Vista 管理软件运行于微软 Windows 操作系统，基于标准以太网或光纤网，采用 TCP/IP 进行通信。TCP/IP 使得 Vista 非常便于扩展，Internet 以及任何已有的局域网或广域网都可用作 Vista 的管理层通信网络。为进一步增强开放性，Vista 还为用户提供了多种标准软/硬件网关选件，通过 Vista 软件或 Xenta 标准网关设备，用户就可以获得对 OPC、BACnet、ModBus 等众多开放技术和标准的支持。其系统结构如图 4-20 所示。

如图 4-20 所示，Vista 在现场层采用开放的 LonWorks 技术。Vista 的现场层不仅可通过 Xenta 网络控制器与管理层网络相连，完成协议转换、路由以及区域管理等功能，同时也兼容任何第三方标准 LonWorks 网络及路由设备。

作为集成化管理平台，Vista 具有非常友好的管理操作界面。Vista 基于 XML 可标记语言的矢量图形系统，不仅界面精美、功能强大，而且比以往更易于掌握和使用。大量内置组件、功能模块、Internet 图形资源共享网站以及组件重用技术将大大提高用户的工作效率。

Vista 不仅仅是一套楼宇自动控制系统，通过它还可以实现：

1）能源管理。Vista 可以有效地提高对建筑物能耗的控制力。通过数据采集与处理有效掌握建筑物能源分配及各类环境、设备因素对能耗的影响；提供节能空间分析，并在能源改造过程中随时跟踪投入、回报情况，预测投资回收期。

2）物业管理。基于 Vista 楼宇自控系统的历史及实时数据，提供建筑设备全生命周期综合管理平台。通过此平台，可以跟踪所有设备运行数据、管理维护进程，从全生命周期角

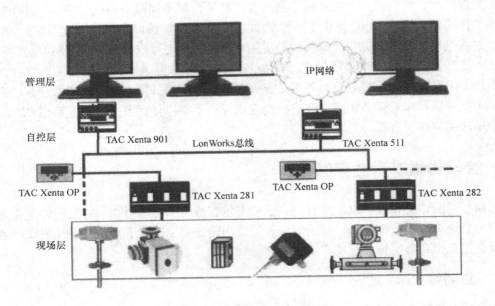

图 4-20　施耐德 Vista 系统结构

度制定设备管理计划并支持整个实施过程。此外，Vista FM 还可提供文件、合同和物业流程管理功能。

3）安全防范。可靠的门禁控制和安防系统也是 Vista 的一个重要的组成部分。Vista 为用户提供了一套 HVAC 和安防高度集成系统。一致的用户界面和简单的系统管理可以有效降低培训及维护费用，使用户从中获益。

4.5.2　霍尼韦尔 EBI 系统

EBI（Enterprise Buildings Integrator）是霍尼韦尔公司推出的一套应用于楼宇集成管理组件，能为各类应用提供对设备进行自动化管理的丰富、全面的解决方案。EBI 系统遵循现有工业标准，系统开放能力处于同类产品的领先地位。EBI 服务器运行在基于微软的 Windows NT 的平台上，EBI 客户机运行在 Windows NT 或 Windows95/98 的平台上，整个系统网络运行在快速以太网上，协议为标准的 TCP/IP。提供 IBMS 系统的数据接口方式有 ODBC、NET API、SQL 接口，并且支持 BACnet、OPC、LonWorks 等工业标准协议。EBI 包含有功能强大的组件，主要有：楼宇控制管理系统（Building Automatic Control System）、生命保障（火灾报警）管理系统（Life & Safety Management System）、安保管理系统（Security Management System）等。同时，EBI 提供的冗余的服务器结构，还可为楼宇建筑提供工业过程级可靠性的楼宇管理系统平台。在结构上，EBI 系统由中央站（PC）和分站（现场 DDC 控制器，包括子系统区域管理器）组成，如图 4-21 所示。

图 4-21 中的组件和它们的组合可以提供楼宇自控管理的"全景图"。分站直接以串行总线连接方式与中央站连接一起，系统中央站和分站之间没有主控制器和网络控制器之类设备，所有控制器之间进行 PEERTOPEER 通信，保证现场控制器独立工作能力和数据结构以及通信速度无任何改变，并保持不同应用中数据的一致性和控制的实时性。

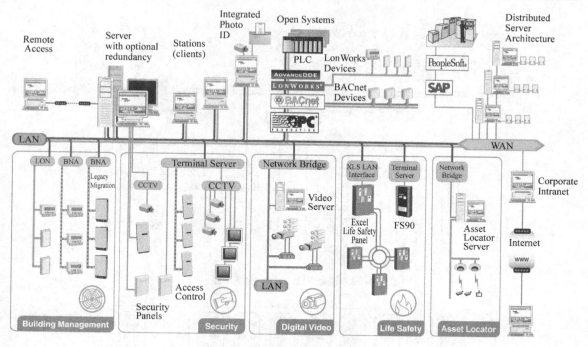

图 4-21 霍尼韦尔 EBI 系统结构

4.5.3 清华同方 ezIBS

清华同方的 ezIBS 集成管理系统是智能建筑信息集成系统，主要用于各建筑智能化子系统的集成，对智能建筑内的所有建筑设备和子系统（包括硬件系统和软件系统）进行监控、管理以及信息集成和融合，并提供报警和联动功能，确保大厦内所有设备处于节能、高效的运行状态。ezIBS 面向智能建筑的业主、管理运营者和系统集成商，为用户提供一个安全、健康、舒适、高效、一体化综合管理的工作环境。同时，ezIBS 还可在基本功能的基础上根据用户的行业需求做二次开发，其基本结构如图 4-22 所示。

从应用体系上来看，ezIBS 可分为三层结构，如图 4-23 所示。

图 4-23 中，最底层的业务逻辑层与用户表示层、数据服务层完全分离，三层之间相对独立。

ezIBS 可实现如下功能：

1）信息流通：准确、全面地反映各子系统运行状态，为外围系统（如 ERP、CRM 等）之间的信息畅通提供一个统一、标准的数据访问方式。

2）集中管理：让用户从本地局域网（Intranet）上对各子系统进行集中统一监视和管理，将各集成子系统的信息统一存储、显示和管理集成到一个统一的平台上，并能提供建筑物关键场所的各子系统综合运行报告。

3）系统联动和控制：以各集成子系统的状态参数为基础，实现各子系统之间的相关软件联动和控制功能。在各集成子系统的良好运行基础之上，提供报警、突发事件（联动）处理、时间排程控制等功能。

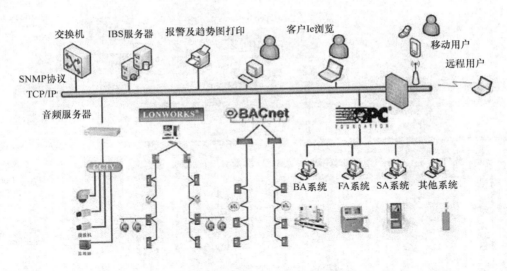

图 4-22　清华同方 ezIBS 的基本结构

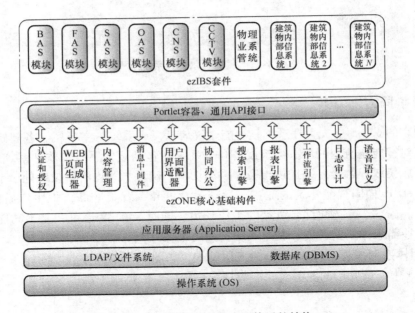

图 4-23　清华同方 ezIBS 应用体系的结构

思 考 题

1. 智能化集成系统概念的发展历程是怎样的?

2. IBMS 系统集成的主要内容有哪些?

3. 智能化集成系统构建应满足哪些方面的要求?

4. 智能化集成系统设计的技术手段有哪些?

5. 简述三网融合的含义。

6. 简述 BACnet 协议的技术特点。

7. Modbus 协议是如何在在串行链路上实现的?

8. 简述 LonWorks 协议各种服务的特点和优点。

9. OPC 的主要作用有哪些?

10. 简述典型的 DDE 会话事务流程。

11. 简述 ODBC 的基本思想与特点。

12. 论述施耐德 Vista 系统的结构与特点。

13. 论述清华同方 ezIBS 集成管理系统的结构与功能。

第5章　建筑设备管理系统

5.1　概述

建筑设备管理系统（Building Management System，BMS），是智能建筑不可缺少的重要组成部分。该系统采用计算机、网络通信和自动控制技术，将建筑物或建筑群内的冷热源、照明、空调、送排风、给水排水等众多分散设备的运行、安全状况、能源使用状况及节能管理实行集中监视、管理和分散控制，以达到舒适、安全、可靠、经济、节能的目的，为用户提供良好的工作和生活环境，并使系统中的各个设备处于最佳化运行状态，从而保证系统运行的经济性和管理的智能化。

5.1.1　建筑设备管理系统的组成与功能要求

1. 建筑设备管理系统的组成

根据对监控和管理的对象及其功能要求的分析，建筑设备管理系统（BMS）的组成如图5-1所示。其监控的内容包括：楼宇设备自控系统（BAS）、安全技术防范系统（SAS）、火灾自动报警和消防联动控制系统（FAS）、一卡通管理系统（ICS）以及背景音乐和应急广播系统（PAS）。

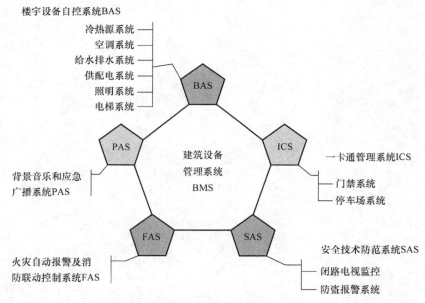

图 5-1　建筑设备管理系统（BMS）的组成

楼宇设备自控系统（BAS），是智能建筑的重要组成部分，包含了对空调系统、给水排水系统、照明系统、变配电系统等的管理与协调，将对整座建筑的空调机组、送排风机、制冷机组、冷却塔、锅炉、换热器、水箱水泵照明回路、变配电设备、电梯等机电设备进行信号采集和控制，实现大厦设备管理系统自动化，起到改善系统运行品质、提高管理水平、降低运行管理劳动强度、节省运行能耗的作用。

安全技术防范系统（SAS），以声音复核、图像复核、电视监控和通信系统为基础组成部分，加以门禁系统、巡更系统等，在多媒体计算机及软件的管理控制下，将以上系统集成起来实现各种功能，从而构成一个自动化、智能化程度高，功能设备完善，防范严密，综合防范能力强的安全技术防范系统。

火灾自动报警及消防联动控制系统（FAS），一般是由智能火灾报警控制器（火灾显示盘、智能感温感烟探测器、总线隔离模块、监视模块、接口模块、控制模块、现场执行模块等）、消防专用电源、消防对讲电话系统、消防广播控制系统、智能彩色图文显示系统组成。它利用各种感温、感烟探测器检测火情，对火灾进行及时正确的报警，控制消防泵、喷淋泵、喷洒头等各种灭火设备进行自动灭火，并对相关的排烟风机、防火卷帘门、电梯、加压风机、非消防电源、消防对讲电话、消防广播等设备进行联动控制。

一卡通管理系统（ICS）建立在计算机网络技术、通信技术以及最新感应 IC 卡技术之上，它在计算机综合管理系统中将整个楼宇中心的管理及服务设施全部纳入，工作人员仅仅依靠一张授权之后的智能卡，就能利用系统强大的软件功能组合以及配套的完善硬件设施，识别身份、出入门禁、考勤、管理车辆、巡更以及对专业设备进行使用控制等。建筑一卡通管理系统由门禁管理、考勤管理、停车场管理、消费管理、图书管理以及一卡通发卡中心等几个子系统组成，这些子系统的工作站利用以太网与上位机连接，并且采取最先进的控制网络作为子系统工作站与现场控制点之间分散的控制设备与数据采集设备的通信连接方式。

背景音乐和应急广播系统（PAS），在正常情况下向智能建筑提供可靠、优质的服务性广播和业务性广播，并在发生火灾等紧急情况下与消防进行系统联动，实现火灾和紧急事故的广播。由于背景音乐及应急广播是与消防系统密切结合的一个建筑智能化系统，因此在以上系统功能均能够实现的前提下，公共广播与消防广播共用扬声器，既节省用户投资，又不会重复建设，其使用功能也不会受到影响。

建筑设备管理系统由以上子系统组成，各子系统之间相互连接，信息交互共享，协调连锁工作，共同完成设备自动化管理的各项功能，实现了全局信息的管理以及全局事件的应急处理，确保了建筑设备的安全、可靠、节能运行。

限于篇幅，在以上各子系统中，有关火灾自动报警与消防联动控制系统（FAS）与安全技术防范系统（SAS）的内容分别在第 8 章与第 6 章中详述，本章仅就楼宇设备自控系统进行详细介绍，主要包括供配电、照明、空调与冷热源、给水排水、电梯等系统的监控。由于一卡通管理系统（ICS）与安全技术防范技术系统关系密切，因此将在安防技术系统相关章节中讨论一卡通系统的监控功能。

2. 建筑设备管理系统的功能

建筑设备管理系统利用先进的计算机监控技术对智能建筑的机电设备进行集中的实时监测和控制，为用户提供舒适便捷的环境，并在此基础上通过资源的优化配置和系统的优化运行达到节约能源和人力的目的。该系统应具有以下功能：

1）系统应基于对建筑设备综合管理的信息集成平台，具有各类机电设备系统运行监控信息互为关联和共享应用的功能，以实施对建筑机电设备系统整体化综合管理。

2）系统应确保各类设备系统运行稳定、安全及满足物业管理的需求。

3）系统应具有对建筑耗能信息予以信息化管理，并实施降耗升效的能效监管方式，实现对建筑设备系统运行优化管理及提升建筑节能功效，从而对建筑物业提供科学管理的依据。

4）系统应综合应用智能化技术，在建筑生命期内，实现对节约资源、优化环境质量的综合管理，确保达到绿色建筑整体建设目标。

5）系统宜与建筑内火灾自动报警系统、安全技术防范系统等其他智能化专业设备系统互联，实现科学有效的建筑设备综合管理。

此外，对建筑机电设备进行监控还应符合以下要求：

1）系统监控范围宜包括冷热源、采暖通风和空气调节、给水排水、供配电、照明和电梯等建筑机电设备系统。

2）系统对建筑机电设备采集的监测信息种类应包括温度、湿度、流量、压力、压差、液位、照度、气体浓度、电量、冷热量等，以及其他建筑设备运行状况中的基础物理量。

3）系统对建筑各机电设备系统的监控模式，应符合建筑各设备系统的运行工艺要求，并应符合对建筑机电设施系统运行的实时状况监控、管理方式实施及具体管理策略持续优化完善等要求。

4）系统应根据建筑设备系统状况，确定系统管理范围及配置相关管理功能。

总之，建筑设备管理系统是为实现绿色建筑的建设目标而对建筑的机电设施及建筑物环境实施综合管理和优化功效，随着智能建筑技术的发展，智能建筑的数量越来越多，为了实现智能建筑的有效运行和实际建设需求，建筑设备管理系统应表现出较强的适用性，从而对提高建筑物的设备管理质量起到积极的促进作用。建筑设备管理系统在运行过程中，能够实现对整个建筑物设备的有效管理，不但能覆盖建筑物中的所有重要设备，还能提高建筑设备的管理效果，发挥建筑设备的积极作用，充分满足建筑的实际需要。从建筑技术的实际发展来看，建筑设备管理系统提升了建筑技术的发展速度，对建筑技术的发展产生了直接的促进作用，建筑设备管理系统正逐步成为建筑智能化系统工程营造建筑物运营条件的保障设施。

5.1.2　计算机控制技术在建筑设备管理系统中的应用

计算机控制技术是自动控制技术发展的高级阶段，该技术是随着计算机技术与自动控制技术的发展而逐步发展起来的，它利用计算机的软、硬件代替了自动控制系统中的控制器。数字计算机强大的计算能力、逻辑判断能力和大容量存储信息的能力使得计算机控制能解决常规控制技术解决不了的难题，能达到常规控制技术达不到的优异性能指标。与采用模拟调节器的自动调节系统相比，计算机控制能够实现先进的控制策略（如最优控制、智能控制等）以保证控制的精度和性能，而且控制结构灵活，易于在线修改控制方案，性能价格比高，便于实现控制与管理相结合。

计算机控制技术在过程控制中的应用主要体现在以下几个系统中，即直接数字控制系统（Direct Digital Control，DDC）、计算机监督控制系统（Supervisory Computer Control，SCC）、分布式控制系统（Distributed Control System，DCS）和现场总线控制系统（Fidlebus Control System，FCS）。

1. 直接数字控制系统（DDC）

DDC 用一台计算机对多个被控参数进行实时数据采集，再根据设定值和一定的控制算法进行运算，然后输出调节指令到执行机构，直接对生产过程施加连续调节作用，使被控参数按照工艺要求的规律变化。DDC 利用计算机的分时处理功能直接对多个控制回路实现多种形式控制的多功能数字控制系统，具有可靠性高、控制功能强、可编写程序等特点，既能独立监控有关设备，又可通过通信网络接受来自中央管理计算机的统一控制与优化管理。在这类系统中，计算机输出直接作用于控制对象，故称直接数字控制。DDC 作为系统与现场设备的接口，通过分散设置在被控设备的附近收集来自现场设备的信息，并能独立监控有关现场设备，同时，它还通过数据传输线路与中央监控室的中央管理监控计算机保持通信联系，接受其统一控制与优化管理。DDC 控制系统原理如图 5-2 所示。

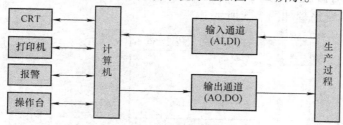

图 5-2　DDC 控制系统原理

建筑设备管理系统利用计算机网络和接口技术将分散在各子系统中不同区域不同用途的现场直接数字控制器（DDC）连接起来，通过联网实现各子系统与中央监控管理级计算机之间及子系统之间相互的信息通信，达到分散控制、集中管理的功能模式。系统组成主要包括：中央操作站、分布式现场控制器、通信网络和现场就地仪表。其中，通信网络包括网络控制器、连接器、调制解调器、通信线路；现场就地仪表包括传感器、变送器、执行机构、调节阀、接触器等。某 DDC 控制器产品如图 5-3 所示，应用该控制器构成的 DDC 控制系统结构示意图如图 5-4 所示。

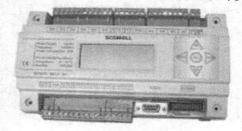

图 5-3　某 DDC 控制器产品

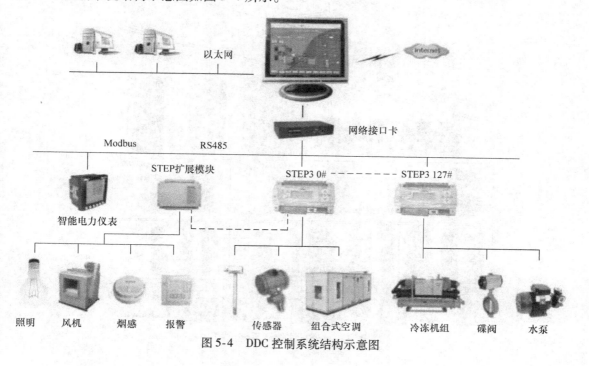

图 5-4　DDC 控制系统结构示意图

2. 计算机监督控制系统（SCC）

SCC 采用两级计算机模式，该系统用计算机按照描述生产过程的数学模型和反映生产过程的参数信息，实时计算出最佳设定值送与 DDC 计算机或模拟控制器，由 DDC 计算机或模拟控制器根据实时采集的数据信息，按照一定的控制算法进行运算，然后输出调节指令到执行机构。执行机构对被控参数按照工艺要求的规律变化，确保生产工况处于最优状态。SCC 结合 DDC 的控制系统原理如图 5-5 所示。

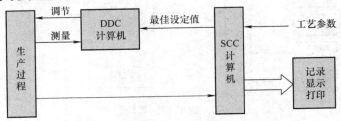

图 5-5 SCC 结合 DDC 的控制系统原理

SCC 系统较 DDC 系统更接近生产实际的变化情况，是操作指导系统和 DDC 系统的综合与发展，它不但能进行定值调节，而且也能进行顺序控制、最优控制和自适应控制。

3. 分布式控制系统（DCS）

DCS 又称集散控制系统。如图 5-6 所示，该系统采用分散控制、集中操作、分级管理、综合协调的设计原则，从上到下将系统分为现场控制层、监控层和管理层。在同一层次中，各计算机的功能和地位是相同的，分别承担整个控制系统的相应任务，而它们之间的协调主要依赖上一层计算机的管理，部分依靠与同层中的其他计算机数据通信实现。

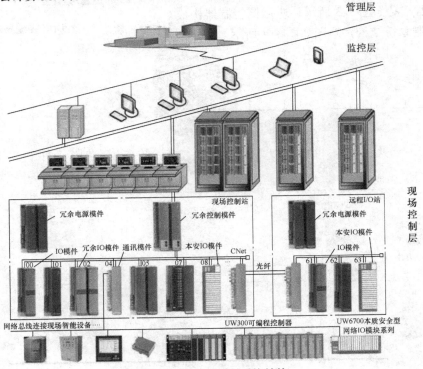

图 5-6 分布式控制系统结构

4. 现场总线控制系统（FCS）

FCS 是连接现场智能仪表和自动控制系统的数字式、双向传输、多分支结构的通信网络，可以说 FCS 是控制系统中最底层的通信网络，它以串行通信方式取代传统的 DC4 ~ 20mA 模拟信号，能为众多现场智能仪表实现多点连接，支持处于底层的现场智能仪表，利用公共传输介质与上层系统互相交流信息，具备双向数字通信功能。图 5-7 描述了 FCS 的原理。

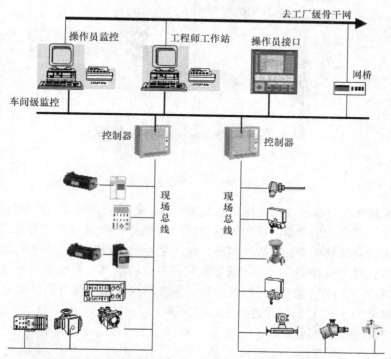

图 5-7　FCS 的原理

5.2　冷热源系统监控

5.2.1　冷热源装置

1. 冷源装置

在智能建筑中，冷源主要应用于三个方面：一是空气调节；二是食品冷藏；三是某些生产工艺需要低温，以保证生产过程的顺利进行。在中央空调系统中，目前常用的制冷方式主要有压缩式制冷和吸收式制冷两种形式：

1）压缩式制冷。压缩式制冷的基本原理如图 5-8 所示。低压制冷剂蒸气在压缩机内被压缩为高压蒸气后进入冷凝器，制冷剂和冷却水（用来带走制冷剂热量的水）在冷凝器中进行热交换，制冷剂放热后变为高压液体，通过热力膨胀阀后，液态制冷剂压力急剧下降，变为低压液态制冷剂后进入蒸发器。在蒸发器中，低压液态制冷剂通过与冷冻水（送至空调空气处理机组用作冷媒的水）的热交换而发生汽化，吸收冷冻水的热量而成为低压蒸汽，再经过回气管重新吸入压缩机，开始新一轮制冷循环。很显然，在此过程中，制冷量即是制冷剂在蒸发器中进行相变时所吸收的汽化潜热。

从压缩机的结构来看，压缩式制冷大致可分为往复压缩式、螺杆压缩式和离心压缩式三种类型。近年来新研究的涡旋压缩式制冷机，也开始在一些小型机组上逐渐应用。

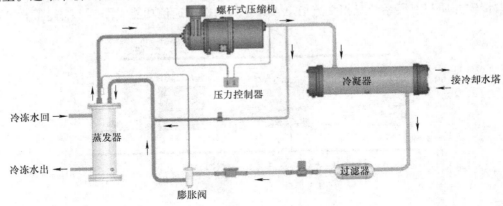

图 5-8 压缩式制冷的基本原理

2）吸收式制冷。吸收式制冷与压缩式制冷一样，都是利用低压制冷剂的蒸发产生的汽化潜热进行制冷。两者的区别是：压缩式制冷以电为能源，而吸收式制冷则是以热为能源。在大型民用建筑的空调制冷中，吸收式制冷机组所采用的制冷剂通常是溴化锂水溶液，其中水为制冷剂，溴化锂为吸收剂。因此，通常溴化锂制冷机组的蒸发温度不可能低于 0℃，这也说明溴化锂制冷的适用范围不如压缩式制冷，但在高层民用建筑空调系统中，由于要求空调冷水的温度通常为 6 ~ 7℃，因此还是比较容易满足的。

某溴化锂吸收式制冷机如图 5-9 所示，由蒸发器、吸收器、冷凝器、低温再生器、高温再生器、冷剂凝水热回收装置、高温热交换器、低温热交换器、热回收器、吸收液泵、冷剂泵等组成。

溴化锂吸收式制冷机的基本原理如图 5-10 所示，冷水在蒸发器内被来自冷凝器减压节流后的低温冷剂水冷却，冷剂水自身吸收冷水热量后蒸发，成为冷剂蒸汽，进入吸收器内，被浓溶液吸收，浓溶液变为稀溶液。吸收器里的稀溶液，由溶液泵送往冷剂凝水热回收装置、低温热交换器、热回收器、高温热交换器后温度升高，最后进入高温再生器，在高温再生器中稀溶液被加热，浓缩成

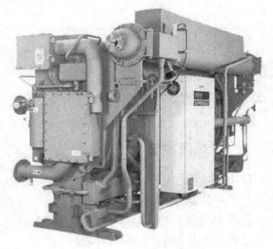

图 5-9 蒸汽溴化锂吸收式制冷机

中间浓度溶液。中间浓度溶液经高温热交换器，进入低温再生器，被来自高温再生器内产生的冷剂蒸汽加热，成为最终浓溶液。浓溶液流经低温热交换器，温度降低，进入吸收器，滴淋在冷却水管上，吸收来自蒸发器的冷剂蒸汽，成为稀溶液。另一方面，在高温再生器内，

经外部蒸汽加热溴化锂溶液后产生的冷剂蒸汽，进入低温再生器，加热中间浓度溶液，自身凝结成冷剂水后，经冷剂凝水热回收装置，温度降低，和低温再生器产生的冷剂蒸汽一起进入冷凝器被冷却，经减压节流，变成低温冷剂水，进入蒸发器，滴淋在冷水管上，冷却进入蒸发器的冷水。

以上循环如此反复进行，最终达到制取低温冷水的目的。

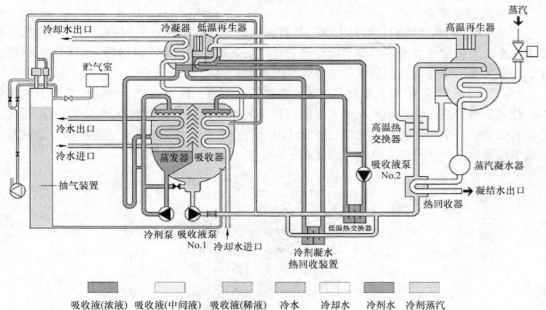

图 5-10　溴化锂吸收式制冷机的基本原理

从溴化锂制冷机组制冷循环中可以看出，它的用电设备主要是吸收液泵，电量为 5 ~ 10kW，这与压缩式冷水机组相比是微不足道的。与压缩式冷水机组相比，它只是在能源的种类上不一样（前者消耗矿物能，后者消耗电能）。因此，在建筑所在地的电力紧张而无法满足空调要求的前提下，溴化锂吸收式冷水机组可以说是一种值得考虑的选择；如果当地的电力系统可以允许的话（当然，作为建设单位，还要考虑各地一些不同的能源政策），还是应优先选择压缩式冷水机组的方案。

2. 热源装置

凡是采暖的地区，均离不开热源，供热大体有两种方式：一种是集中供热，其热源来自热电厂、集中供热锅炉房等；另一种是由分散设在一个单位或一幢建筑物的锅炉房供热。

（1）按热源性质分类

1）蒸汽。蒸汽热值较高，载热能力大，且不需要输送设备。其汽化潜热在 2200kJ/kg 左右，占使用的蒸汽热量的 95% 以上。

在采用蒸汽作为空调热源的工程中，通常都采用表压为 0.2MPa 以下的蒸汽。当凝结水回水较为畅通时，可以采用背压回水；反之，则应使用凝结水泵。另外，如果蒸汽压力过高，也会限制换热器的使用类型。

2）热水。热水在使用的安全性方面比蒸汽优越，与空调冷水的性质基本相同，传热比较稳定。在空调机组中，采用冷、热盘管合用的方式（即两管制），以减少空调机组及系统的造价，热水能较好地满足此种方式的要求，而蒸汽盘管通常不能与冷水盘管合用。

空调热水在使用的过程中系统内存在结垢问题，这与其水质和水温有关。当水温超过70℃时，结垢现象变得较为明显，它对换热设备的效率将产生较大的影响。因此，空调热水应尽可能地采用软化水，或者加药、使用电子除垢器等防止或缓解水结垢的一些水处理措施。

（2）按热源装置分类

1）锅炉。供热用锅炉分为热水锅炉和蒸汽锅炉。在空调热水系统中，由于空调机组及整个水系统要随建筑物的使用要求进行调节与控制，通常设有中间换热器。设有蒸汽锅炉的建筑物也为其冬季空调加湿提供了一个较好的条件。

2）热交换器。从结构上来分，热交换器有三种类型，即列管式、螺旋板式和板式换热器。板式换热器是近十几年来大量使用的一种高效换热器，其结构如图5-11所示。板式换热器对安装的要求相对较高，尤其是各板片组合时，密封垫片与板的配合要准确，否则易发生漏水现象，在拆开检修后更要注意此点。

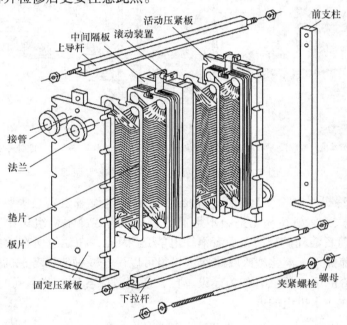

图 5-11　板式换热器的结构

3. 冷热水机组

直燃吸收式冷水机组（简称直燃机），就是把锅炉与溴化锂吸收式冷水机组合二为一，通过燃气或燃油产生制冷所需要的能量。直燃机按功能可分为三种形式：①单冷型：只提供夏季空调用冷冻水；②冷、暖型：夏季提供空调用冷冻水，冬季供应空调热水；③多功能型：除能够提供空调用冷、热水外，还能提供生活用热水。

5.2.2　冷热源系统的监控

通过对冷热源系统实施自动监控，能够及时了解各机组、水泵、冷却塔等设备的运行状态，并对设备进行集中控制，自动控制它们的起停，并记录各自运行时间，便于维护。同时可以从整体上整合空调系统,使之运行在最佳的状态,可以控制多台冷水机组、冷却水泵、冷冻水泵和冷却塔、热水机组、热水循环水泵或者其他不同的冷热源设备按先后有序地运行,通过执行最新的优化程序和预定时间程序,达到最大限度的节能,还可以减少人工操作可能带来的误差,并将冷热源系统的运行操作简单化。集中监视和报警能够及时发现设备的问题,进行预防性维修,以减少停机时间和设备的损耗,通过降低维修开支而使用户的设备增值。

冷热源系统的监测与自动控制的主要功能有如下三个方面:

1)基本参数的测量。包括:各机组的运行、故障、手动自动参数;冷冻水、热水循环系统总管的温度、流量,有的会同时考虑压力;冷冻水泵、热水循环水泵的运行、故障、手动自动参数;冷却水循环系统总管的温度、冷却水泵和冷却塔风机的运行、故障、手动自动参数;分集水器之间旁通阀的压差反馈;冷冻、冷却水路的电动阀门的开关状态等。参数的测量是使冷热源系统能够安全正常运行的基本保证。

2)基本的能量调节。主要是机组本身的能量调节,机组根据水温自动调节导叶的开度或滑阀位置,电动机电流会随之改变。

3)冷热源系统的全面调节与控制。即根据测量参数和设定值,合理安排设备的起停顺序和适当地确定设备的运行台数,最终实现"无人机房"。这是计算机系统发挥其可计算性的优势。通过合理的调节控制,节省运行能耗,产生经济效益的途径,也是计算机控制系统与常规仪表调节或手动调节的主要区别所在。

智能建筑中的冷热源主要包括冷却水、冷冻水及热水制备系统。其监控特点如下:

1)冷却水系统的监控。冷却水系统的主要作用是通过冷却塔和冷却水泵及管道系统向制冷机提供冷水。冷却水系统由水泵、管道及冷却塔组成。对冷却水系统的监控应保证冷却塔风机、水泵安全运行,保证冷冻机组内有足够的冷却水流量,并根据室外气温及冷水机组开启台数,调整冷却塔运行工况,使冷冻机冷却水进口处的温度保持在要求的范围内。

通常在冷冻机的冷却水出口管路上安装温度计是为了判断冷却水系统的水量是否正常。当冷冻机的冷凝器由于内部堵塞或管道系统误操作造成冷却水量过小时,会使冷凝器的出口水温异常升高,通过水管温度传感器便可及时发现故障。

2)冷冻水系统的监控。冷冻水系统由冷冻水循环泵通过管道系统连接冷冻机蒸发器及用户各种冷水设备(如空调机风机盘管)组成。冷冻水系统的作用是为冷水机组的蒸发器提供的冷量,通过冷冻水输送到各类冷水用户(如空调和风机盘管)。对其进行监控的目的主要是保证冷冻机蒸发器通过足够的水量以使蒸发器正常工作;向冷冻水用户提供足够的水量以满足使用要求;在满足使用要求的前提下尽可能减少水泵耗电,实现节能运行。

3)热水制备系统的监控。热水制备系统以热交换器为主要设备,其作用是产生生活、空调机供暖用热水。对这一系统进行监控的主要目的是监测水力工况以保证热水系统的正常循环,控制热交换过程以保证要求的供热水参数。

图 5-12 所示为一热交换系统的监控原理。实际的热交换器可能不止一台,其中,热水供水常用于空调和生活供水等情况。热交换器根据热水循环回路出水温度实测值及设定温度,对热源侧蒸汽/热水回路调节阀开度进行控制,以控制热水循环回路出水温度。

热交换器起动时一般要求先打开二次侧蝶阀及热水循环泵,待热水循环回路起动后再开始调节一次侧蝶阀,否则容易造成热交换器过热、结垢。

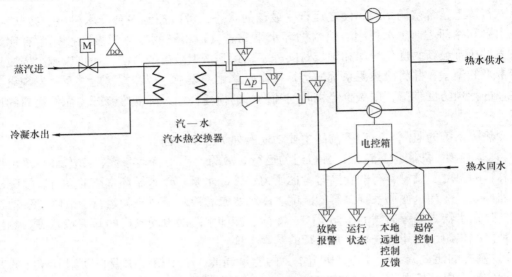

图 5-12　热交换系统的监控原理

5.3　空调系统监控

　　良好的工作环境，要求室内温度适意、湿度恰当、空气洁净。智能建筑的空气环境是一个极复杂的系统，其中有来自于人、设备散热和气候等原因的干扰，有调节过程和执行器固有的非线性和滞后各参量和调节过程的动态性，有建筑内人员活动的随机性等诸多因素的影响。为了节约和高效，对这样一个复杂的系统，必须进行全面管理且实施监控。

　　空调设备本身是智能建筑中耗能耗电的大户，有统计资料表明，空调系统的耗能已占到建筑总耗能的 40% 左右，而且由于智能建筑中大量电子设备的应用使得智能建筑的空调负荷远远大于传统建筑。智能建筑中的空调及其自动控制系统的重要性体现在以下几个方面：首先，智能建筑的重要功能之一就是为人们提供一个舒适的生活与工作环境，而这一功能主要是通过空调及其控制系统来实现的；其次，由于空调系统又是整个建筑最主要的耗能系统之一，因此通过建筑设备自动化系统实现空调系统的节能运行，对降低费用、提高效益是非常重要的；另外，因为在空调系统运行过程中，控制系统必须进行实时调节控制，所以空调控制系统的配置与功能相对而言是整个建筑设备管理系统中要求比较高的部分。

5.3.1　空调系统的工作原理

1. 空调系统的组成

　　一般空调系统包括以下几部分：

　　1) 进风。根据人对空气新鲜度的生理要求，空调系统必须有一部分空气取自室外，常称新风。空调的进风口和风管等，组成了进风部分。

　　2) 空气过滤。由进风部分引入的新风，必须先经过一次预过滤，以除去颗粒较大的尘埃。一般空调系统都装有预过滤器和主过滤器两级过滤装置。根据过滤的效率不同，大致可以分为初（粗）效过滤器、中效过滤器和高效过滤器。

　　3) 空气的热湿处理。将空气加热、冷却、加湿和减湿等不同的处理过程组合在一起，统称为空调系统的热湿处理部分。热湿处理设备主要有两大类：直接接触式和表面式。

直接接触式空气处理设备中与空气进行热湿交换的介质直接和被处理的空气接触，通常是将其喷淋到被处理的空气中。喷水室、蒸汽加湿器、局部补充加湿装置以及使用固体吸湿剂的设备均属于这一类。

表面式空气处理设备中与空气进行热湿交换的介质不与空气直接接触，热湿交换是通过处理设备的表面进行的。表面式换热器属于这一类。

4）空气的输送和分配。将调节好的空气均匀地输送和分配到空调房间内，以保证其合适的温度场和速度场。这是空调系统空气输送和分配部分的任务，它由风机和不同型式的管道组成。根据用途和要求不同，有的系统只采用一台送风机，称为"单风机"系统；有的系统采用一台送风机和一台回风机，则称之为"双风机"系统。管道截面通常为矩形和圆形两种，一般低速风道多采用矩形，而高速风道多用圆形。

5）冷热源部分。为了保证空调系统具有加温和冷却能力，必须具备冷源和热源。冷源有自然冷源和人工冷源两种。热源也有自然和人工两种。自然热源指地热和太阳能。人工热源是指用煤、石油或煤气作燃料的锅炉所产生的蒸汽和热水，目前应用得最为广泛。空调的冷热源部分是智能建筑冷热源系统重要的组成部分，其组成和原理已在上一节有所介绍，本节不再赘述。

2. 空气调节系统

按照空气处理设备的设置情况，空气调节系统可分为集中系统、半集中系统和全分散系统。

（1）半集中系统和全分散系统　在半集中空调系统中，除了集中空调机房外，还设有分散在被调节房间的二次设备（又称末端装置）。变风量系统、诱导空调系统以及风机盘管系统均属于半集中空调系统。

全分散系统也称局部空调机组。这种机组通常把冷、热源和空气处理、输送设备（风机）集中设置在一个箱体内，形成一个紧凑的空调系统。房间空调器属于此类机组。它不需要集中的机房，安装方便，使用灵活。可以直接将此机组放在要求空调的房间内，也可以放在相邻的房间用很短的风道与该房间相连。一般说来，这类系统可以满足不同房间不同的送风要求，使用灵活，移动方便，但装置的总功率必然较大。

（2）集中系统　集中系统的所有空气处理设备（包括风机、冷却器、加热器、加湿器和过滤器等）都设在一个集中的空调机房内。经集中设备处理后的空气，用风道分送到各空调房间。因而，系统便于集中管理、维护。

在建筑物中，一般采用集中式空调系统，通常称之为中央空调系统。中央空调系统主要由制冷制热设备或装置（压缩机、压缩冷凝机组、冷水机组、空调箱、锅炉、喷水室等）、管路（制冷剂管路、冷媒管路、载冷剂管路等）、室内末端设备（室内风管水管、散流器、风机盘管、空调室内机等）、室外设备（室外风管、冷却塔、风冷式冷凝器等）、水泵、控制装置及附属设备等组成。对空气的处理集中在专用的机房里，对处理空气用的冷源和热源，也有专门的冷冻站和锅炉房。

按照所处理空气的来源，集中式空调系统可分为循环式系统、直流式系统和混合式系统。循环式系统的新风量为零，全部使用回风，其冷、热消耗量最省，但空气品质差。直流式系统的回风量为零，全部采用新风，其冷、热消耗量大，但空气品质好。由于循环式系统和直流式系统的上述特点，因此两者都只在特定情况下使用。对于绝大多数场合，一般采用适当比例的新风和回风相混合。这种混合系统既能满足空气品质要求，经济上又比较合理，因此是应用最广的一类集中式空调系统，其系统结构示意图如图5-13所示。

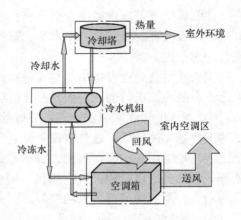

图5-13　集中式空调系统结构示意图

该系统的所有空气处理设备和送、回风机等都集中设置在空调机房内，空气经处理后由送、回风管道送入空调房间，原理如图5-14所示。

根据送风管的套数不同，集中式系统又可分为单风管式和双风管式。单风管式只能输送一种状态的空气，若不采用其他措施，就难以满足不同房间对送风状态的不同要求。双风管式用一条管送冷风，另一条管送热风，冷热风在送入房间前进行不同比例的混合，以达到不同的送风状态，再送入

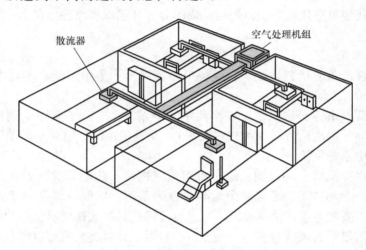

图5-14　集中式空调系统原理

房间。

根据送风量是否可以变化，集中式系统又可分为定风量式和变风量式。定风量式系统的送风量是固定不变的，并按最不利情况来确定房间的送风量。当室内负荷减少时，它虽可通过调节再热提高送风温度减小送风温差的办法来维持室内的温度不变，但耗能较大。变风量式系统则采用可根据室内负荷的变化自动调节送风量的送风装置。当室内负荷减少时它可保持送风参数不变（不须再加热），通过自动减少风量来维持室内温度的稳定，与定风量式相比，不仅节约了定风式系统再热的能量，而且还可降低风机功率电耗及制冷机的冷量。虽其初投资稍高一些，但它节能、运行费用低，综合经济性好。空调的容量越大，采用变风量系统的经济性越好。

建筑设备管理系统对空调系统的监控主要是针对集中式中央空调系统。一般的局部空调如窗式空调机、柜式空调机、专用恒温恒湿机等都自带冷/热源和控制系统，不是建筑设备管理系统的主要监控内容。

5.3.2　空调机组的监控

空气调节设备有新风机组、空气处理机组、风机盘管、变风量系统（VAV）等类型。由于使用条件和功能需求不同，同一种设备在不同的情况下从结构到配置均有所不同。下面介绍目前我国常用的定风量空气处理机组的监控原理。

空调机组使用场合比较多，对空调机组的结构、组成和功能的要求各有不同，导致了空调机组的样式较多。在这里，通过对有代表性的空调机组的监控系统进行分析，对空调机组基本的控制功能有一个全面清晰的认识，为其他各种类型空调机组的监控系统设计和工程问题的处理奠定基础。如果对这些系统的监控原理和系统设计能够熟练掌握，对其他各种空调机组控制问题的处理不会有太大的困难。典型的定风量空调机组监控原理如图 5-15 所示。

1. 定风量空调机组运行参数与状态监控

1）室外/新风温度测量：取自安装在室外/新风口上的温度传感器，采用室外/风管空气温度传感器。

2）室外/新风湿度测量：取自安装在室外/新风口上的湿度传感器，采用室外/风管空气湿度传感器。

3）过滤网两侧压差监测：取自安装过滤网上的压差开关输出，采用压差开关监测过滤网两侧压差。

4）送/回风温度测量：取自安装在送/回风管上的温度传感器，采用风管式空气温度传感器。

5）送/回风湿度测量：取自安装在送/回风管上的湿度传感器，采用风管式空气湿度传感器。

6）送风风速检测：取自送风管上的风速传感器，采用风管式风速传感器。

7）防冻开关状态监测：取自安装在送风管表冷器出风侧的防冻开关输出（只在冬天气温低于 0℃ 的北方地区使用）。

8）送/回风机运行状态监测：可取自送/回风机配电柜接触器辅助触点，也可通过监测点在风机前后的压差开关监测。图 5-15 中的送风机运行状态采用压差开关检测，回风机运行状态采用交流接触器辅助触点。

9）送/回风机故障监测：取自送/回风机配电柜热继电器辅助触点。

10）送/回风机起停控制：从 DDC 数字输出端口（DO）输出到送/回风机配电箱接触器控制回路。

11）新风口风门开度控制：从 DDC 数字输出端口（DO）输出到新风口风门驱动器控制输入点。

12）回风/排风风门开度控制：从 DDC 数字输出端口（DO）输出到回风/排风风门驱动器控制输入点。

13）冷/热水阀门开度调节：从 DDC 模拟输出端口（AO）输出到冷热水二通调节阀阀门驱动器控制输入口。

14）加湿阀门开度调节：从 DDC 模拟输出端口（AO）输出到加湿二通调节阀阀门驱动器控制输入口。

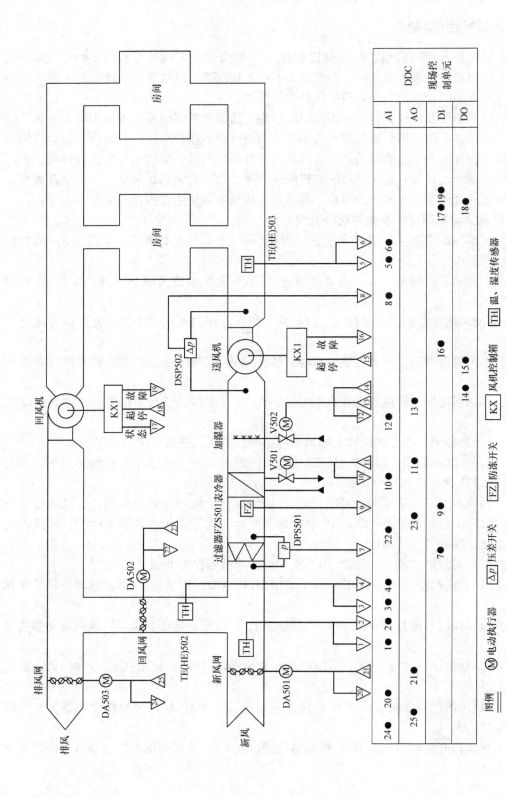

图 5-15　定风量空调机组监控原理

2. 定风量空调系统的自动控制

定风量系统的自动控制内容主要有空调回风温度自动调节、空调回风湿度自动调节以及新风阀、回风阀及排风阀的比例控制。

1）空调回风温度的自动调节。

2）空调机组回风湿度调节。

3）新风电动阀、回风电动阀及排风电动阀的比例控制。

4）排风阀的开度控制从理论上讲应该和新风阀的开度相对应。

3. 定风量空调机组连锁控制

定风量空调机组起动顺序控制：新风风门、回风风门、排风风门开启—送风机起动—回风机起动—冷热水调节阀开启—加湿阀开启。

定风量空调机组停机顺序控制：关加湿阀—关冷热水阀—送风机停机—新风风门、回风风门、排风风门关闭。

4. 定风量空调机组运行与节能控制

（1）定风量空调机组的温度调节与节能策略　定风量空调系统的节能是以回风温度为被调参数，DDC 控制器计算回风温度传感器测量的回风温度与给定值比较所产生的偏差，按照预定的调节规律（一般为 PID）输出调节信号控制空调机组冷/热水阀门的开度以控制冷/热水量，使空调区域的气温保持在设定值。一般夏天空调温度低于 28℃，冬季则高于 16℃。

另外，室外温度是对上述调节系统的一个扰动量，为了提高系统的控制性能，把新风温度作为扰动信号加入调节系统中，可采用前馈补偿的方式消除新风温度变化对输出的影响。如室外新风温度降低，新风温度测量值减小，这个温度负增量经 DDC 运算后输出一个相应的控制电信号，使回水阀开度减小即冷量减小。

在过渡季节或特别的天气，室外温度在空调温度设定值允许的范围内时，空调机组可采用全新风工作方式。关闭回风风门，新风风门和排风风门开到最大，向空调区域提供大量新鲜空气，同时停止对空气温度的调节以节约能源。

（2）空调机组回风湿度调节　空调机组回风湿度调节与回风温度的调节过程基本相同，把回风湿度传感器测量的回风湿度送入控制器与给定值比较，产生偏差，DDC 控制器按 PI 规律调节加湿电动阀开度，将空调房间的相对湿度控制在设定值。

（3）新风风门、回风风门及排风风门调节　根据新风的温湿度、回风的温湿度在 DDC 进行回风及新风的焓值计算，按回风和新风的焓值比例以及空气质量检测值对新风量的需要量控制新风门和回风门的开度比例，使系统在最佳的新风/回风比状态下运行，以便达到节能的目的。

（4）过滤器压差报警　用压差开关测量过滤器两端压差，当压差超限时，压差开关报警，表明过滤网两侧压差过大，过滤网积灰积尘、堵塞严重，需要清理、清洗。

（5）机组防冻保护　采用防冻开关监测表冷器出风侧温度，当温度低于 5℃时报警，表明室外温度过低，应关闭风门，同时关闭风机，不使换热器温度进一步降低。风门应有良好的气密性，同时要有良好的保温性，阻止与室外冷空气的传热。但大多数风门本身的气密性和保温性并不好，难以起到保温隔热的作用。比较可靠的方法是机组停止工作后仍然把水量调节阀打开（如开启 30%），使换热器内的水流缓慢循环流动起来，若水泵已停机，则整个水系统还应开启一台小功率的水泵，保证水系统有一定的水流速度，而不至冻裂。

（6）空气质量控制　为保证空调区域的空气质量，应选用空气质量传感器，当房间中 CO_2、CO 浓度升高时，传感器输出信号到 DDC 控制器，控制器输出控制信号，控制新风风门开度以增加新风量。

（7）空调机组的定时运行与设备的远程控制　控制系统能够依据预定的运行时间表，实现空调机组的按时起停；应有对设备进行远程开/关控制的功能，也就是在控制中心能实现对空调机组的现场设备的远程控制。

5.4　给水排水系统监控

给水排水系统是任何建筑都必不可少的重要组成部分。一般建筑物的给水排水系统包括生活给水系统、生活排水系统和消防水系统，这几个系统都是建筑设备管理系统重要的监控对象。由于消防水系统与火灾自动报警系统、消防自动灭火系统关系密切，国家技术规范规定消防给水应由消防系统统一控制管理，因此，消防给水系统由消防联动控制系统进行控制。本节主要讨论生活给水排水系统的监控系统。

5.4.1　给水监控系统

智能建筑的生活给水系统是整个建筑必不可少的重要组成部分。许多新建的高档建筑，如写字楼、高档办公楼、会展中心、星级宾馆、医院等，除了有冷水供水系统外，还有生活热水供水系统。生活给水系统主要是对给水系统的状态、参数进行监测与控制，保证系统的运行参数满足建筑的供水要求以及供水系统的安全。

1. 智能建筑的给水系统

现代智能建筑的高度一般较高，城市管网中的水压力很难满足用水要求，除了最下几层可由城市管网供水外，其余各层均需加压供水。由于供水高度增大，直接供水时低层的水压将过大，过高的水压对日常使用、材料设备、维修管理均不利，为此必须进行合理竖向分区供水。

应根据建筑物给水要求、高度和分区压力等情况进行合理分区，然后布置给水系统。给水系统的形式有多种，各有其优缺点，智能建筑中常见的生活给水系统有以下三种方式：高位水箱给水方式、气压罐压力给水方式和水泵直接给水方式。

（1）高位水箱给水方式　在建筑的最高楼层设置高位供水水箱，用水泵将低位水箱水输送到高位水箱，再通过高位水箱以重力向给水管网配水，将水输送到用户，如图 5-16 所示。对楼顶水池（箱）水位进行监测及高/低水位超限时报警，根据水池（箱）的高/低控制水泵的起/停，监测给水泵的工作状态和故障，当工作水泵出现故障时，备用泵需自动投入工作。

高位水箱给水系统用水是由水箱直接供应，供水压力比较稳定，且有水箱储水，供水较为安全。但水箱重量很大，增加了建筑物的负荷，且占用楼层的建筑面积。

在高层建筑中，由于最高层与最底层的压差比较大，如果只用一个高位水箱给整个建筑（或建筑群）直接给水，则低层的生活给水压力太大，供水效果不好。因此，在高层建筑（群）中采用高位水箱供水时，常用的办法有两种：一种是在不同标高的分区设立独立的高

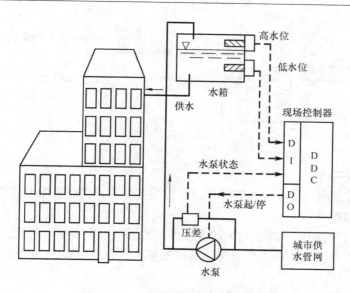

图 5-16   高位水箱给水系统示意图

位水箱，对相应的分区供水；另一种是对最高层的高位水箱进行减压后，向不同的分区供水，这样就避免了低楼层供水压力太大的问题。

（2）气压罐压力给水方式   考虑到重力给水系统的种种缺点，可考虑气压罐压力给水方式。水泵－气压水箱（罐）给水系统是以气压水箱（罐）代替高位水箱，而气压水箱可以集中在地下室水泵房内，从而避免在楼房中设置水箱的缺点，如图 5-17 所示。目前大多采用密封式弹性隔膜气压水箱（罐），可以不用空气压缩机补气，既可节省电能又可防止空气污染水质，有利于优质供水。

（3）水泵直接给水方式   无论是用高位水箱，还是用气压水箱，均为设有水箱装置的系统。设有水箱的优点是预储一定水量，供水直接可靠，尤其对消防系统是必要的，但存在着前述很多缺点。无水箱的水泵直接供水系统可以采用自动控制的多台水泵并联运行，根据用水量的变化，起/停不同水泵来满足用水的要求，以利节能，如采用计算机控制则更为理想。水泵直接供水，较节能的方法是采用调整水泵供水系统，即根据水泵的出水量与转速成正比关系的特性，调整水泵的转速而满足用水量的变化，如图 5-18 所示。

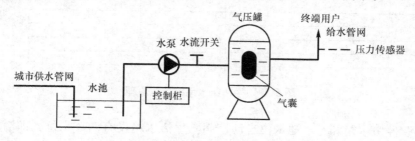

图 5-17   气压装置供水系统示意图

无水箱的水泵直接给水系统最好用于水量变化不太大的建筑物中，因为水泵必须长时间不停地运行，即便在夜间用水量很小时，也将消耗动力，且水泵机组投资较高，所以，需要

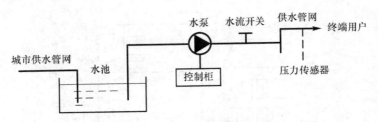

图 5-18　水泵直接给水系统示意图

进行技术经济比较后确定。

　　当建筑的高度很高，且分区数较多时，可根据实际情况混合采用上述几种供水方式。

2. 给水系统监控

　　（1）生活泵起/停控制　建筑物中的生活给水系统可以由高位（屋顶）水箱、生活给水泵和低位（或地下）蓄水池等构成。生活给水系统监控原理如图 5-19 所示。

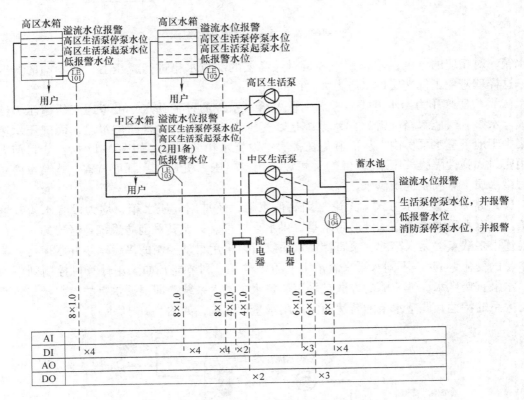

图 5-19　生活给水系统监控原理

　　生活泵起/停由水箱和蓄水池水位自动控制。生活水箱设有四个水位，即溢流水位、最低报警水位、生活泵停泵水位和生活泵起泵水位。DDC 根据水位开关送入信号来控制生活泵的起/停：当高位水箱液面低于起泵水位时，DDC 送出信号自动起动生活泵投入运行；当高位水箱液面高于停泵水位或蓄水池液面达到停泵水位时，DDC 送出信号自动停止生活泵。当工作泵发生故障时，备用泵自动投入运行。自动显示水泵起/停状态。

（2）检测及报警　当高位水箱（或蓄水池）液面高于溢流水位时，自动报警；当液面低于最低报警水位时，自动报警。但蓄水池的最低报警水位并不意味着蓄水池无水，为了保障消防用水，蓄水池必须留有一定的消防用水量。发生火灾时，消防泵起动。如果蓄水池液面达到消防泵停泵水位，将发生报警。水泵发生故障时自动报警。

（3）设备运行时间累计、用电量累计　累计运行时间将为定时维修提供依据，并根据每台泵的运行时间自动确定其是作为工作泵或是备用泵。对于超高层建筑，由于水泵扬程限制，因此需采用接力泵及转水箱。

5.4.2　排水监控系统

建筑物排水监控系统的监控对象为集水坑（池）和排水泵。排水监控系统的监控功能有：

1）污水集水坑（池）和废水集水坑（池）水位监测及超限报警。

2）根据污水集水坑（池）与废水集水坑（池）的水位，控制排水泵的起/停。

3）排水泵运行状态的检测以及发生故障时报警。

4）累计运行时间，为定时维修提供依据，并根据每台泵的运行时间自动确定其是作为工作泵或是备用泵。

建筑物排水监控系统通常由水位开关和直接数字控制器（DDC）组成，如图 5-20 所示。在污水集水坑（池）中，设置液位开关，分别检测停泵水位（低）、起泵（高）水位及溢流报警水位。DDC 控制器根据液位开关的监测信号来控制排水泵的起/停，当集水坑（池）液面达到起泵（高）水位时，控制器自动起动污水泵投入运行，将集水坑的污水排出，集水坑（池）液面下降，当集水坑（池）液面降到停泵（低）水位时，DDC 送出信号自动停止排水泵运行。如果集水坑（池）液面达到启泵（高）水位时，水泵没有及时起动，集水坑水位继续升高达到最高报警水位时，监控系统发出报警信号，提醒值班工作人员及时处理，同时起动备用水泵。

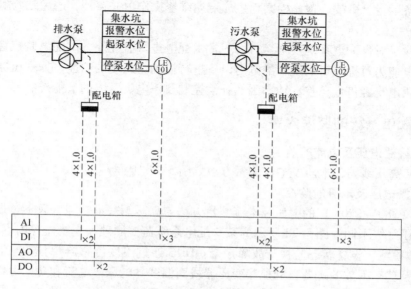

图 5-20　生活排水系统监控原理

　　为了延长各水泵的使用寿命，通常要求水泵累计运行时间数尽可能相同。因此，每次起动系统时，都应优先起动累计运行小时数最少的水泵，控制系统应有自动记录设备运行时间的功能。

5.5　供配电系统监控

　　供配电系统对由城市电网供给的电能进行变换处理、分配，并向建筑物内的各种用电设备提供电能，它是智能建筑最主要的能源供给系统，是智能建筑的命脉，因此供配电设备的监控和管理是至关重要的。供配电监控系统通过对智能建筑内各供配电设备用电情况的计量和统计，利用科学的管理方法，合理均衡负荷，以保障安全、可靠地供电。

5.5.1　供配电系统的监控功能

　　供配电监控系统对智能建筑供电设备和供电状况进行监控，为整个建筑物安全、可靠地供电，合理地调配用电负荷，进而实现最大限度的节能。其主要功能包括以下几方面：

　　1）对配电系统运行参数，如电压、电流、功率、功率因数、频率、变压器温度等进行实时检测，为正常运行时计量管理和事故发生时的应急处理、故障原因分析等提供数据。

　　2）对配电系统与相关电气设备运行状态，如高低压进线断路器、母线联络断路器等各种类型开关当前的分合闸状态是否正常运行等进行实时监视，并提供电气系统运行状态画面；若发现故障，则自动报警，并显示故障位置及相关的电压、电流等参数。

　　3）对建筑物内所有用电设备的用电量进行统计及电费计算与管理，如空调、电梯、给水排水、消防喷淋等动力用电，以及照明用电和其他设备与系统的分区用电量的统计；进行用电量的时间与区域分析，为能源管理和经济运行提供支持；绘制用电负荷曲线，如日负荷、年负荷曲线等；进行自动抄表、输出用户电费单据等。

　　4）进行各种电气设备的检修、保养维护管理，通过建立设备档案，包括设备配置、参数档案，设备运行、事故、检修档案，生成定期维修操作单并存档，避免维修操作时引起误报警等。

　　另外，除了对供配电系统安全运行、正常供配电进行监控外，供配电监控管理系统还应具备以节约电能为目标，对系统中的电力设备进行控制与调度的功能，如变压器运行台数的控制、额定用电量经济值监控、功率因数补偿控制及停电、复电的节能控制等。

5.5.2　供配电系统的监控内容

1. 高压线路电压及电流的监控

6 ~ 10kV 高压线路的电压及电流测量方法如图 5-21 所示。

2. 低压端电压及电流的监控

低压端（380V/220V）的电压及电流测量方法与高压侧基本相同，只不过是电压和电流互感器的电压等级不同。图 5-22 所示为某一配电系统监控原理，主要监控内容有：

　　1）参数检测、设备状态监视与故障报警：DDC 通过温度传感器/变送器、电压变送器、电流变送器及功率因数变送器自动检测变压器线圈温度、电压、电流和功率因数等参数，与额定值比较，发现故障时报警，显示相应的电压、电流数值和故障位置。经由数字量输入通

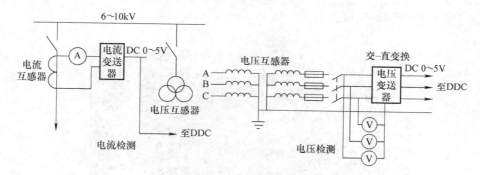

图 5-21　高压线路的电压及电流测量方法

道可以自动监视各个断路器、负荷开关和隔离开关等的当前分、合状态。

2）电量计量：DDC 根据检测到的电压、电流和功率因数计算有功功率、无功功率，累计用电量，为绘制负荷曲线、进行无功补偿及计算电费提供依据。

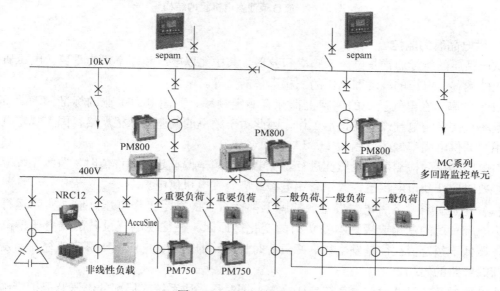

图 5-22　配电系统监控原理

3. 功率、功率因数的监控

通过流量电压与电流的相位差，可测得功率因数。有了功率因数、电压和电流数值即可求得有功功率和无功功率。因此，可以先测量功率因数，然后间接得出功率，这是一种间接测量功率的方法。比较精确的测量功率的方法是采用模拟乘法器构成的功率变送器，或者用数字化测量的方法（高速采样电压、电流数据，再对数字信号进行处理）测量功率。

4. 应急柴油发电机组的监控

为保证消防泵、消防电梯、紧急疏散照明、防排烟设施和电动防火卷帘门等消防用电，必须设置自备应急柴油发电机组，按一级负荷对消防设施供电。柴油发电机应起动迅速，自起动控制方便，市网停电后能在 10～15s 内接入应急负荷，适合作应急电源。图 5-23 所示为应急柴油发电机组的结构。应急柴油发电机组的监测内容包括：电压、电流等参数，机组运行状态，故障报警和油箱液位等。

图 5-23　应急柴油发电机组的结构

5. 供电品质的监控

供电品质的指标通常是电压、频率和波形，其中尤以电压和频率最为重要。电压质量包括电压的偏移、电压的波动和电压的三相不平衡度等。

（1）频率　在电气设备的铭牌上都标有额定频率。我国电力工业的标准频率为 50Hz。由于频率直接影响电气设备的正常工作，因此对于频率的偏差要求很严格，国家规定电力系统对用户的供电频率偏差范围为 ±0.5%。

对电网频率的检测可在低压侧进行。在电网的频率偏差超过允许值时，监测系统应予报警，必要时应切断市电供电，改用备用电源或应急发电机供电。

（2）电压偏移　各种电气设备的铭牌上都标有它的额定工作电压。但在实际运行中由于电力系统负荷的变化或用户本身负荷的变化等原因，往往使电气设备的端电压偏离额定值。电压低于额定值往往是发生在高峰负荷时长线路的末端，电压高于额定值往往是发生在低负荷时线路的始端。

当电压过高或过低时监测系统应予报警，同时需采取系统或局部的调压及保护措施。对电压偏移的改善一般要求在电网的高压侧采取措施，使电网的电压随负荷的增大而升高；反之，负荷减少，电压降低。对于重要的负荷，宜在受电或负荷端设置调压及稳压器。

（3）电压波动及谐波　电动机的起动，电梯、电焊类冲击负荷的工作，将引起供配电系统中的电压时高时低，这种短时间的电压变化称为电压波动。电力系统中交流电的波形从理论上讲应该是正弦波，但实际上由于三相电气设备的三相绕组不完全对称，带有铁心线圈的励磁装置，特别是大型晶闸管装置、电力电气设备的应用，在电力系统中产生了与 50Hz 基波成整数倍的高次谐波，使电压的波形发生畸变成为非正弦波。

电压波动及谐波对电气设备的运行是有害的。传统的无源型 *LCR* 滤波器已被用来解决这一问题，但由于结构原理上的原因，无源滤波器的应用中存在着一些难以克服的缺点：

1）滤波器只对调谐点的谐波效果明显，而对偏离调谐点的谐波无明显效果，实际应用中不可能无限地增加滤波器。

2）当系统中谐波电流增大时，无源滤波器可能过载，甚至损坏设备。

3）电源阻抗强烈地影响滤波特性，严重时电源和滤波器间可能发生谐振，这就是所谓的谐波放大现象。

有源电力滤波器（Active Power Filter，APF）是一种用于动态抑制谐波、补偿无功的新型电力电子装置，它能够对不同大小和频率的谐波进行快速跟踪补偿。其之所以称为有源，是相对于无源 LC 滤波器只能被动吸收固定频率与大小的谐波而言。有源滤波器同无源滤波器比较，治理效果好，可以同时滤除多次及高次谐波，不会引起谐振，目前在供配电系统中被广泛采用。

（4）电压的三相不平衡度　在低压系统中一般采用三相四线制，单相负荷接于相电压上，由于单相负荷在三相电压不可能完全平衡，因而三个相电压不可能完全平衡。电压的不平衡度可以通过测量三个相电压及三个相电流的数据，再经相互比较其差值来检测。差值越大则不平衡度越大。当这个不平衡电压加于三相电动机时，由于相电压的不平衡使得电动机中的负序电流增加，因而增加了转子内的热损失。在设计中应尽量使单相负荷平衡地分配在三相中，对相电压不平衡敏感的负荷（如电子计算机类设备）应采用分开回路的措施，同时监测系统应予报警。

5.6　照明系统监控

在现代建筑中，照明用电量占建筑总用电量很大的一部分，仅次于空调用电量。如何做到既保证照明质量又节约能源，是照明控制的重要内容。在多功能建筑中，不同用途的区域对照明有不同的要求，因此应根据使用的性质及特点，对照明设施进行不同的控制。照明系统的监控包括建筑物各层的照明配电箱、应急照明配电箱以及动力配电箱等。按照功能，可将照明监控系统划分为几个部分，即走廊、楼梯照明监控、办公室照明监控、障碍照明监控、建筑物立面照明监控以及应急照明的应急起/停控制和状态显示。

照明监控系统的任务主要有两个方面：一是为了保证建筑物内各区域的照度及视觉环境而对灯光进行控制，称为环境照度控制，通常采用定时控制、合成照度控制等方法来实现；二是以节能为目的，对照明设备进行的控制，简称照明节能控制。

5.6.1　照明控制方式

正确的照明控制方式是实现舒适照明的有效手段，也是节能的有效措施。目前设计中常用的控制方式有跷板开关控制方式、断路器控制方式、定时控制方式、光电感应开关控制方式、智能控制器控制方式等，下面对各种控制方式逐一加以介绍。

（1）翘板开关控制方式　该方式就是以跷板开关（见图5-24）控制一套或几套灯具的控制方式，这是采用得最多的控制方式，它可以配合设计者的要求随意布置，同一房间不同的出入口均需设置开关。单控开关用于在一处启闭照明，双控及多控开关用于楼梯及过道等场所，在上层

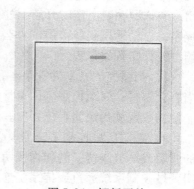

图 5-24　翘板开关

下层或两端多处起闭照明，其接线图如图 5-25 所示。该控制方式线路繁琐、维护量大、线路损耗多，较难实现方便控制。

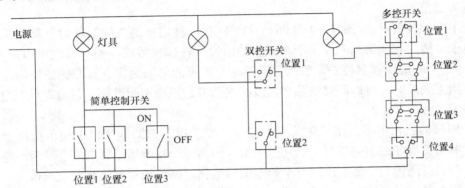

图 5-25　双控及多控开关接线图

（2）断路器控制方式　该方式以断路器控制一组灯具的控制方式。此方式控制简单，投资小，但由于控制的灯具较多，造成大量灯具同时开关，在节能方面效果很差，又很难满足特定环境下的照明要求，因此，在智能楼宇中应谨慎采用该方式，尽可能避免使用。

（3）定时控制方式　该方式是以定时控制灯具的控制方式。该方式可利用建筑设备管理系统的接口，通过控制中心来实现，但这种方式太机械，遇到天气变化或临时更改作息时间就比较难以适应，一定要通过改变设定值才能实现，显得非常麻烦。

还有一类延时开关，特别适合用在一些短暂使用照明或人们易忘记关灯的场所，使照明点燃后经过预定的延时时间后，自动熄灭。

（4）光电感应控制方式　光电感应开关通过测定工作面的照度，与设定值比较来控制照明开关，这样可以最大限度地利用自然光，达到更节能的目的，也可提供一个不受季节与外部气候影响的相对稳定的视觉环境，特别适合一些采光条件好的场所。当检测的照度低于设定值的极限值时开灯，高于极限值时关灯。

（5）智能控制方式　在智能建筑中照明控制系统将对整个建筑的照明系统进行集中控制和管理，主要完成以下功能：

1）照明设备组的时间程序控制将楼宇内的照明设备分为若干组别，通过时间区域程序设置菜单，来设定这些照明设备的启/闭程序。例如，营业厅照明在早晨和晚上定时开启/关闭；装饰照明晚上定时开启/关闭等。这样，每天照明控制系统按计算机预先编制好的时间程序，自动地控制各楼层的办公室照明、走廊照明、广告霓虹灯等，并可自动生成文件存档，或打印数据报表。

2）当楼宇内有事件发生时，照明设备的联动功能需要照明各组做出相应的联动配合。当有火警时，联动控制应使正常照明系统关闭，事故照明打开；当有保安报警时，联动控制应使相应区域的照明系统开启。

3）照明区域控制系统的核心是 DCS 分站，一个 DCS 分站所控制的规模可能是一个楼层的照明或是整座楼宇的装饰照明，区域可以按照地域来划分，也可以按照功能来划分。各照明区域控制系统通过通信系统连成一个整体，成为建筑设备管理系统的一个子系统。

5.6.2　照明系统的监控功能

照明监控系统将对整个建筑的照明系统进行集中控制和管理，主要完成以下功能：

（1）走廊、楼梯照明　走廊、楼梯除保留部分值班照明外，其余的灯在下班后及夜间应关闭，以节约能源。因此可按预先设定的时间，编制程序进行开/关控制，并监视开关状态。

（2）办公室照明　它的调光原理是：当自然光较弱时，自动增强人工照明；当自然光较强时，自动减弱人工照明。亦即人工照明的照度与自然光照度成反比例变化，以使二者始终能够动态地补偿。

（3）障碍照明、建筑物立面照明　航空障碍灯根据当地航空部门要求设定，一般装设在建筑物顶端，属于一级负荷，应接入应急照明电路。可根据预先设定的时间程序控制，并进行闪烁；或根据室外自然环境的照度来控制光电器件的动作，达到开启/关闭。

（4）应急照明的应急起/停控制、状态显示　当建筑物发生事故时，需要照明各组做出相应的联动配合。当有火警时，联动正常照明系统关闭，事故照明打开；当有保安报警时，联动相应区域的照明灯开启，并且保证市电停电后的事故照明、疏散照明。

不同用途的场所对照明的要求各不相同。照明监控系统的核心是 DDC 分站，一个 DDC 分站可控制一个楼层的照明或整座楼的照明。区域可以按照地域来划分，也可按照功能来划分，各照明区域控制系统通过通信系统连成一个整体，成为建筑物设备管理系统的一个子系统。图 5-26 所示为某一城市路灯智能照明监控系统。城市路灯远程监控中心通过传输网络和每一个路灯终端实现实时连接，可实现远程操作，也可切换到自动/手动功能，从而实现城市路灯的集中智能化管理。

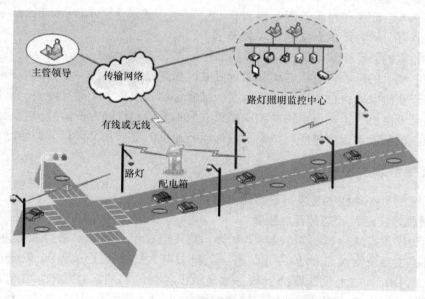

图 5-26　路灯智能照明系统监控系统

5.7　电梯系统监控

5.7.1　电梯系统的工作原理

电梯是现代建筑内主要的垂直交通工具。电梯系统不但是楼宇内最频繁使用的设备，也是关系人身安全的重要设备。建筑内有大量的人流、物流的垂直输送，因此要求电梯智能化。对带有完备控制装置的电梯，将其控制装置与建筑设备管理系统相连接，实现相互间的数据通信，使管理中心能够随时掌握各个电梯的工作状况，并在火灾、保安的特殊场合对其运行进行直接控制。在大型智能建筑中，常常安装许多台电梯，若电梯都各自独立运行，则不能提高运行效率。为减少浪费，必须根据电梯台数和高峰客流量大小，对电梯的运行进行综合调配和管理，即电梯群控。

电梯一般由轿厢、曳引机构、导轨、对重、安全装置和控制系统组成。对电梯监控系统的要求是：安全可靠，起、制动平稳，感觉舒适，平层准确，候梯时间短和节约能源。试验表明，人的感觉与速度无关，而取决于加（减）速度 a 和加（减）速度变化率 ρ。电梯运行速度曲线如图 5-27 所示，即在起动加速段和减速制动段均为抛物线、中间为直线的抛物线—直线综合速度曲线。当电梯加速上升或减速下降时，人会产生超重感，当电梯加速下降或减速上升时，则会产生失重感，人对失重的感觉比对超重的感觉更加不适。某电梯控制柜如图 5-28 所示。

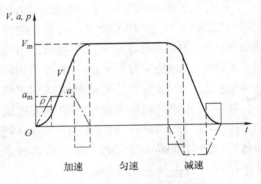

图 5-27　电梯运行速度曲线

按驱动电动机的电源，可将电梯分为直流电梯和交流电梯两大类。直流电梯由直流电动机拖动，由于直流电动机存在换向器和电刷，维修保养工作量大，而且体积、质量和成本都比同容量的交流电机大。交流电梯由结构简单、成本低廉和维修方便的异步电动机拖动，采用计算机控制的变频调速系统既可以满足电梯运行速度的要求，又可以节约能源。

5.7.2　电梯系统的监控功能

电梯系统的监控功能主要包括下面几方面。

1. 时间程序设定及状态监视、报警

按时间程序设定的运行时间表起/停电梯，监视电梯运行状态、故障及紧急状况报警。运行状态监视主要负责检测起动/停止状态、运行方向、所处楼层位置等，可通过自动检测并将结果送入 DDC，在上位计算机上动态地显示出各台电梯的实时状态。在电动机、电磁制动器等各种装置出现故障后，故障报警功能将自动报警，并显示故障电梯的地点、发生故障时间、故障状态等。电梯紧急状况主要包括火灾、地震状况检测、发生故障时是否关人等，一旦出现上述紧急状况，应立即报警。图 5-29 所示为某一电梯运行状态远程监控系统示意图，当电梯出现故障时，电梯远程监控报警系统设备可直接发送报警短信至维保人员手机，使维保人员第一时间了解电梯故障信息，尽可能地缩短故障解决时间；如发生电梯困人故障，维保人员可回拨该短信号码，通过该轿厢顶部的电梯故障采集仪与被困人员进行通话，及时安抚被困人员。

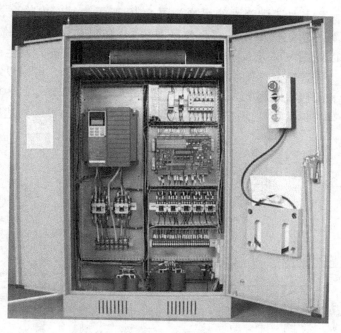

图 5-28　某电梯控制柜

图 5-29　电梯远程监视系统示意图

2. 电梯群控管理

电梯群控系统能对运行区域进行自动分配，自动调配电梯至运行区域的各个不同服务区段。服务区域可以随时变化，它的位置与范围均由各台电梯通报的实际工作情况确定，并随时监视，以便满足大楼各处不同停站的召唤。图 5-30 所示为某一电梯群控系统原理，业主可通过刷卡或密码到达指定楼层；具有与楼宇对讲联动的功能，当本系统与楼宇对讲联动时，临时访客就可以使用电梯进入到指定楼层；具有消防联动功能，发生消防事故时，系统自动转入消防状态，电梯恢复原始状态；具有楼层时段管理功能，可以设定每个楼层的开放时间段，正常时间和节假日时间的开放时段可以不同，具有与门禁类似的功能，特别适用于写字楼等场合；具有呼梯功能，通过呼梯器或计算机控制，电梯可以到达指定楼层。

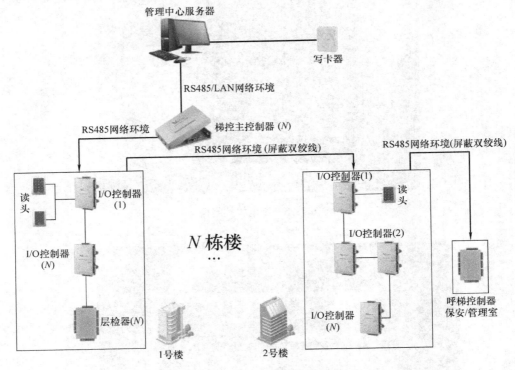

图 5-30　电梯群控系统原理

以办公大楼中的电梯为例，在上下班、午餐时间客流量十分集中，其他时间又比较空闲，如何在不同客流时期，自动进行调度控制，做到既能减少候梯时间、最大限度地利用现有交通能力，又能避免数台电梯同时响应同一召唤造成空载运行、浪费电力，这就需要不断地对各厅站的召唤信号和轿厢内选层信号进行循坏扫描，根据轿厢所在位置、上下方向停站数、轿内人数等因素来实时分析客流变化情况，自动选择最适合于客流情况的输送方式。电梯群控系统能对运行区域进行自动分配，自动调配电梯至运行区域的各个不同服务区段。服务区段可以随时变化，其位置与范围均由各台电梯通报的实际工作情况确定，以便随时满足大楼各处不同厅站的召唤。

在客流量很小的"空闲状态"，为使各层站的候车时间最短，将从所有分布在整体服务区中的最近一站调度发车，不需要运行的轿厢自动关闭，避免空载运行。上班时，几乎没有下行乘客，客流基本上都上行，可转入"上行客流方式"，各区电梯都全力输送上行乘客，乘客走出轿厢后，立即反向运行。下班时，则转入"下行客流方式"。午餐时，上、下行客流量都相当大，可转入"午餐服务方式"，不断地监视各区域的客流量，随时向客流量大的区域分派轿厢，以缓解载客高峰。

群控管理可大大缩短候梯时间，改善电梯交通的服务质量，最大限度地发挥电梯作用，使之具有理想的适应性和交通应变能力。这是单靠增加台数和梯速所不易做到的。

通过对多台电梯的优化控制，可使电梯系统具有更高的运行效率，减少乘客的候梯和乘梯时间，同时及时向乘客通报等待时间，以满足乘客生理和心理要求，实现高效率的垂直输送；同时，可根据不同的交通状况，提供最佳方案，降低能耗。一般智能电梯均系多微机群控，并与维修、消防、公安、电信等部门联网，做到节能，确保安全，环境优美，实现无人化管理。

3. 配合安全技术防范系统协同工作

当接到防盗信号时，根据保安级别自动行驶至规定楼层，并对轿厢门实行监控。当发生火灾时，普通电梯直驶首层、放客，切断电梯电源；消防电梯由应急电源供电，在首层待命。

5.8　建筑设备管理系统设计

近几年，国民经济快速发展，固定资产投资与规模不断提高，高档次现代化的办公大楼、酒店、智能大厦不断兴建，这些大厦都要求有建筑设备管理系统对其运行管理提供保障。建筑设备管理系统设计的主要目的，就在于将建筑物内各种机电设备的信息进行分析、归类、处理、判断，采用最优化的控制手段并结合现代计算机技术对各系统设备进行全面有效的监控和管理，使各子系统设备始终处于有条不紊、协同一致的高效、有序状态下运行，以确保建筑物内舒适和安全的环境，并尽量节省能耗和日常管理的各项费用，保证系统安全、有效、节能运行。

5.8.1　建筑设备管理系统的设计原则

建筑设备管理系统的设计首先应遵循先进高效、技术成熟、经济合理、安全可靠的原则，所采用的设计方案及产品应满足建筑物内设备监控及管理的功能要求，系统硬件设备和软件的配置应满足具体工程应用中的实际需求，采用结构化、模块化、标准化且具有良好的可扩展性和开放性的产品，并应充分考虑系统内各子系统或设备之间的相互通信以及根据实际需求适度考虑系统集成。具体地，应从以下几个方面考虑：

1）技术的适用性。为了延长建筑物及其设备的寿命，更好地满足用户日益增长的各种需求，在可能的条件下尽量采用国际上先进的、成熟的、实用的技术和设备。

2）开放性。一个完整的建筑设备监控系统往往由不同厂商的产品构成，如果选择的系统是封闭的，不能和别的厂商产品互联，就会给系统的维护、扩展和更新带来麻烦。

3）可扩展性。在设计过程中，根据受控设备的分布，编制监控设备点数表和系统设备配置表，在进行设备配置时，应考虑系统的冗余度，以满足后期系统的扩展需求。

4）一体化整合设计原则。建筑设备管理系统涉及的专业范围有建筑、暖通空调、冷热源、给水排水、供配电、电梯、照明等众多子系统，并与公共安防系统集成，更与计算机技术、控制技术、通信技术密不可分。因此，建筑设备管理系统是多工种、多技术相融合的工程技术，在规划、设计、施工中各工种的协调配合至关重要。土建方面：应考虑控制室、竖井的面积和位置，土建的装修条件，电缆桥架、管线的预埋件、预留孔洞等；暖通方面：应考虑有关工艺流程图，测量控制要求，所带设备的控制要求等；给水排水方面：应着重考虑有关工艺设备的测量控制要求、数量，所带设备的控制要求等；电气方面：应考虑有关变配电、照明电气系统图及测量控制要求，动力、照明配电箱的平面位置等。

5）可靠性。系统必须具有保证可靠运行的自检试验与故障报警功能，主要包括：交流电源故障报警、通信故障报警、接地故障报警和外部设备控制单元故障报警等。

6）节能环保。建筑设备的能耗占大楼的 50% 以上，且节能潜力大。建筑产生的污水有条件的地方应经过中水处理、综合利用，既减少污染，又节约资源。因此，在规划、设计中必须强化节能意识，把能源供应管理及节能控制列为主要内容。

总之，智能建筑的工程建设，应以实现绿色建筑为目标，应做到功能实用、技术适时、安全高效、运营规范和投资合理。

5.8.2　建筑设备管理系统的设计流程

建筑设备管理系统的设计贯穿于建筑电气设计的始终，在民用建筑电气设计的方案及初步设计阶段，即应结合工程需求充分考虑建筑设备管理系统设计方案。原则上，方案设计文件应满足编制初步设计文件的需要，初步设计文件应满足编制施工图设计文件的需要，施工图设计文件应满足设备材料采购、非标准设备制造和施工的需要（如设计说明、系统图、平面图、材料表等）。通常设计单位对建筑设备管理系统的设计是包括在弱电设计或是总的电气设计中，而工程承包方的二次深化设计有时是仅包括建筑设备管理系统的单项设计（智能化系统总承包等情况下可进行总体设计）。具体到各个阶段的设计内容如下：

1. 方案设计阶段

方案设计阶段，建筑电气专业建筑设备管理系统设计文件主要为设计说明书，包括在电气或智能化系统总说明中阐述设计范围及建筑设备管理系统设计标准，并应说明建筑设备管理系统设计包含的内容，当由建筑设备管理系统完成系统集成时，应说明集成的内容等。

2. 初步设计阶段

初步设计阶段，建筑电气专业建筑设备管理系统设计内容包括设计说明书、图纸目录、系统图、平面图、主要设备材料表等。设计说明书中，设计依据主要包括建筑概况、相关专业提供给本专业的工程设计资料、建设方提供的有关职能部门认定的工程设计资料及建设方设计要求、本工程采用的主要标准及法规；建筑设备管理系统控制室的位置、面积、独立设置或与哪些系统合用；监控总点数，包括数字输入、数字输出、模拟输入、模拟输出各为多少；系统的组成等。对于制冷及热力系统应说明制冷机及锅炉的形式、台数及自带的控制功能与控制要求以及建筑设备管理系统要实现的控制功能；对冷冻（冷却）水系统应说明冷冻（冷却）水泵的台数、冷却塔的台数，控制要求及建筑设备管理系统实现的功能；对于空气处理及给水排水系统应说明设备的台数、控制要求及建筑设备管理系统实现的功能；对于供配电设备监测系统应说明高低压开关柜、变压器、发电机、直流电池屏台数，主要设备的使用功能（同时应注意变电所综合自动化系统与基于建筑设备管理系统的简化的变配电智能化系统的区别）；说明照明系统的控制要求（同时应注意专用的照明控制系统与基于建筑设备管理系统的照明控制的区别）；说明与安防系统的联动控制要求等。当完成智能化系统集成功能时，设计说明书还需说明集成的子系统及其要求；主要产品的选型；设计中所使用的符号、标注的含义；接地要求、导线选型及敷设方式等；需提请在初步设计审批时解决或确定的主要问题（这点往往容易被设计者忽略）。系统图中，应画出系统干线图，控制室大体位置，设备、DDC 大体位置；数量应在干线图中大体标出（可只标出线路连接路径不做线路具体选型）。平面图中，应包括控制室平面布置图和各分站 DDC 平面布置（可只画出设备平面分布不做线路具体连接）。主要设备材料表中，应包括主要设备的图例、名称、型号规格、技术参数、单位、数量、安装做法等。

3. 施工图设计阶段

施工图设计是系统设计的一个重要环节。建筑设备管理系统的设计文件包括图纸目录、施工图设计说明、系统图、平面图、主要设备材料表。

施工图设计说明中的设计依据可按初步设计中的内容进行说明，设计范围包括建筑设备管理系统控制室的位置、面积、独立设置或与哪些系统合用，监控总点数及现场控制器输入、输出信号的数量，系统的组成等。在建筑设备管理系统中，现场控制器输入、输出信号有 4 种类型。AI：模拟量输入，如温度、湿度、压力等，一般为 0～10V 或 4～20mA 信号；AO：模拟量输出，作用于连续调节阀门、风门驱动器，一般为 0～10V 或 4～20mA 信号；DI：数字量输入，一般为触点闭合、断开的状态，用于起动、停止状态的监视和报警；DO：数字量输出，一般用于电动机的起动、停止控制，两位式驱动器的控制等。当完成智能化系统集成功能时，施工图设计说明中还需说明集成的子系统及其要求（与初步设计一致），主要产品的选型、设备订货要求，设计中所使用的符号和标注的含义，接地要求，导线选型及敷设方式，系统的施工要求和注意事项（包括布线、设备安装等），以及工程选用的标准图等。

系统图包括绘至 DDC 站为止的系统干线图，系统主要设备，与 DDC 站的连接，线路选型与敷设方式，线缆、设备的数量、路由，主要设备与设备间的线路连接，设备材料的图例、型号、数量应与平面图材料表一致，设备位置应与实际位置基本一致。监控点表应说明详细的设备和 DDC 的分布位置、监控对象、实现的功能、监控点分类、点数统计及 DDC 的点数占用率等，各监控点、DDC 与干线系统图应严格一致。

平面图包括控制室平面布置图、接地平面图、DDC 平面布置图、干线及设备机房外线路平面图。

主要设备材料表包括主要设备的图例、名称、型号规格、技术参数、单位、数量、安装做法等。

建筑设备管理系统及系统集成包括绘至 DDC 站为止的监控系统方框图，随图说明相关建筑设备监控（测）要求、点数、位置，配合承包方了解建筑设备情况及要求，审查承包方提供的深化设计图纸。

同时，在施工图设计中还需说明对成套产品的技术要求，并以能满足编制投标书的要求和审核承包商深化设计文为原则。进行施工图设计时，应尽量缩短控制器同各个被控设备之间的距离以提高系统的可靠性和系统的整体性能；应合理分布控制器以提高控制器的利用率，减少浪费。

4. 深化设计阶段

深化设计阶段与施工图设计的主要区别在于需增加详细的分系统图、详细的设备机房内 DDC 与监控设备的连接平面图和接线图及详细的设备材料清单。调整到深化设计中的图纸主要是子系统的系统图，传感器、执行器的材料选择，机房内设备与 DDC 之间具体连接的平面图等。深化设计要求承包方应负责提供相应的深化设计，主要有设计说明（包括系统功能说明及性能指标、监控点数表、系统设备配置清单、监控原理说明等）、系统图（包括系统结构图、网络拓扑图）、平面图（包括控制中心、分控室、受控设备机房、末端设备安装及配线平面施工图）、设备安装大样图（包括控制中/和分控室设备的平、立、剖面安装图，DDC、传感器、执行机构的安装大样图）、各系统或设备的监控原理图及电气端子接线图、系统设备配置及器材与线缆清单、系统安装及施工的土建条件与环境要求。

5.8.3　建筑设备管理系统的节能优化设计

维持智能建筑运行将耗费大量能源，而空调、给水排水、照明等子系统耗能占智能建筑运行能耗的 2/3 以上，因此，降低建筑物能耗，重点在于降低设备的运行能耗。当各类设备的选型确定后，要降低设备能耗，只能从分析设备系统的运行控制过程入手，分析外界气候条件和建筑物内人员、设备变化对建筑物运行能耗产生的影响，从而在设备运行控制过程中进行节能研究。为此，应充分运用现代计算机技术、互联网技术、制造技术、信息技术、管理技术和分析工具对各类智能建筑的设备系统运行特性、集成控制方式、控制过程、控制内容、控制软件系统进行详细的分析和研究，并在此基础上，对影响建筑物内部舒适性的因素进行分析，定量分析建筑物内舒适度指标，确定控制目标和控制参数，建立相应的设备控制模型和目标函数，进行设备运行能耗仿真计算和实验，分析设备耗能与智能建筑功能以及建筑物使用时间、空间上的关系，优化设备运行，在保证智能建筑使用性能前提下，降低设备使用的能耗，才能使智能建筑在节能、智能化、安全性、舒适性、快捷性、经济性等方面更好地发展，从而推进智能建筑整体的发展。

具体到智能建筑中，建筑设备管理系统的节能优化设计主要体现在空调系统、给水排水系统和照明系统的节能设计。

1. 空调系统节能

维持智能建筑内部舒适性的设备是空调系统。而空调系统较复杂，控制参数多，影响其运行能耗的因素多，控制目标多。在对空调系统运行过程中各部分的耗电进行分析的基础上，确定影响空调运行能耗的主要参数和控制目标。建立优化运行的目标控制模型和目标函数，选用一种算法进行控制参数求解，将优化后的控制参数送入控制系统进行控制，达到节能的目的。对于空调机组的控制优化，目前多采用自适应控制的方式有效实现空调机组的精细化控制。自适应控制在系统的运行过程中不断地提取有关模型的信息，使模型逐步完善，同时，依据对象的输入输出数据，不断地辨识模型参数，通过在线辨识，模型会变得越来越准确，越来越接近于实际。这样，系统在刚开始投入运行时可能性能不理想，但是只要经过一段时间的运行，通过在线辨识和控制以后，控制系统逐渐适应，最终将自身调整到一个满意的工作状态。

2. 给水排水系统节能

给水排水系统节能分为节电与节水，其耗电主要是水泵耗电。一般水泵耗电量占给水排水系统总耗电量的 70% 以上，在给水排水系统的运行费用中居第一位。要保证系统的安全可靠运行，应实现对水泵的最佳运行控制。其控制功能简单，控制参数少，节电措施主要是对水泵进行调速，使得无论用户用水量如何变化，水泵都能及时改变其运行方式，实现最佳运行。水泵调速可有下列几种方法：

1）用水泵电动机可调速的联轴器（力矩耦合器）。电动机的转速不可调，在用水量变化时，通过调节可调速水泵电动机的联轴器，以此改变水泵的转速，以达到调节水量的目的。联轴器类似于汽车的变速器。

2）用调速电动机。由用水量的变化来控制电动机的转速，从而使水泵的水量得到调节。调速水泵给水系统原理如图 5-31 所示。这种方法设备简单，节省动力，国内已有使用，效果较好。图 5-32 所示为变频调速给水系统的实际结构。

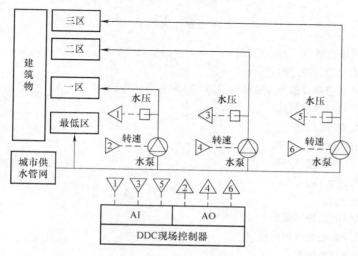

图 5-31　调速水泵给水系统原理

图 5-32　变频调速给水系统的实际结构

3. 照明系统节能

照明系统耗电占设备系统耗电的 30% 左右，目前主要采用的节电措施是合理安排用电需求，降低不必要的用电，采用智能控制方式进行照明控制（见本章 5.6 节的介绍）。

总之，建筑设备管理系统的设计应实现其对智能建筑内的各种机电设施进行全面的监控管理，如冷热源系统、空调通风系统、给水排水系统、供配电系统、照明系统、电梯系统、消防、安防系统等；通过对各个子系统进行监视、控制、信息记录，实现分散节能控制和集中科学管理，为建筑物用户提供舒适、良好的工作环境，为建筑物的管理者提供方便、快捷的管理手段，从而减少建筑物的能耗并降低管理成本，保证智能建筑内各系统的安全、可靠、节能运行。

思　考　题

1. 建筑设备管理系统由哪些子系统组成？
2. 建筑设备管理系统的监控范围有哪些？
3. 计算机控制技术在建筑设备管理系统中的应用体现在哪些方面？
4. 智能建筑中有哪些冷热源装置？
5. 冷却水系统由几部分组成？
6. 简述生活给水系统的监控原理。
7. 简述生活排水系统的监控原理。
8. 简述空气调节处理流程。
9. 简述空调系统的组成。
10. 简述定风量系统的监控原理。
11. 简述供配电系统的监控管理功能。
12. 简述照明系统的监控内容。
13. 简述电梯控制系统的监控原理。
14. 简述建筑设备管理系统的设计原则。
15. 简述建筑设备管理系统的设计流程。
16. 智能建筑中建筑设备管理系统可从哪些方面设计节能优化？

第6章 公共安全系统

6.1 概述

公共安全系统（Public Security System），是指综合运用现代科学技术，应对危害建筑物公共环境安全而构建的技术防范或安全保障体系的系统。公共安全系统应成为建筑智能化系统工程建立的建筑物安全运营整体化、系统化、专业化的防护设施。

6.1.1 公共安全系统的基本要求

公共安全系统的功能应符合以下要求：

1）系统应具有应对建筑内火灾、非法侵入、地震等自然灾害、重大安全事故和公共卫生事故等危害人们生命财产安全的各种突发事件而建立起的应急及长效的技术防范保障体系。

2）系统应符合以人为本、主动防范、应急响应和严密可靠等公共安全系统建设的基本原则。

3）公共安全系统应包括火灾自动报警系统、安全技术防范系统和应急响应系统等。

6.1.2 公共安全系统的基本组成

公共安全系统的基本组成应包括火灾自动报警系统、安全技术防范系统和应急响应系统等。

1. 火灾自动报警系统

为了消防安全，现代建筑的消防设施以火灾自动报警系统、火灾通信广播和安全疏导系统为核心设备，以消火栓系统、水喷淋系统、水雾系统、防排烟系统、气体灭火系统等为主要灭火装置，并通过消防控制中心协调控制这些自动消防系统，完成对火灾的有效探测、数据信息处理、火灾报警，以及消防设备连锁动作和自动消防系统的设备联动控制，共同构成火灾自动报警与消防设备联动控制系统，即现代建筑火灾自动报警系统。

这部分内容，本书将在第8章详细说明。

2. 安全技术防范系统

安全技术防范系统是以维护社会公共安全为目的，运用安全防范产品和其他相关产品所构成的入侵报警系统、视频安防监控系统、出入口控制系统、防爆安全检查系统等，或是由这些系统为子系统组合或集成的电子系统或网络。

3. 应急响应系统

应急响应系统作为对消防、安防等建筑智能化系统的基础信息关联、资源整合共享、功能互动合成，以形成更有效提升各类建筑安全防范功效和强化系统化安全管理的技术方式之一，已被具有高安全性环境要求和实施高标准运营管理模式的智能建筑所采用。目前，以统一化指挥方式和采用专业化预案（丰富的相关数据资源支撑）的应急指挥系统，是大中城市和大型公共建筑建设中需建立的项目。

6.2　安全技术防范系统

安全技术防范系统应符合以下要求：

1）系统应依据建筑内被防护对象的防护等级、安全防范管理等要求，以合理、可行、全面的建筑物自身物理防护为基础，综合运用电子信息技术、信息网络技术和安全防范技术等，构建可靠、适用、配套、严密的安全技术防范体系。

2）系统应适应安全技术防范数字化、网络化、平台化的大安防方式发展趋向，建立以安全技术防范信息为基本运载对象的系统结构化架构及网络化链路体系，不断提升安全信息资源共享和实施优化技术防范管理综合功能，确保有效实现公共安全智能化防范的目标要求（系统应以建筑内平面布局区域面、系统管理层次化、系统合成构造立体化等体系化主动安防监管策略，对报警信息、视频图像、控制反馈等各类公共安全环境状态基础信息获取，宜采用多感应技术互为合成的技术方式或智能型装置，实现与相关安全技术防范设施信息互为关联的综合技术防范功效。系统应具有形成与建筑物自身物理防范整合为一体的严密安全技术防范保障。）。

3）系统宜包括安全防范综合管理平台、入侵报警、视频安防监控、出入口控制、电子巡查管理、访客及对讲、停车库（场）管理系统及各类建筑的业务功能所需其他相关安全技术防范设施系统（入侵报警系统、视频安防监控系统、出入口控制系统、电子巡查管理系统、访客及对讲系统、停车库（场）管理系统等构成具有安全技术防范整体功效的设施系统，应适应数字化技术的趋向，宜采用网络化信息采集、平台化信息汇聚、数字化信息存储及实施专业程序化综合监管的整体解决方案。）。

4）系统设计应符合现行国家标准 GB 50348—2004《安全防范工程技术规范》、GB 50394—2007《入侵报警系统工程设计规范》、GB 50395—2007《视频安防监控系统工程设计规范》、GB 50396—2007《出入口控制系统工程设计规范》等。

5）系统应建立以安防信息集约化监管为集成的平台（安全防范综合管理系统应以安防信息集约化监管为集成平台，对各种类技术防范设施及不同形式安全基础信息互为主动关联共享和信息资源价值深度挖掘应用，以实施公共安全防范整体化、系统化的技术防范系列化策略。）。

6）系统技术应适应安防科技的发展，系统配置宜采用信息化系统技术及其设备。

7）系统应拓展建筑优化公共安全管理等所需的其他相应增值应用功能。

8）系统应是应急响应系统的基础系统之一。

9）系统宜纳入智能化集成系统。

6.2.1　安防系统概述

安全技术防范系统（以下简称安防系统）主要有三大类防范技术：

1）物理防范技术采用各种防护设施，如各种门、窗、柜、锁、防护栅栏。

2）电子防范技术采用电子监控、报警，如红外探测器、有线电视监视系统。

3）生物防范技术采用人体生物特征识别控制，如指纹、视网膜、声音。

在安全技术防范系统中，以上三种防范技术一般是相互配合使用的，但无论采用何种技术，都要以人力防范为基础。

6.2.2　安防系统的基本组成

不同建筑物的安防系统的组成内容不尽相同，但其子系统一般包括以下几方面：

（1）闭路电视监视系统　在人们无法或不可能直接观察的场合，闭路电视监视系统能实时、形象、真实地反映监控对象的画面，以便对各种异常情况进行实时取证、备案、复核，及时处理。闭路电视监视系统是现代化管理中一种极为有效的监视工具，在智能建筑中被广泛应用。

（2）防盗报警系统　根据保护部位的重要程度、风险等级安装防盗探测器，探测器获得侵入物的信号以有线或无线的方式传送到中心控制值班室，同时以声或光的形式发出报警信号。

（3）门禁系统　也称出入口控制系统。它是在建筑物内的主要管理区的出入口、电梯间、主要设备控制中心机房、贵重物品的库房等重要部位的通道口安装门磁开关、电控锁或读卡机等控制装置，对人流的出入进行分级别、分区域、分时段的管理，以确保安全。

（4）防盗门控制系统　在高层公寓楼或住宅小区，防盗门控制系统具有为来访人与居室内的人们提供双向通话或可视通话的功能，以及居室内的人们远程控制入口大门电磁开关及向安防管理中心进行紧急报警的功能。

（5）巡更系统　采用设定程序路径上的巡视开关或读卡机，确保值班人员能够按设定顺序和时间在防范区域内的巡更点进行巡逻，同时确保人员的安全。

（6）停车场管理系统　对停车场的车辆进行出入控制、车位显示、计时收费及管理。

6.2.3　闭路电视监视系统

闭路电视（Closed Circuit Television）监视系统能使管理人员在控制室观察到监控场所的情况，为安防系统提供动态视觉信息。其对意外突发事件的监视，还可作为录像取证。近几年，随着多媒体技术以及计算机图像处理技术的应用，闭路电视监视系统已成为安防系统中最重要的组成部分。

对闭路电视监视系统的基本要求是：

1）应根据保护目标及监视的具体要求，对建筑物的重要场所、通道、电梯轿厢、车库以及人流集中的厅、堂安装摄像机。

2）监视的图像显示应能自动和手动切换，画面上应有摄像机编号、监控日期和时间等显示。

3）对所设定的一些重要目标的监控应能与防盗防人侵报警联动，并能根据需要对现场图像进行监视器显示及自动录像的切换。

4）能对重要的或要害的部门及其设施的状况进行长时间录像。

1. 闭路电视监视系统的组成

闭路电视监视系统一般由三个最基本的部分组成，如图 6-1 所示。

（1）前端设备　前端设备包括摄像机、镜头、云台和外罩等。它的主要任务是获取监控区域的图像和声音信息。

（2）传输系统　传输系统包括馈线、视频分配器、视频电缆补偿器和视频放大器等。

它的主要任务是将前端图像信息不失真地传送到终端设备，并将控制中心的各种指令传送到前端设备。

（3）终端设备　终端设备包括控制器、云台控制器、图像处理与显示部分。它的主要任务是将前端送来的各种信息进行处理与显示，并根据需要，向前端发送各种指令，由中心控制室进行集中控制。

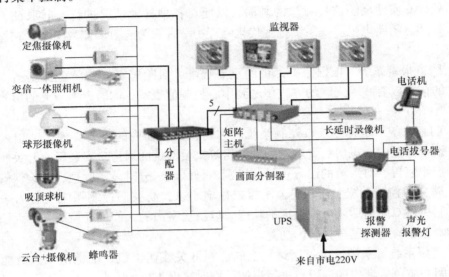

图 6-1　典型的闭路电视监视系统

2. 闭路电视监视系统的主要设备

（1）摄像机　摄像机是闭路电视监视系统的主要设备，它把反映画面的色彩和灰度等信号通过电缆传到显示器中，显示器便可再现监视环境的画面。摄像机有多种分类方式。按色彩分为黑白摄像机和彩色摄像机。按工作照度分为普通照度摄像机、低照度摄像机和红外摄像机。红外摄像机用于黑暗环境，但需要在被监视区域装设红外光源。按结构分为普通摄像管摄像机和 CCD 固体器件摄像管摄像机。CCD 摄像机的优点是不怕太阳等强辐射光，不会因此而烧管，摄像管的中心和边缘清晰度相同，灵敏度高；其缺点是清晰度比普通摄像机稍低，价格较高。摄像机的基本参数包括清晰度、信噪比、视频输出、最低照度、环境温度、供电电源及功耗等。

（2）镜头　镜头分为定焦镜头和变焦镜头。选择镜头的依据是观察视野和亮度变化的范围，同时兼顾所选摄像机的尺寸。视野决定是用定焦镜头还是变焦镜头，亮度的变化决定是否用自动光圈镜头。变焦遥控镜头即三可变（变光圈、变焦距、变倍数）镜头，常与电动云台配合使用，可监视距离远近变化、目标大小变化和移动的环境，适用于监视要求较高的场所。

1）镜头尺寸：镜头尺寸目前有 1in、2/3in、1/2in、1/3in 和 1/4in（1in = 0.0254m）等，它由选用的摄像机的靶面大小来确定。一般，大尺寸的镜头可以用在小靶面的摄像机上，反之则不行。

2）焦距：镜头的焦距和摄像机靶面的大小决定了视距。焦距越小，视距越大；焦距越大，视距越小。

　　3）通光量：镜头的通光量是用镜头的焦距和通光孔径的比值（光圈）来衡量的，光圈一般用 F 表示。F 数越小，通光量越大，它与 F 数的二次方成反比。

　　（3）云台　云台是安装、固定摄像机的支撑设备。如果监视区域是固定的，则采用固定云台，在其上安装好摄像机后可调整摄像机的水平、垂直回转角度，达到最好的工作姿态，然后锁定调整机构即可。若需对大范围的区域进行扫描监视，则采用电动云台。电动云台可以调整的摄像机水平回转角度为 0°~350°（有些特殊产品可达 0°~360°），垂直回转角度为 -45°~45°，水平旋转速度为 3°~12°/s，垂直旋转速度为 4°/s 左右。电动云台调整姿态是由两台执行电动机来实现的，电动机接收来自控制器的信号以精确地运行、定位。在控制信号的作用下，云台上的摄像机既可自动扫描监视区域，也可在监控中心值班人员的操纵下跟踪监视对象。

　　（4）监视器　监视器在屏幕上提供高分辨率、高对比度的画面。黑白监视器的中心分辨率可达 800 线，彩色监视器则为 300 线。对监视器的工作要求比较高，其应在合上电源 3s 内就将图像显示在屏幕上，在电压严重波动的条件下，也应能高质量地显示图像，并且应具有快速自动行频控制电路，以保证稳定观看重放的图像。监视器的输入信号（峰 - 峰值）为 0.5~2.0V 复合视频信号，输入阻抗为 75Ω/高阻（可切换）。屏幕尺寸可根据需要在 34~51cm 范围内选择。

　　（5）间歇式视频录像机　间歇式视频录像机是专为闭路电视监控系统设计的，它有多种时间间隔录像模式，在一盘 1/2in VHS/E180 的盒带上，最长可以录制长达 960h 的图像。录像机内设有字符信号发生器，可在图像信号上打出"月/日/年/星期/时/分/秒/录像模式"，还能在图像上显示出摄像机与报警器的编号与报警方式。可进行自动录像周期设定，并可对一星期内每一天的录像模式进行编程。如果收到一个报警信号，录像机便自动进入连续录像状态，在无报警情况下，恢复正常间歇录像模式。每次报警录像的开始都加有报警检索信号，可以按报警情况自动搜索。录像机还有一个锁定保护键，使非正常指令与操作处于无效，防止非专业人员与破坏性操作侵犯闭路电路监视系统。

　　（6）视频切换器　在闭路电视监视系统中，通常摄像机数量与监视器数量的比例在 2:1~5:1 之间，这意味着不是所有的摄像机图像都能出现在监视器屏幕上，需要视频切换器按一定的时序把摄像机的视频信号分配给特定的监视器。视频切换器的规格常用最大摄像机/监视器配置来表示，有 32 输入/8 输出、128 输入/16 输出、128 输入/32 输出、256 输入/32 输出等。切换的方式可以按设定的时间间隔对一组摄像机信号（如 4 台）逐个循环切换到某一台监视器的输入端上，也可以在接到某点报警信号后，长时间监视该区域的情况，即只显示一台摄像机信号。在切换视频信号的同时，为了避免图像的跳动与抖动，切换器工作应与外部复合视频信号同步。

　　（7）画面分割器　在大型闭路电视监视系统中，摄像机的数量可多达数百台，若以 300 台摄像机为例，即使配置比为 5:1，也要有 60 台监视器。这时，一方面 60 台监视器的体积庞大，保安中心机房面积有限，很难安置，而且值班人员也不可能靠肉眼实现大范围巡视；另一方面，在 60 台监视器显示图像时，还有 240 台摄像机的信号被丢失，使值班人员无法掌握。为此，就提出了一个全景监视的概念，即让所有的摄像机信号都显示在有限的监视器屏幕上。画面分割器就是实现全景监视的一种装置。多路视频信号进入画面分割器后输入一台监视器，就可在屏幕上同时显示多个画面。分割方式常有 2 画面、4 画面、16 画面。如采用一台大屏幕显示器，配以一台 16 画面分割器，值班人员可以轻松地同时观察 16 台摄像机送来的图像。通过编程，每一个画面的图像可以被定格，也可转为全屏幕显示；在报警状态下，显示方式可以按设定要求变化，以提示值班人员注意。

（8）控制台　控制台通过各种遥控电路（有线、无线、光纤、电缆、数字信号、开关信号）来控制摄像机的姿态，接收摄像机的信号和报警探头的信号，并且将这些信号以图像与声音的方式显示在保安中心，给值班人员参考。在大型闭路电视监视系统中，信息量与信息的处理工作量都十分大，因此，近年来在控制台的操作中大多采用了计算机系统，以用户软件编程的全键盘方式来完成驱动云台巡视、字符复加、视频切换、复合报警处理、设备状态自检等。在小型闭路电视监视系统中则采用视频切换器、调制/解调器、云台遥控器、监视器等，组合构成控制台。

3. 数字视频监控报警系统

随着计算机网络技术的普及和应用，形成了一种新型网络数字监控系统。网络数字监控是通过把摄像头摄取的模拟信号转换成数字图像信号，再通过计算机硬盘存储数字图像信号，使网络内的计算机在其权限内都能成为监控终端。

数字视频监控报警系统采用计算机多媒体技术，以 CCD 摄像机作为报警探头，摄像机获取的视频信号传输到主机后，主机里的高速图像处理器对视频信号进行数字化处理，然后进行控制报警。同时主机自动采集、存储报警图像，以便事后查看报警现场，了解报警原因。系统将电视监控系统与报警系统合二为一，从而突破了传统电视监控系统的功能局限，实现了监视、报警与图像记录的同步进行，是一种全新概念的保安系统。

数字视频监控报警系统是全屏幕报警，计算机将视频信号形成的图像与背景图像进行分析、比较，若发现有差异就报警，所以不易漏报。此外，还可进行区域报警，如对一些重点监控地点或物品采用区域报警，可降低误报率。系统自动进行背景更换，1min 换一次背景，避免因光线缓慢变化而引起的误报。系统的报警响应时间很短，一般在 $0.03 \sim 0.32\mathrm{s}$ 之间。

为提高报警的准确性，根据现场的具体情况，可设置不同的灵敏度参数。例如，室内的变化很小，灵敏度就可设高一点；室外情况比较复杂，变化大，灵敏度可设低一点。灵敏度一经设置，主机在处理视频信号时，便以此为依据，图像变化大于设置的灵敏度参数时就报警，小于时就不报警。警戒区域的设置保证了报警准确性。例如银行的金库、博物馆的重点保护文物等地点或物品，均可设为警戒区域，一旦有目标入侵就会报警。每一路视频图像可设多个大小不同的矩形警戒区域。

数字视频监控报警系统的防破坏能力直接关系到系统报警的可靠性。开封博物馆被盗就是因为红外报警系统的前端镜头被犯罪分子用布遮住，结果出现漏报，大批文物被盗，给国家造成了极大的损失。数字视频监控报警系统的防破坏能力强，任何破坏手段都不会影响系统的报警。例如，当摄像机镜头被遮挡时，会发出入侵报警；当电源线或视频线被切断时，会发出断线报警等。一旦系统报警，主机即自动采集报警的瞬时图像并存入计算机，用户可根据时间、地点随时查阅报警现场的图像，了解报警原因。

数字视频监控报警系统通过口令设置实现分级管理。用户只有输入正确口令，才能对系统进行高级操作，比如设置灵敏度、警戒区域、屏蔽报警状态、删除和复制图像等；若不能输入正确口令，则只能查看图像，进行一般性的监控报警操作。

在数字视频监控报警系统中，没有录像机，没有视频分配器，一切报警记录都在计算机的硬盘内，所有的操作都根据屏幕上的窗口软件提示运作，对使用者来说是一种新型、先进的保安系统。这种系统适用于银行、博物馆、部队、监狱、楼宇等的安全保卫，也可用于工厂的生产管理，以及安全、公安等部门的定点目标监控。

6.2.4　防盗报警系统

建筑物内的重要设施和要害部门应装设专门的防盗报警装置，以防坏人破坏和盗窃。下列场所一般应安装防盗报警装置。

1）金融大厦中的金库、财务室、档案库，现金、黄金及珍宝等暂时存放的保险柜房间。

2）博物馆、展览馆的展览厅、陈列室和贵重文物库房。

3）图书馆、档案馆的珍藏室、陈列室和库房。

4）银行营业柜台、出纳、财务等现金存放和支付清点部位。

5）钞票、黄金货币、金银首饰、珠宝等制造或存放的房间。

6）自选商场或大型百货商场的营业大厅等。

通常的防盗装置有机械和电气两类。机械防盗装置是在建筑上采取措施给盗窃者制造机械障碍。电气防盗装置具有探测和报警功能，有破入报警装置和袭击报警装置两种。破入报警装置在盗窃犯试图凿开或进入有监视的空间时进行自动报警，袭击报警装置是在人员遇到危险时由人工操作发出报警信号。当窃贼进入防范区时，这些系统可以靠电气开关来触发，也可以用微波、超声波、红外线装置和其他类型的传感器来触发。报警装置的输出端自动接入报警器件，如扬声器、警笛和警告灯等。

大型商场的防盗报警系统与设备管理计算机联网，可以自动打印记录，并通过闭路电视监视系统进行跟踪录像，作为侦破的证据。

防盗报警系统的基本要求是：

1）系统应根据保护部位、环境等要求和特点，安装一定数量的、种类合适的防盗探测器和报警装置。

2）系统应能实现对防范区域的非法入侵进行实时监控，可靠无误地报警和复核。不允许有漏报，误报应降到可接受的限度。

3）系统应设有紧急报警装置，必要时应设置与 110 公安报警中心联网接口。

4）系统应能按时间、部位、区域任意编程、设防和撤防。

5）系统应能对报警部位、区域、时间进行显示、记录和存档，并能提供与报警联动的监控电视、灯光照明等控制接口信号。

1. 防盗报警系统的构成

防盗报警系统负责建筑物内点、线、面和空间的安全保护。系统一般由现场探测器和执行设备、区域报警控制器和报警控制中心设备组成，其结构框图如图 6-2 所示。系统设备分三个层次，最底层是现场探测器和执行设备，它们负责探测非法人员的入侵，向区域报警控制器发送信息。区域报警控制器负责下层设备的管理，同时向报警控制中心设备传送报警信息。报警控制中心设备是管理整个系统工作的设备，通过通信网络总线与各区域报警控制器连接。

对于较小规模的系统，由于监控点少，也可采用一级控制器方案，即由一个报警控制器

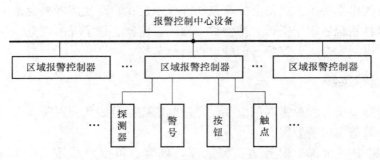

图 6-2　防盗报警系统结构框图

和各种探测器组成，此时，无区域报警控制器或中心报警控制器之分。

2. 防盗探测器

防盗探测器的种类很多，可按接触式和非接触式分类，也可根据探测范围分为点控制型、线控制型、面控制型、空间控制型等。建立报警系统首先要根据具体环境恰当地选择探测器。以下按接触式和非接触式分类，分别介绍几种探测器。

（1）接触式探测器

1）磁控开关：又称干簧开关，是最常用的一种报警信号器，可发送门、窗、柜、仪器外壳、抽屉等打开的信息。这种开关的优点是：报警准确可靠，监测质量高，价格较低。磁控开关是一种磁性触头传感器，是一只电磁开关，其结构如图6-3所示。它由一个条形永久磁铁和一个带常开触点的干簧管继电器组

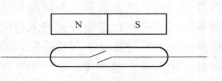

图 6-3　磁性触头传感器的结构

成，当条形磁铁和干簧管继电器平行放置时，干簧管两端的金属片被磁化而吸合在一起，于是把电路接通。当条形磁铁和干簧管继电器分开时，干簧管触点在自身弹性的作用下，自动分开而断开电路。

通常把干簧管装于被监视房门或窗门的门框边上，把永久磁铁装于门扇边上。关门后两者的距离应小于或等于1cm，这样保证门关闭时，干簧管内部的触头能在磁铁作用下闭合；当门打开后，其触头便会立即释放。

2）玻璃破裂信号器：又称玻璃破裂传感器，用来监视玻璃平面，对监视质量和报警可靠性有较高的要求时采用。玻璃破裂信号器只对玻璃板破裂时所产生的高频做出反应。当玻璃板被击破时，玻璃板产生加速度，因而产生机械振荡，机械振荡以固体声的形式在玻璃内传播。信号器中的压电陶瓷传感器拾取此振荡波并使之转换成电信号，玻璃破裂的典型频率在信号器中经过放大，然后被利用来启动报警。

3）固体声信号器：这种信号器反映机械作用，优先用于铁柜和库房的监视。固体声信号器应安装在传声良好的平面上，例如混凝土墙、混凝土楼板、无缝的硬砖石砌体等。当固体声信号器监视的建筑构件受到强力冲击时，构件便产生加速运动，因而产生机械振荡，它以固体声的形式在材料中传播。固体声信号器的压电陶瓷传感器拾取此振荡波，并把它转换成电信号，经过放大、分析，然后启动报警。

4）报警脚垫：这是一种反映荷重的报警信号器（即压力信号器）。用这种信号器可以

以简单的方式看守屋门，防止非法踏入，也可以把它铺放在壁橱、保险柜和楼梯口前面。如果脚垫被人踩踏，两金属薄片便互相接通，使电路闭合，启动报警。

以上传感器属于点、线、平面监视报警信号器，用于需要保护的部位或物品。从报警的时间上看，只有罪犯已进入室内并且开始犯罪活动时才能报警，因此报警时间较晚。同时，被保护物品或装置可能已受到破坏或被盗走，因而不宜单独使用。为了将罪犯阻止在远离保护物品的范围外和及早报警，必须采取空间保护措施，即选用非接触式的红外、微波和超声波探测器，以增加防范手段。

（2）非接触式探测器

1）红外报警器：这是以防范入侵为目的的装置，它利用一个不与报警物相接触的传感器来探测报警物的某些物理量变化，控制报警电路工作。这种报警器具有独特的优点，即在相同的发射功率下，红外线有极远的传输距离，且属于不可见光，故入侵者难以发现及躲避它；它是非接触警戒，可昼夜监控。因此，红外技术在入侵防盗报警领域中被广泛地应用。红外报警器分为主动式和被动式两种。

2）超声波探测器：利用人耳听不到的超声波段（频率大于 20kHz）作为探测源，由发送器、接收器及电子分析电路等组成。从发送器发射出去的超声波被监测区的空间界限及监测区内的物体反射回来，并由接收器重新接收。如果在监测区域内没有物体运动，那么反射回来的信号频率正好与发射出去的频率相同，但如果有物体运动，则反射回来的信号频率就发生了变化。

3）视频移位探测器：一般采用电荷耦合器件 CCD，摄像机将入侵者图像经过类比对数位转换器数字化，然后再比较先后两幅图像的变化，若有较大差异，说明有物体的移动。

3. 区域报警控制器

区域报警控制器直接与各种防盗报警传感器相连，接收传感器传送来的报警信号，并对探测器提供 DC 24V 电压。控制器具有声光报警与显示功能。

报警装置有以下三种：

1）声响报警器，有电铃、电笛、警号等。

2）光报警器，有闪光灯、频闪灯等。

3）无声报警，报警器自动拨通预定的电话号码，通过专线或公共电话网，向保安部门发出报警信号。

区域控制器一般都是以微处理器为核心。当它接收到现场的报警信号时，一方面对现场报警点进行操作和控制，另一方面向报警控制中心发送有关的报警信息，在报警控制中心的显示屏显示或打印机记录有关的报警信息。

区域报警控制器的主要功能有：

1）接收带地址的报警信号。

2）有不同性质的防区，通过编程确定防区的性质。

3）可带控制键盘和液晶显示器，控制布防和撤防，有密码操作功能。

4）输出信号带动报警器，输出标准信号推动联动的设备。

5）区域报警控制器可单独使用构成区域监控报警系统。

有些区域报警控制器还具有与报警控制中心通信功能，可通过网络连接构成集中监控报警系统。

4. 报警控制中心

报警控制中心又称总控制台，是安防监控系统的中心设备。它包含微型计算机，并配有专用控制键盘、大屏幕彩色显示器、录像机、打印机、电话机、UPS、声光报警以及与现场控制器的通信等装置。报警控制中心有两种类型，一种是直接与防盗探测器和摄像机连接使用类型，另一种是与区域控制器连接使用类型。

1）面向现场设备的报警控制中心：此类控制台将摄像机及云台和镜头的控制、报警信号全送到台式控制器管理之下，结构紧凑，价格便宜，适用于较小型的系统。此时系统布线为放射式结构，即星形结构。此类中心控制台的容量不宜过大，否则，从控制室向外敷设的线路太多，给施工和维护造成困难。

2）面向区域控制器的报警控制中心：此类控制台并不直接与现场设备（各种信号传感器）相连，它与分控器，如视频切换控制器或报警控制器相连，采用相互级联通信，可形成较大型的局域网络系统。此类系统组合灵活，扩展方便，适用于建筑物较大的防盗监控报警系统。

6.2.5　门禁系统

采用验证或登记对出入者进行出入管理的缺点是占用人力、效率低，而且其可靠性与人的状态（如情绪、人情等）关系较大。门禁系统通常采用各种身份卡识别系统，如非接触式IC卡等。这种门禁管理系统用电动门锁和身份卡取代传统门锁和钥匙。使用前将出入人员的身份存入计算机，并对其出入时间和出入区域等进行设置，之后根据预先设置的权限对出入者进行管理。要进入时，只需将自己的身份卡靠近读卡器，门禁管理系统就会自动判断进入者是否有权进入该区域。门禁系统还具有记录进出者的代码和出入时间以及根据需要随时增加和删除某一张卡（如丢失卡）等功能。

目前，先进的门禁系统还采用了生物辨识技术，它包括指纹机、掌纹机、视网膜识别器和声音辨识装置等，近来又出现了面相识别系统。指纹和掌纹辨识一般用于安全性较高的出入口控制系统，视网膜识别器和声音辨识装置在正常情况下安全性极高，但若视网膜充血或病变以及感冒等疾病会影响使用。总之，生物辨识技术安全性极高，在军政要害部门或银行金库等场所将会得到越来越广泛的应用。

1. 系统基本结构与功能

门禁系统主要由计算机管理系统、出入控制器、身份输入系统（如读卡器、指纹输入器）、电子门锁等组成。计算机管理系统与若干个出入控制器通过网络连接。

（1）计算机管理系统　装有门禁系统的管理软件以及与读卡控制器的通信软件。计算机管理系统管理门禁系统中所有的读卡控制器，向它们发送控制命令、设置进出者身份、进出时间等；接收读卡控制器发来的信息，完成系统中所有信息记录、存档、分析、打印等处理工作。

（2）出入控制器　它主要采用单片机实现身份识别及控制功能。存有由计算机管理系统发来的允许进出者的特征信息，接收读卡器发来的进出者的信息，同已存储的信息（如允许进出者的特征、时间等）相比较以做出判断，然后再发出处理的信号，完成开锁、闭锁等工作。

（3）身份输入系统　读取进出者身份卡或生物特征信息，并将信息传送到出入控制器中予以识别。目前以接触式读卡器、非接触式读卡器居多。

（4）电子门锁 电子门锁根据来自控制器的信号，完成开锁、闭锁、报警等工作。

上述计算机管理系统可以实时在线设置、监测和控制门禁系统底层的进出状态，也可以非实时得到底层进出的状态。由出入控制器、身份输入系统、电子门锁等构成的底层系统可以独立于计算机管理系统运行。为保证门禁系统的安全可靠，一般要求底层系统装有后备电源。门禁系统一般采用以下三种方式：

1）在办公室门、通道门、营业大厅门等通行门上安装门磁开关。在上班时间（如8：00～18：00）监视门的开和关，无须向管理中心报警和记录；在下班时间（18：00～8：00）监视门的开和关，向管理中心报警并记录。

2）在楼梯间、通道门、防火大门等既要监视又需要控制的门上，除安装门磁开关外，还要装电动门锁。上班时间，楼梯间、通道门处于开启状态；在下班时间自动处于闭锁状态。当发生火警时，联动相应楼层的防火安全门立即自动开启。

3）在银行金库、财务室、配电室、计算机室、控制室等要害部门的出入门上，除安装门磁开关、电动门锁外，还安装人员出入识别装置（如读卡机），以便对这些通道门进行监视控制以及身份识别（无受权卡者不得进入），进出者的姓名、时间等信息同时被记录，以确保上述房间安全。

2. 门禁系统的身份卡

在门禁系统中，身份 ID 卡为读卡器提供进出者的信息。目前常用的 ID 卡主要有接触式和非接触式两种。

（1）接触式 ID 卡 在使用时，将 ID 卡插入门禁系统的读卡器，通过与读卡器电路有形的电极触点连接，进行数据交换。

（2）非接触式 ID 卡 在使用时，将 ID 卡靠近门禁系统的读卡器，通过电磁场感应的方式与读卡器进行数据交换。

非接触式 ID 卡技术成功地解决了无源（卡中无电源）和免接触的难题，目前门禁系统中常用的电磁感应型 ID 卡（射频卡）就是无源型 ID 卡。在这种卡片内嵌有一组特别的感应线圈。当卡片靠近读写器时，读写器内发出的特别的射频载波在卡片的感应线圈周围形成一个具有一定强度的交变磁场。通过与这个交变磁场的耦合，使得卡片中的感应线圈产生电动势，并利用这个电动势作为卡片电路的驱动电源。这种卡片与读写器的读写距离取决于读写器产生交变耦合磁场的线圈的大小和产生的磁场强度（一般线圈越大，磁场越强，读写距离就可以越远）。一般的读写距离为100mm，有的甚至更远。

非接触式 ID 卡的优点主要表现在：

1）可靠性高。由于卡片与读写器之间无机械接触，避免了接触读写而产生的各种故障，也避免了卡片磨损。另外，由于其表面无裸露的芯片，无须担心芯片脱落、静电击穿、弯曲损坏等问题。

2）操作方便、快捷。由于卡片和读写器是非接触信息交换，读写器在有效范围内就可对卡片进行操作，所以不必像接触式 ID 卡那样插拔。它没有方向性，卡片在任意方向掠过读卡器表面即可完成操作，大大提高了操作速度。

3）抗干扰能力强。卡片中一般都具有快捷防冲突机制，能防止卡片之间出现数据干扰，可以"同时"处理多张卡的读入，提高了系统的速度。

4）高安全性。用户可根据不同的应用场合设定密码和访问条件。

5）防水防污性好。

3. 门禁系统管理软件

目前使用的 ID 卡门禁系统管理软件大都是在 Windows 操作系统上设计运行的，其模式如图 6-4 所示。

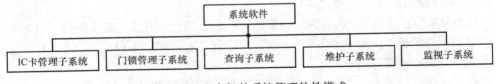

图 6-4　ID 卡门禁系统管理软件模式

（1）ID 卡管理子系统　ID 卡管理子系统是对 ID 卡受权操作的模块。操作员通过该系统管理发放 ID 卡，包括发卡、读卡、查询、挂失、解挂、退卡、补卡等操作，要求该子系统的人机界面友好，操作方便。

（2）门锁管理子系统　这是对电子门锁进行操作的模块。其中包括门锁控制、设置参数、初始化、更新密钥、设定门锁开启时间等。通过该系统可开启门锁，还可侦获非法用户。

（3）查询子系统　可对开启门锁信息存储、查询，还可按人查询或按门锁查询开锁信息。

（4）维护子系统　这是对系统进行维护的模块。其中包括系统自检、管理权限的设置等，以便对一些重要信息进行保护。

（5）监视子系统　可对系统的每一把门锁开启情况进行监视、记录。记录的信息包括开门时间、出门时间、卡号等。

6.2.6　防盗门控制系统

防盗门控制系统是高级住宅安防系统的基本内容。它不仅起到安全、防盗的目的，也提高了住宅区的物业管理水平。防盗门控制系统也为人们居住、生活带来了便利和安全。从近年来的工程情况来看，不论别墅、外销商品房，还是高层住宅，甚至某些多层住宅楼都安装了防盗门控制系统。

1. 对讲机 - 电锁门保安系统

高层住宅常采用对讲机 - 电锁门保安系统，这方面的结构形式很多，但原理基本相似。图 6-5 是这种系统的结构。在住宅楼宇的入口装有电磁门锁，通常门总是关闭的。在入口的门旁边外墙上嵌有大门对讲总按钮盘。来访客人需依照探访对象的楼层和单元号按动按钮盘上的相应按钮，使被访户主家中的对讲机铃响。主人通过对讲机与门外来客对话。当主人核实同意探访时，即可按动附设在送话器上的按钮（此按钮隐蔽在送话器下面，只有拿起送话器，才能操作按钮）。此时入口电锁门的电磁铁动作将门打开，客人即可推门进入。反之，如果对来访者不相识或有疑虑，可以不按电锁按钮，拒之门外，这就达到了安保作用。

2. 可视对讲机 - 电锁门保安系统

高层住宅的住户除了对来访者直接通话外，还希望能看清来访者的容貌及来访入口的现

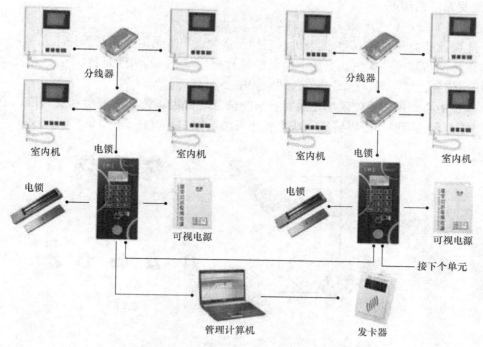

图 6-5　某对讲机 - 电锁门保安系统的结构

场情况，可在入口门外的适当部位安装摄像机，摄像机的视频输出经同轴电缆接入调制器，由调制器输出的射频电视信号通过混合器进入大楼的公用天线电视系统。调制器的输出电视频道应调制在 CATV 系统的空闲频道上，并将调定的频道通知住户。住户通过对讲系统与来访者通话的同时，可开启电视机的相应频道观看来访者及门外情况。

6.2.7　巡更系统

有些建筑物出入口较多，来往人员复杂，必须有专人巡逻，以保证大楼的安全。较重要的场所应设巡更站，定时进行巡逻。

1. 巡更系统的主要功能

1）可按巡更点编制出巡更程序，输入计算机。巡更员应按巡更程序所规定的路线和时间到达指定的巡更点，不能迟到，更不能绕道。

2）对巡更人员自身的安全要充分保护。通常在巡更的路线上安装巡更匙控开关或巡更信号箱，巡更人员要在规定的时间内到达指定的巡更点，通过按下巡更信号箱上的按钮或将巡更 IC 卡插入巡更 IC 读卡机向系统监控中心发出"巡更到位"的信号，系统监控中心同时记录下巡更到位的时间、巡更点编号等信息。如果在规定的时间内，指定的巡更点未发出"到位"信号，该巡更点将发出报警信号；如果未按顺序按下巡更按钮或插入巡更 IC 卡，未巡视的巡更点也会发出未巡视状态信号，中断巡更程序并记录在系统监控中心，同时发出警报。此时，应立即派人前往处理。

巡更程序的编制，应具有一定的灵活性。对巡更路线、行走方向以及各巡更点之间的到达时间，应能方便地进行调整。为使巡更工作具有保密性，应该经常变更巡更路线。

2. 巡更系统的组成

巡更系统如图6-6所示。它一般由以下部分组成：

1）巡更点匙控开关或 IC 卡读卡机，它用于接收巡更人员的"巡更到位"信号。

2）现场控制器（一般由具有通信功能的单片机组成），其功能是将"巡更到位"信号及一些相关信息，如位置、时间等传送到监控中心。

3）监控中心，用于接收现场控制器发来的信息。可用彩色图形显示巡更路线，巡更不到位时报警并在显示屏上予以警视。巡更程序可由监控中心设置。

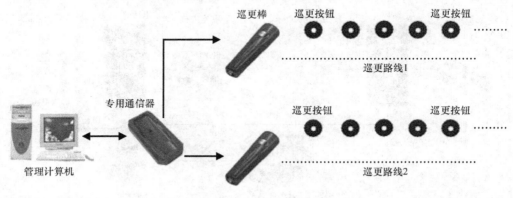

图 6-6　巡更系统

6.2.8　停车场管理系统

城市车辆的增多，传统的人工管理停车场不可避免地暴露出许多弊端，例如服务效率低、管理费用高、费用流失大、车辆失盗严重等。因此，人工管理停车场已越来越不适合现代化城市对车辆的管理要求。近几年来，随着计算机应用领域的扩大，现代停车场管理系统得到了迅速发展。它利用先进的计算机技术、自动化技术和机电设备对停车场进行安全、快捷、有效的管理，为停车用户提供优质服务。

为了使地面有足够的绿化面积与道路面积，同时保证提供规定数量的停车位，多数大型建筑的停车场都建于地下室。一般停车场车位超过 50 个时，需要考虑建立停车场管理系统（又称停车场自动化系统，Parking Automation System，PA），以提高停车场管理的质量、效率与安全性。

1. 停车场管理系统的功能

停车场管理系统的主要功能是方便、快捷地提供停车空间，具体包括：

1）检测和控制车辆的进出。

2）指引驾驶人驾驶，以便迅速找到适当的停车位置。

3）统计进出车辆的种类和数量。

4）计费或收费，并统计日进额或月进额、开账单等。

2. 停车场管理系统的组成

停车场管理系统一般由三部分组成：

1）车辆出入的检测与控制：通常采用环形感应线圈方式或光电检测方式。根据不同的进出口和车道，采取不同的检测手段，检测车辆的"出"或"入"。例如，有的停车场是同一进出口，同一车道；有的是同一进出口，不同车道；还有的停车场是不同进出口等。

2）车位和车满的显示与管理：可采用有车辆计数方式和有无车位检测方式等。

3）计时收费管理：可根据停车场的特点设计为无人自动收费系统和有人管理系统等。

典型的停车场管理系统示意图如图 6-7 所示。

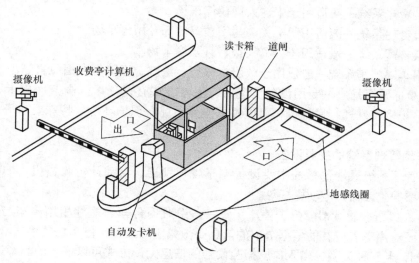

图 6-7　停车场管理系统示意图

3. 车辆出入的检测方式

常用的车辆出入检测方式有红外光电检测方式和环形线圈检测方式。红外光电检测器由一个投光器和一个受光器组成。投光器产生红外不可见光，经聚焦后成束形发射出去，受光器拾取红外信号。当车辆进出时，光束被遮断，车辆的“出”或“入”信号送入控制器。环形线圈检测方式是根据车辆经过引车道中环路线圈时，由于车辆的金属导致线圈短路的原理来检测车辆的“出”或“入”的。

4. 车位的显示与管理

有些停车场，没有停车位置时才挂出“车满”牌示，但是服务较好的停车场管理方式是当停车场某区车满就显示出该区车满的信息，例如“地下一层已经车满”“请开往第 2 区停放”等指引。一般检测“车满”的依据有两种：其一可以根据停车场车辆数，其二可以在停放位置检测有无车位。

1）按车辆数方式：就是利用设置在车道的检测器统计出入的车辆数，或通过入口开票站和出口付款站的出入车库信号来加减车辆数，当达到设定值时，就自动地在车数监视盘上显示“车位已经占满”或“车位已满”或“现在车满”等字样。

2）按停车位置有无车位方式：就是将车库分区，按区（有的停车场按每个车位）显示车满与否，在每个停车位装有检测器，检测（如利用光的反射或采用超声波的反射）是否有车存放。显然，这种方式的设计与施工要比车辆数统计方式复杂。

5. 收费系统

停车场收费标准大致可分为收费、免费、按月票通行三类。因为大多数停车场都存在两种以上的计费制度，加上有的停车场有人看守，有的无人守候，还有的是白天有人深夜无人或假日无人，所以收费系统的设计较为复杂。收费系统的设计对停车场收费制度的管理和实施至关重要，因此要予以足够的重视。

收费系统大致有下列 5 种：

1）无人守候系统一般适用于小规模停车场。

2）有人看守系统一般适用于中、大规模停车场。

3）窗口自理系统一般适用于机关、写字楼等内部专用停车场。

4）卡票自理系统一般适用于公寓大楼、月票停车场。

5）专用车牌停车系统一般适用于政府、银行、法院、医院等专用免费停车场。

收费或验证票据是通过专用设备实现的，主要方式有投硬币、刷卡（磁卡、IC 卡、条形码卡等）、识别特殊通行徽记等，可以根据实际情况、现场环境、特殊要求等因素选择收费系统。

6. 停车场管理系统的主要设备

停车场管理系统通常包括的主要设备有车牌识别器、自动计价收银机、泊位调度控制器、出入口票据验读器、电动栏杆等。

（1）出入口票据验读器　由于停车用户一般分临时停车、短期租用停车与长期停车三种情况，因而对停车人持有的票据卡上的信息要做相应的区分。停车场的票据卡可有条形码卡、磁卡与 IC 卡三种类型，出入口票据验读器的信息阅读方式可以依卡的类型设置。

验票器的核心部件是单片机，具有独立电源、后备电池及石英控制数字钟。其主要功能有：

1）读取票据卡的信息。

2）按键发出印有年、月、日、时、分，秒及编号票据。

3）可与上位机通信。

4）控制电动栏杆。

5）可附有"车满"显示灯。

6）存储停车状况的信息。

对入口票据验读器，驾驶人将卡插入验读器，验读器根据卡上的信息，判断该卡是否有效。若卡有效，则将进入停车场时间（年、月、日、时、分）打入票据卡，同时将票据卡的类别、编号及允许停车位置等信息储存在票据验读器中并输入管理中心。此时电动栏杆升起，车辆放行。车辆驶过入口感应线圈后，栏杆放下，阻止下一辆车进库。如果票据卡无效，则禁止车辆驶入，并发出报警信号。某些入口票据验读器还兼有发售临时停车票据的功能。

对出口票据验读器，驾驶人将卡插入验读器，验读器根据卡上的信息，核对持卡车辆与凭该卡驶入的车辆是否一致，并将开出停车场的时间（年、月、日、时、分）打入票据卡，同时计算停车费用。当合法持卡人支付结清停车费用时，电动栏杆升起，车辆放行。车辆驶过出口感应线圈后，栏杆放下，阻止下一辆车出库。如果出库持卡人为非法者（持卡车辆与驶入车辆的牌照不符合或票据卡无效），则立即发出报警信号。如果未结清停车费用，电动栏杆不升起。有些出口票据验读器兼有收银 POS 的功能。

（2）电动栏杆　电动栏杆由票据验读器控制。如果栏杆遇到冲撞，栏杆会自动落下，并立即发出报警信号，不会损坏电动栏杆机与栏杆。栏杆通常为 2.5m 长，有铝合金栏杆，也有橡胶栏杆。另外，考虑到有些地下停车场入口高度有限，也有将栏杆制造成折线状或伸缩型，以减小升起时的高度。

（3）自动计价收银机 自动计价收银机根据停车票据卡上的信息自动计价或向管理中心取得计价信息，并向停车人显示。停车人则按显示价格投入钱币或信用卡，支付停车费。停车费结清后，自动在票据卡上打入停车费收讫的信息。

（4）泊位调度控制器 在停车场规模较大，尤其是多层停车场的情况下，如何对泊位进行优化调度，以使车位占用动态均衡，方便停车人的使用，是一件很有意义的工作。要能实现优化调度与管理，需要在每一个停车位设置感应线圈或红外探测器，在主要车道设感应线圈，以检测泊位与车道的占用情况，然后根据排队论做动态优化，以确定每一新入库车辆的泊位。之后，在入口处与车道沿线对刚入库的车辆进行引导，使其进入指定泊位。

（5）车牌识别器 车牌识别器是防止偷车事故发生的保安系统。当车辆驶入车库入口时，摄像机将车辆外形、色彩与车牌信号送入计算机保存起来，有些系统还可将车牌图像识别为数据。车辆出库前，摄像机再次将车辆外形、色彩与车牌信号送入计算机与驾驶人所持票据编号的车辆在入口时的信息相对比，若两者相符合即可放行。这种操作可由人工按图像来识别，也可完全由计算机辨识完成。

7. 管理中心

管理中心主要由功能较强的计算机和打印机等外围设备组成，配备专用的管理软件对整个停车场进行全面管理。管理中心的计算机可作为上位机通过 RS485 等通信接口与下属设备连接，交换运营数据。主要功能有：

1）对停车场的所有车位进行在线监测。

2）对停车场运营的数据做自动统计报表、存档以及对停车收费账目等数据库运行进行管理。

3）收费标准设定、票据（卡、币）发放。

有些管理中心具有很强的图形显示功能，能把停车场的平面图、停车位的实时占用、出入口开闭状态以及通道封锁等情况在屏幕上显示出来，便于停车场的管理与调度。

为了保证停车场内人和车的安全，先进的停车场管理中心还可与消防系统和保安系统建立密切的联系。停车场内车辆停泊的情况传送到消防控制中心，同时也能接收消防控制中心的消防疏散命令，以便在火灾情况下统一疏散与交通管理。停车场管理中心还可与保安闭路电视系统的车库摄像网联网，对车库内车辆碰擦、偷盗车辆、交通情况进行监视，以便及时处理意外事故。

6.3 应急响应系统

应急响应系统应符合以下要求：

1）大型公共建筑、综合功能群体建筑或具有承担地域性安全管理职能的各类管理机构的建筑，应以火灾自动报警系统、安全技术防范系统及其他智能化系统为基础，构建具有应对各种安全突发事件综合防范保障功能的应急响应系统。

2）系统应具有对火灾、非法入侵等事件进行准确探测和本地实时报警的功能；应具有以多种通信方式对自然灾害、重大安全事故、公共卫生事件和社会安全事件实现本地报警和异地报警、指挥调度、紧急疏散与逃生导引、事故现场应急预案处置等的功能。

3）系统应配置多媒体信息显示系统，基于建筑信息模型（BIM）的分析决策支持系统，有线/无线通信、指挥、调度系统，多路报警系统（110、119、122、120、水、电、气、油、煤等城市基础设施抢险部门等），消防—建筑设备联动系统，消防—安防联动系统，应急广播—信息发布—疏散导引联动系统，视频会议系统，信息发布系统等。

4）应急响应系统建设应纳入建筑所在区域应急管理体系，并符合有关管理的规定。

5）应急响应系统指挥中心机房宜配置总控室、决策会议室、操作室、维护室和设备间等工作用房。与社会民生相关的应急指挥系统，宜配置公众信息发布系统。

应急响应系统处置公共安全事件的应急响应指挥中心，是应急指挥体系的核心，在处置公共安全应急事件时，应急指挥中心需要为参与指挥的指挥者与专家在指挥场所提供多种方式的通信与信息服务，监测并分析预测事件进展，为决策提供依据和支持。

不仅如此，随着信息化建设的不断推进，公共安全事件应急指挥系统作为重要的公共安全业务应用系统，将与各地区域信息平台互联，实现与省级信息系统、监督信息系统、人防信息系统的互联互通和信息共享，发挥重要的作用。因此，应急响应系统是对消防、安防等建筑智能化系统的基础信息关联、资源整合共享、功能互动合成，进而更有效地提升各类建筑安全防范功效和强化系统化安全管理的技术方式，已被具有高安全性环境要求和实施高标准运营管理模式的智能建筑所采用。以统一化指挥方式和采用专业化预案（丰富的相关数据资源支撑）的应急指挥系统，是目前在大中城市和大型公共建筑建设中需建立的项目，本书仅列举了基本功能的系统配置，设计者宜根据工程项目的建筑类别、建设规模、使用性质及管理要求等实际情况，确定选择配置应急响应系统相关的功能及相应的辅助系统，以满足使用的需要。

大型综合公共建筑、超高层建筑必须配置地震监测系统、紧急报警系统、紧急呼叫系统等重大、突发事件应急防范技术系统，以确保当建筑内人员生命财产受到重大危险时具有及时报警和有序引导疏散的应对抵御能力。

思　考　题

1. 什么是公共安全系统？它由哪些部分组成？
2. 火灾自动报警系统有哪几种基本形式？各自的特点是什么？
3. 视频安防监控系统的系统主机有什么作用？
4. 被动式红外探测器的主要特点及安装使用要点有哪些？
5. 停车场管理系统的功能有哪些？它由哪几个部分组成？
6. 应急响应系统的功能是什么？

第7章 建筑环境

7.1 概述

7.1.1 建筑环境学的概念

建筑环境学（Built Environment）是研究人工环境的学科门类，包括建筑室内环境、建筑群内的室外微环境和各种设施、交通工具内部的微环境，即由人工因素形成的各种物理微环境。通过学习建筑环境学，要完成这样的任务：

1）了解人类生活和生产过程需要什么样的室内/室外环境。

2）了解各种内部/外部因素如何影响人工环境。

3）掌握改变/控制人工环境的基本方法和原理。

7.1.2 建筑环境学的主要内容

建筑环境学的研究内容如图7-1所示。

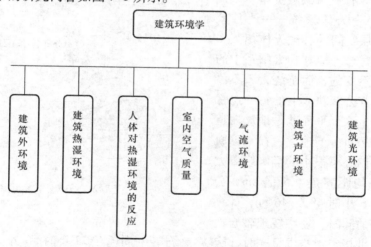

图7-1 建筑环境学的研究内容

（1）建筑外环境 建筑物所在地区的气候条件和外部环境会直接影响室内的人工环境，因此为了得到良好的室内环境，必须了解当地主要气候要素的变化规律。

（2）建筑热湿环境 热湿环境是建筑环境学最主要的研究内容。室内热湿环境形成的主要因素包括室外气候参数、相邻区域的影响、室内人/电气设备等热湿源的影响等。

（3）人体对热湿环境的反应 人体对热湿环境的反应是建筑环境学重要的研究内容，涉及生理学和心理学等方面的内容，本书不作介绍。

（4）室内空气质量 室内空气质量主要介绍室内空气质量的定义、评价标准、对人体的影响，以及室内空气污染源方面的相关知识。

（5）气流环境　气流环境的营造是通过自然通风（建筑物的开口、通风口）和机械通风（通风系统/空调系统）将空气送入建筑物中，形成合理的气流组织。

（6）建筑声环境　建筑声环境学是研究建筑环境中的噪声控制问题，学习的重点是声音的产生与传播的基本原理与噪声控制方法。

（7）建筑光环境　建筑光环境是建筑环境非常重要的组成部分，充分发挥人的视觉效能是营造适宜光环境的主要目标。

7.2　建筑外环境

建筑物所在地的气候条件和外部环境，会通过围护结构直接影响室内环境。了解当地各主要气候要素的变化规律及其特征，是进行建筑环境研究的先决条件。这些要素包括太阳辐射、气温、温度、湿度、风、降水等。这些外部环境和气候要素的形成又主要取决于太阳对地球的辐射，同时又受人类城乡建设和生产、生活的影响。

7.2.1　天文特性

地球是人类生活的家园，是太阳系八大行星之一。地球有一个天然卫星——月球，二者组成一个天体系统——地月系统。地球会与外层空间的其他天体相互作用，包括太阳和月球。地球在太阳系中的位置并不是一成不变的，而是绕太阳不停地公转。地球在其公转轨道上的每一点都在相同的平面上，这个平面就是地球轨道面。地球以 29.79km/s 的速度，在地球轨道面上沿着一个偏心率很小的椭圆绕着太阳公转。日地平均距离是 1.5 亿 km，公转周期为 365 天 5 小时 48 分 46 秒，即一年。地球在公转的同时，还在绕地轴自西

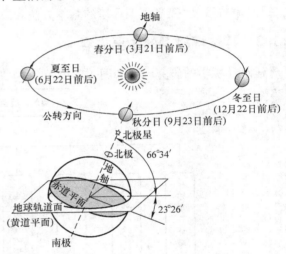

图 7-2　地球公转示意图

向东地转动（从北极点上空看呈逆时针旋转），自转一周耗时 23 小时 56 分。地轴是地球自转的假想轴。如图 7-2 所示，地球始终不停地绕着这个假想的轴运转，故又称地球自转轴。地轴正对着北极星，通过地心连接南、北两极，与地球轨道面的夹角为 66°34′。

太阳辐射是地球最主要的能量来源，是决定各地区气候最主要的因素。当地球处在公转轨道的不同位置时，地球上各个地方受到的太阳辐射不一样，接收到太阳的热量不同，导致产生季节的变化和冷热的差异。地球上的四季不仅是温度的周期性变化，而且是昼夜长短和太阳高度的周期性变化。以北半球为例，太阳直射在北纬 23°26′ 时，天文上就称为夏至。夏至是二十四节气之一，在每年公历 6 月 21 日或 22 日。夏至这天，太阳直射地面的位置到达一年的最北端，几乎直射北回归线，此时，北半球的日照时间最长。太阳直射在南纬 23°26′ 时称为冬至。冬至时间在每年的阳历 12 月 21 日至 23 日之间，这一天是北半球全年中白天

最短、夜晚最长的一天。夏至和冬至即指已经到了夏、冬两季的中间了。一年中太阳两次直射在赤道上时，就分别为春分（3 月 20 日或 21 日）和秋分（9 月 22 日或 23 日），这也就到了春、秋两季的中间，这两天白昼和黑夜一样长。

　　太阳是一个巨大而炽热的气体星球，内部发生剧烈的热核反应，最高温度可达 2×10^7℃，表面温度约为 5500℃。地球所接受到的太阳辐射总量约为 2×10^7 kW，仅为太阳向宇宙空间放射的总辐射能量的二十亿分之一，但却是地球大气运动的主要能源。太阳辐射在大气上界的分布是由地球的天文位置决定的，称此为天文辐射。在地球位于日地平均距离处时，地球大气上界垂直于太阳光线的单位面积在单位时间内所受到的太阳辐射的全谱总能量，称为太阳常数，数值是 1368W/m²。地球大气上界的太阳辐射光谱的 99% 以上在波长为 0.15~4.0μm 之间。大约 50% 的太阳辐射能量在可见光谱区（波长为 0.4~0.76μm），7% 在紫外光谱区（波长 < 0.4μm），43% 在红外光谱区（波长 > 0.76μm），最大能量在波长为 0.475μm 处。太阳活动和日地距离的变化等会引起地球大气上界太阳辐射能量的变化。

　　太阳辐射通过大气层时，一部分到达地面，称为直接太阳辐射；另一部分受到天空中各种气体分子、微尘、水蒸气等吸收和散射。被散射的太阳辐射一部分返回宇宙空间，另一部分到达地面，到达地面的这部分称为散射太阳辐射。到达地面的散射太阳辐射和直接太阳辐射之和称为总辐射。太阳辐射通过大气后，其强度和光谱能量分布都发生变化。到达地面的太阳辐射能量比大气上界小得多，在太阳光谱上能量分布在紫外光谱区几乎绝迹，在可见光谱区减少至 40%，而在红外光谱区增至 60%，如图 7-3 所示。

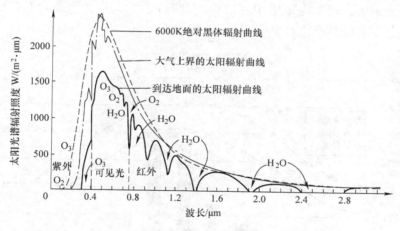

图 7-3　太阳辐射光谱

7.2.2　地理特性

　　地球近似于一个球体，平均赤道半径约 6371km，极半径约 6357km。地球拥有一个由 78% 的氮气、21% 的氧气，以及其他气体包括二氧化碳和水蒸气组成的厚密大气层。地球大气是分层的，将最靠近地面的一层称为对流层，它蕴含了整个大气层约 75% 的质量，以及几乎所有的水蒸气及气溶胶。对流层的上界随地球纬度、季节的不同发生变化。就纬度而言，对流层上界在低纬度地区平均为 16~18km，在中纬度的地区则为 9~12km，而在高纬度地区只有 7~8km。在对流层，高度每上升 1km，气温会平均下降 6.49℃。

地球上气候的形成，主要是由太阳辐射对地球的作用决定的。就全球平均而言，经过大气削弱之后到达地面的太阳总辐射只占到达大气上界太阳辐射的45%。并且总辐射量随纬度升高而减小，随高度升高而增大。一天内中午前后最大，夜间为零；一年内夏大冬小。以中国为例，南北跨越的纬度近50°，大部分在温带，小部分在热带，没有寒带；地势西高东低，呈阶梯状分布。山地、高原面积广大。

地球上表面积71%为海洋，29%为陆地，所以从太空上看地球呈蓝色。海陆分布和洋流是地球上决定气候发展的两大因素。海洋本身就是地球表面最大的储热体；而洋流是地球表面最大的热能传送带。海洋与空气之间的气体交换（水蒸气、二氧化碳和甲烷）对气候的变化和发展有极大的影响，巨大的洋流系统又能促进地球高低纬度地区的能量交换。洋流与所经流经区域之间，也通过能量交换改变其环境特征。

与海陆分布和洋流对气候的影响作用同样重要的另一个因素是地形。地形对气候的影响是多方面的，也是错综复杂的。高大的山脉和高原的热力作用和动力作用十分巨大，能对气候发生重大的影响。由于地形的作用，进一步破坏气候的纬度地带性，导致地面气候更加复杂多样。局部地形由于海拔、坡向、坡度和地形形态的差异，可在短距离内产生显著不同的局地气候。

以北京市为例，北京地处华北平原西北边缘，中心位于北纬39°54′，东经116°23′，西、北和东北三面群山环绕，东南是缓缓向渤海倾斜的北京平原。北京平原的海拔在20~60m，山地一般海拔1000~1500m。北京为暖温带半湿润大陆性季风气候，夏季炎热多雨，冬季寒冷干燥，春、秋短促，年平均气温10~12℃。图7-4所示是中央气象台发布的北京市某典型年度月平均气温和降水统计。

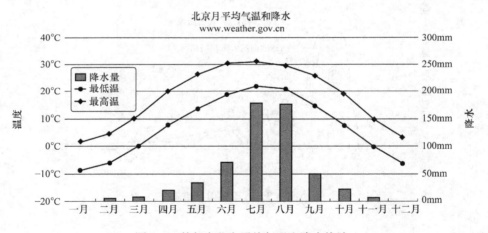

图7-4　某年度北京平均气温和降水统计

由图7-4可以看出，北京市1月温度在-9~2℃之间，7月温度在22~31℃之间。年降雨量约为600mm，并且降水季节分配很不均匀，全年降水的75%集中在夏季，7、8月常有暴雨。

7.2.3　城市微气候

在城市建筑物的表面及周边，气候条件会有较大的变化。又由于城市一般由人口密集的生产生活区域构成，这些因素将大大改变建筑物的能耗及热反应，可造成与周边乡村迥然不同的城市微气候。城市建筑物群一般具有高大的墙面，易形成风障，并在地面与其他建筑物上投下阴影，都会改变该处的微气候。城市微气候主要有以下特点：

1）城市风场与远郊乡村不同，具体表现在风向改变，并且平均风速低于远郊乡村。

2）城市内部气温高于周边乡村，形成热岛效应。

3）城市的云量（尤其是低云量）多于周边乡村，大气透明度低，太阳辐射较弱。

1. 风场

风场是指风向、风速的分布状况。研究表明，建筑群增多、增密、增高，不仅使城市内的风向与远郊来流风速相比有很大的不同，而且使得市区内一些区域的主导风向与来流主导风向也不同。城市和建筑群内的风场对城市气候和建筑群局部小气候有显著的影响。城市风环境主要影响城市的污染状况，因此在城市规划时需要考虑该地区的主导风向，把大量产生污染物的企业或建筑布置在主导风向的下游位置；而建筑群内的风场主要影响的是热环境，包括室外环境的热舒适性、夏季建筑通风以及冬季建筑的渗透风。

建筑群内风环境的形成取决于建筑群的布局，研究城市和建筑群风场的方法有利用风洞的物理模型试验方法和利用计算流体力学（Computational Fluid Dynamics，CFD）的数值模拟方法。利用 CFD 软件可以方便地对建筑外环境进行模拟分析，从而设计出合理的建筑风环境。下面以某科技馆室外风环境模拟分析及优化问题为例来简单介绍一下 CFD 方法的应用，如图 7-5 所示。秋季工况下，来流风从扇形平台处掠过，由于平台高度较低，且为阶梯形，因此对圆形主体及主要活动区域风环境影响较小，室外风环境良好，人行高度（1.5m）风速约 2.5m/s。受到秋季主导风来流风向上地面停车场的影响，汽车尾气对活动区域有一定影响；建筑背风面风速较低，但下风向为另处地面停车场，因此无较大影响。

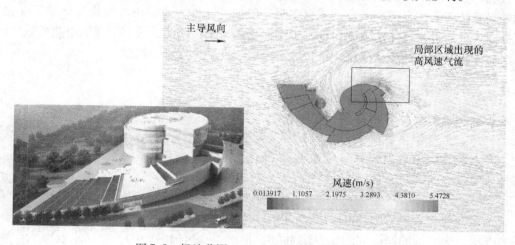

图 7-5　场地范围 1.5m 人行高度处风速矢量图

2. 城市热岛

城市热岛效应是城市气候最明显的特征之一。它的产生是由于人为地改变了城市地表的局部温度、湿度、空气对流等因素，进而引起的城市小气候变化现象，如图 7-6 所示。

如图 7-6 所示，由于城市化的速度加快，城市建筑群密集、柏油路和水泥路面比郊区的

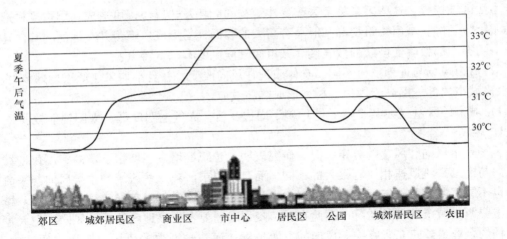

图7-6　城市热岛效应的形成

土壤、植被具有更大的吸热率和更小的比热容，使得城市地区升温较快，并向四周和大气中大量辐射，造成了同一时间城区气温普遍高于周围的郊区气温，高温的城区处于低温的郊区包围之中，如同汪洋大海中的岛屿，人们把这种现象称之为城市热岛效应。

严重的城市热岛效应不但影响会人们正常的生活和工作，还会危害到城市居民的身心健康。在热岛效应的影响下，城市上空的云、雾会增加，有害气体、烟尘等有害物质在市区上空累积，形成严重的大气污染。城市居民的许多疾病就是因热岛效应引发的。医学研究表明，环境温度高于28℃时，人们就会有不舒适感；温度再高就易导致烦躁、中暑、精神紊乱；气温高于34℃，并伴有频繁的热浪冲击，还可引发一系列疾病，特别是使心脏、脑血管和呼吸系统疾病的发病率上升，死亡率明显增加。此外，高温还可加快光化学反应速率，从而提高大气中有害气体的浓度，进一步伤害人体健康。因此，研究削减城市热岛效应的技术方法对于提高人们的生活质量，维持城市可持续发展具有重要的意义。

7.2.4　室外气候

本小节涉及的室外气候因素，包括大气压力、风、空气温度、湿度、有效天空温度、降水等，均由太阳辐射与地球本身的特性决定。

1. 大气压力

地球表面覆盖着一层厚厚的由空气组成的大气层。大气层的厚度大约在1000km以上，但没有明显的界限，可简单分为对流层、平流层、中间层、暖层和散逸层5层。如图7-7所示，对流层是紧贴地面的一层，它受地面的影响最大。因为地面附近的空气受热上升，而位于上面的冷空气下沉，这样就发生了对流运动，所以把这

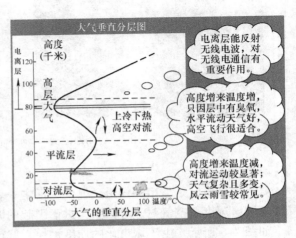

图7-7　大气层的结构示意图

层叫做对流层。它的下界是地面，上界因纬度和季节而不同。据观测，在低纬度地区其上界为17~18km；在中纬度地区为10~12km；在高纬度地区仅为8~9km。夏季的对流层厚度大于冬季。建筑环境研究的大气层，主要是指对流层。

由于地球引力，大气层被吸向地球，因而产生了大气压力。地面气压恒在98~104kPa之间变动，平均约为101.3kPa。随着海拔的增加，大气压力值按指数减少，离地面10km处的大气压力值只有海平面的25%。在物理学中，把纬度为45°海平面（即海拔为0）上的常年平均大气压力规定为1个标准大气压（atm），即101325Pa或760mmHg。大气压力除与海拔有关外，还与大气温度、大气密度等密切相关。一年之中，冬季气压比夏季高。一天中，气压有一个最高值、一个最低值，分别出现在9~10时和15~16时，还有一个次高值和一个次低值，分别出现在21~22时和3~4时。大气压力一天之中的变化幅度较小，一般为0.1~0.4kPa，并随纬度增高而减小。

研究表明，大气压力的变化会对人体健康产生重大影响，可归纳为生理影响和心理影响两个方面。

大气压力对人体生理的影响主要是影响人体内氧气的供给，人每天需要大约750mg的氧气，其中20%为大脑所用。当自然气压下降时，大气中氧分压、肺泡中氧分压以及动脉血氧饱和度都随之下降，会导致人体发生一系列生理反应。以从低地登上高山为例，因为气压下降，机体为补偿缺氧就加快呼吸及血循环，出现呼吸急促、心率加快的现象，由于人体（特别是脑）缺氧，还会出现头晕、头痛、恶心、呕吐和乏力等症状，严重者甚至会发生肺水肿和昏迷。

气压还会影响人的心理变化，主要使人产生压抑感。例如，低气压下的阴雨和降雪天气以及夏季雷雨前的高温、高湿的闷热天气，常会使人抑郁不适。而当人压抑时，自律神经（即植物神经）趋于紧张，释放肾上腺素，导致血压上升、心跳加快、呼吸急促等。近来的医疗气象学研究也指出，低气压会引起心脏病发作，同时脑卒中也与气压变化有关，气压升高可激发脑卒中发病率上升。

2. 风

风是由气压分布的差异所引起的。如图7-8所示，太阳辐射造成地球表面受热不均，各地的气压如果存在高低差异，即两地之间存在气压梯度的话，气压梯度就会把空气从气压高的一边推向气压低的一边，产生风。

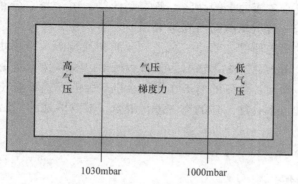

图7-8 风的形成原理

注：$1bar = 10^5 Pa$。

两地间气压差加大，气压梯度力就会增加，风速也会增加。从涉及的地理范围上来分，风可以分为大气环流和地方风两类。大气环流是大范围的大气层具有一定稳定性的各种气流运行的综合现象。在赤道和低纬度地区，由于高纬度与低纬度之间的温度差异，形成了南北之间的气压梯度，使空气作水平运动。又由于地球在自转，使空气水平运动发生偏向的力，这种力使北半球气流向右偏转，南半球向左偏转。气流不仅受这两个力的支配，而且在很大程度上受地球表面海陆分布不均匀与大气内部之间热量、动量的相互交换的影响。大气环流构成了全球大气运动的基本形势，是全球气候特征和大范围天气形势的主导因子，也是各种尺度天气系统活动的背景。

地方风是由于地表水陆分布、地势起伏、表面覆盖等地区性条件不同所引起的，如海陆风、山谷风、季风、巷道风及庭院风等。海陆风与山谷风是由于局部地区昼夜受热不均匀而引起的，所以其变换以一昼夜为周期，风向产生日夜交替的变化，山谷风多发生在较大的山谷地区或者山与平原相连的地带；季风是因为海陆间季节温差而引起的；巷道风和庭院风是由于特殊的建筑结构而产生的小范围风。这些风都会对室外环境造成一定程度的影响。

3. 室外气温

室外气温一般是指距地面1.5m高、非太阳直射处的空气温度。空气中的气体分子在吸收和放射辐射能时具有选择性，它对太阳辐射几乎是透明体，主要靠吸收地面的长波辐射（波长为3~120μm）升温。因此，地面与空气的热量交换是空气温度变化的主要原因。地表空气通过导热的作用被加热，又靠对流的作用将热量转移到上层空气中。影响地面附近气温的主要因素是入射到地面上的太阳辐射热量，气温的四季变化、日变化及随着地理纬度的变化，都是由于太阳辐射的热量的变化而引起的。

气温有年变化和日变化。一般在晴朗天气下，气温一昼夜的变化是有规律的。从一天24小时所测得的温度值图中可以看出，气温日变化中有一个最高值和最低值。最高值通常出现在下午2时左右，而不是正午太阳高度角最大的时刻。最低气温一般出现在日出前后，而不是在午夜。这是由于空气与地面间因辐射换热而增温或降温都需要经历一段时间。一日内气温的最高值和最低值之差称为气温的日较差，通常用它来表示气温的日变化。另外，如前所述，气温的年变化及日变化取决于地表温度的变化，在这一方面，陆地和水面会产生很大的差异。在同样的太阳辐射条件下，大的水体较地块所受的影响要慢。所以，在同一纬度下，陆地表面与海面比较，夏季热些，冬季冷些。在这些表面上所形成的气团也随之而变。陆地上的平均气温在夏季较海面上的高些，冬季则低些。由于海陆分布与地形起伏的影响，我国各地气温的日较差一般从东南向西北递增。

除此之外，地面的覆盖面例如草原、森林、沙漠和河流等及地形也会对气温产生影响。因为不同的地形及地表覆盖面对太阳辐射的吸收和反射以及本身温度变化的性质均不同，所以地面的增温也不同。最后，大气的对流作用也会以最强的方式影响气温。无论是水平方向或垂直方向的空气流动，都会使两地的空气进行混合，减少两地的气温差别。

7.3　建筑热湿环境

7.3.1　建筑得热分析

建筑热湿环境是建筑环境研究中最重要的内容。热湿环境的形成的原因受外扰和内扰的影响。外扰主要包括各室外气候参数，如室外空气温度、湿度、太阳辐射、风速、风向变化，以及邻室的热湿环境干扰，其均可通过围护结构（围合建筑空间四周的墙体、门、窗等）的传热、传湿或空气渗透对室内热湿环境产生影响；内扰主要包括室内电气设备、人员等热湿源。

某时刻进入房间的热量称为得热（HG），包括显热和潜热两部分。显热部分包括对流得热和辐射得热。对流得热即围护结构内表面与室内空气之间的对流换热；而辐射得热即透过窗口进入到室内的太阳辐射或人工光源的辐射散热等。如果得热量为负，则意味着房间失去显热或潜热量。据法国水暖组织"能源与未来"网站统计，建筑物得热量为负时热量通过不同建筑部位流失的比例分布如图 7-9 所示。围护结构是建筑热量损失最主要的因素。由于围护结构本身具有热惯性，使热湿过程的变化规律变得相当复杂。围护结构分透明和不透明两种：不透明围护结构有墙、屋顶和楼板等；透明围护结构有窗户、天窗和阳台门等。当太阳照射到非透明的围护结构外表面时，一部分会被反射，一部分会被吸收，二者的比例取决于围护结构表面的吸收率（或反射率）。但不同的表面对辐射的波长有选择性，黑色表面对各种波长的辐射几乎都是全部吸收，而白色表面可以反射几乎 90% 的可见光。

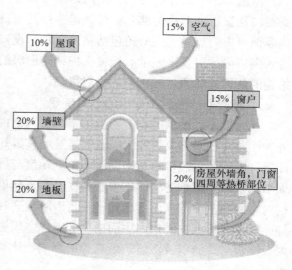

图 7-9　建筑热量流失的比例分布

围护结构的表面越粗糙、颜色越深，反射率越低，吸收率就越高。表 7-1 是各种材料的围护结构外表对太阳辐射的吸收率。

表 7-1　各种材料的围护结构外表对太阳辐射的吸收率

材料类别	颜色	吸收率	材料类别	颜色	吸收率
石棉水泥板	浅	0.72 ~ 0.87	红砖墙	红	0.7 ~ 0.77
镀锌薄钢板	灰黑	0.87	硅酸盐砖墙	青灰	0.45
拉毛水泥面墙	米黄	0.65	混凝土砌块	灰	0.65
水磨石	浅灰	0.68	混凝土墙	暗灰	0.73
外粉刷	浅	0.4	红褐陶瓦屋面	红褐	0.65 ~ 0.74
灰瓦屋面	浅灰	0.52	小豆石保护屋面层	浅黑	0.65
水泥屋面	素灰	0.74	白石子屋面		0.62
水泥瓦屋面	暗灰	0.69	油毛毡屋面		0.86

玻璃对不同波长的辐射具有选择性，当太阳直射在普通玻璃上时，绝大部分的可见光和近红外线将会透过玻璃，只有长波红外线（也称作长波辐射）会被玻璃反射和吸收，但这部分能量在太阳辐射中所占的比例很少。对建筑中常用的 Low－e 玻璃（即低辐射玻璃），可以有效地阻隔近红外线，只允许可见光通过，可在保证较好的光照条件下，有效地减少了

太阳辐射中近红外线带来的空调负荷（几乎占太阳辐射能量的一半）。

7.3.2　围护结构的热湿传递

由前面小节的介绍可知，得热是某时刻在内扰和外扰作用下进入房间的热量。建筑物的得热包括显热和潜热两部分。显热得热包括通过对流进入室内空气和通过辐射传到围护结构内表面以内的热量，此外还包括室内家具、设备、人员等散发的热量；而潜热得热则主要以进入到室内的湿量来表示。通过围护结构形成的显热传热又包括两个部分：通过非透明围护结构的热传导和通过玻璃窗的日射得热。

1. 通过非透光围护结构的显热传递

通过墙体、屋顶等非透明围护结构传入室内的热量来源于两部分：室外空气与围护结构外表面之间的对流换热和太阳辐射通过墙体导热传入的热量。由于围护结构存在热惯性，因此通过围护结构的传热量和温度的波动幅度与外扰波动幅度之间存在衰减和延迟的关系。而太阳辐射的作用是使墙体外表面温度升高，然后通过板壁向室内传热。如果各时刻各围护结构内表面和室内空气温度已知，就可以求出通过非透光围护结构而实际传入室内的热量。此外还要考虑各围护结构内表面温度和室内空气温度之间存在着显著的耦合关系，以及其他室内长波辐射热源以及短波辐射热源的影响，比如室内设备、家具、人体温度以及照明灯具的辐射热等。

2. 通过透光围护结构的显热传递

透光围护结构主要包括玻璃门窗和玻璃幕墙等。玻璃窗由窗框和玻璃组成，有单层、双层、三层等分类；玻璃幕墙除了面积比玻璃窗大，没有窗框以外，其热传导特性与玻璃窗基本一样。目前民用建筑中最常见的是铝合金框或塑钢框配单层或双层普通透明玻璃，双层玻璃之间为空气夹层；而商用建筑大部分采用有色玻璃或反射镀膜玻璃，部分采用高绝热性能的 low - e 玻璃窗。

透光围护结构的热阻一般低于实体墙。实体墙的传热系数一般低于 $0.8W/(m^2 \cdot ℃)$，而普通单层玻璃窗传热系数高于 $5W/(m^2 \cdot ℃)$，双层中空玻璃窗在 $3W/(m^2 \cdot ℃)$ 左右。透光围护结构可以透过太阳辐射，这部分热量在建筑物热环境的形成过程中发挥着非常重要的作用。与非透明围护结构类似，可以把通过透光围护结构传入室内的显热分为通过玻璃板壁的热传导和透过玻璃的日辐射得热。不同点在于这两部分热量传递之间不存在强耦合关系，这是由于玻璃本身对太阳辐射的吸收率远远低于非透光围护结构对太阳辐射的吸收率，因此，这两部分热量是独立求解的。

通过透光围护结构传热进入室内的部分热量有一部分是以玻璃表面的对流换热形式进入室内的，另一部分是以长波辐射的形式进入。阳光照射到窗玻璃表面后，一部分被反射，一部分直接透过玻璃进入室内，成为房间得热量；还有一部分被玻璃吸收。被玻璃吸收的热量使玻璃的温度升高，其中一部分将以对流和辐射的形式传入室内，而另一部分同样以对流和辐射的形式散到室外。关于被玻璃吸收后又传入室内的热量有两种计算的方法：一种方法是以室外空气综合温度的形式考虑到玻璃板壁的传热中；另一种办法是作为透过的太阳辐射中的一部分，计入太阳透射的热中。如果按后一种算法，透过玻璃窗的太阳辐射得热应包括透过的全部和吸收中的一部分。

7.3.3 以其他形式进入室内的热量与湿量

以其他形式进入室内的热量和湿量包括室内产热产湿和因空气渗透带来的热量湿量两部分。

1. 室内产热产湿

室内的热湿源一般包括电气设备、人体和照明设施等。

1）电气设备。电气设备可以分为电动设备和加热设备。电动设备所消耗的电能一部分转换为热能散入室内成为得热，还有一部分成为机械能。这部分机械能也可能在室内被消耗掉转化为室内的得热。加热设备是将所有的电能转化为室内得热。

2）人体。人体在通过皮肤和服装向环境散发显热，也通过呼吸、出汗向环境散发潜热（湿量）。人体的总散热量取决于人体的代谢率，其中显热散热与潜热散热（散湿）的比例与空气温度以及平均辐射温度有关。

3）照明设备。由于照明设施消耗的电能除了发热外，绝大多数辐射也将转化为室内得热，因此照明设施也可以看作是加热设备的一种。

除此之外，如果室内有一个湿表面，水分子将通过水面蒸发向空气扩散，则该设施与室内空气既有显热交换又有潜热交换（散湿）。

综上所述，室内热源得热是室内设备散热、照明设备散热和人体散热之和，室内热源总得热的大小取决于热源的发热量，显热散热和潜热散热的比例则跟空气的温度、湿度参数有关。而显热散热的形式也有对流和辐射两种，对流散热和辐射散热的比例跟空气温度与四周的表面温度有关。其中辐射散热也有两种形式：一是以可见光与红外线为主的短波辐射，散发量与接受辐射的表面温度无关，只与热源的发射能力有关，如照明设施发的光；二是热源表面散发的长波辐射，如一般热源表面散发的远红外辐射，散发量与接受辐射的表面温度与表面特性有关。

2. 空气渗透带来的热

由于建筑物本身存在各种门窗和开口，室外空气可能进入房间，给室内直接带入热量和湿量，并影响室内空气的温湿度，因此需要考虑室外空气渗透带来的得热。空气渗透是指由于室内外存在压力差，从而导致室外空气通过门窗缝隙和外围护结构上的其他小孔或洞口进入室内的现象，即无组织的通风。在一般情况下，空气的渗入和渗出是同时出现的，渗入的空气量和空气状态决定了室内的得热量。因此在得热量计算中只考虑空气的渗入。

室内外压力差是决定空气渗透量的因素，一般为风压和热压所致。夏季时室内外温差比较小，风压是造成空气渗透的主要动力。如果室内有空调系统送风造成室内足够的正压，就只有室内向室外渗出的空气，可以不考虑空气渗透的作用。如果室内没有正压送风，就需要考虑风压对渗透风的作用。冬季时室内一般有采暖，室内外存在比较大的温差，热压形成的烟囱效应会强化空气渗透。如图7-10所示，由于空气密度差存在，室外冷空气会从

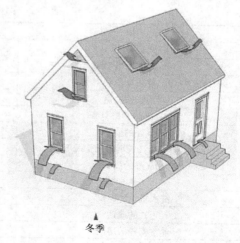

冬季

图 7-10 冬季烟囱效应示意图

建筑下部的开口进入，室内空气从建筑上部的开口流出，具有类似烟囱特征（火炉、锅炉运作时，产生的热空气随着烟囱向上升，在烟囱的顶部离开），即为热压作用下的烟囱效应。

在建筑设计中，利用楼梯间、中庭、拔风井等的烟囱效应可以实现自然通风，将建筑物内污浊的热空气从室内排出，而室外新鲜的冷空气则从建筑底部被吸入，达到自然通风的目的。冬季采暖期热压可能会比风压的对空气渗透起更大的作用，故在考虑高层建筑冬季采暖负荷时，要同时考虑风压和热压的作用。烟囱效应也可以是逆向的，当户内的温度较户外低时（例如夏天使用空调），气流可以在烟囱内向下流动，将户外空气从烟囱抽入室内。

7.4　建筑声环境

7.4.1　声音的基本性质

声音是由物体振动产生，以声波的形式传播。建筑环境中的声波主要指在空气中的传播的声音。当声音在空气中传播时，声音所产生的振动使空气分子在这个基础上产生有规律、有方向性的运动，改变了原来恒定的静压力，引起比原来静压力增高的量值就叫声压。国际上统一以压强的国际单位帕斯卡（Pa）作为声压的度量单位。由于声波的振动可以使空气形成压缩状态和稀疏状态，从而造成原来大气静压力的增加或减少，所以声压的值可以是正值，也可以是负值。通常所说的声压指的是它的有效值，是正值。由于声压值变化范围极大，为 $10^{-5} \sim 10$ 的量级，并且人体听觉系统对声音强弱刺激的反应不是按线性（即逐渐加大）的规律变化的，而是成对数比例关系变化的，因此度量声压的大小可以采用对数关系表达，即声压级（L_p）。声压级是反映声音的大小、强弱的最基本参量，其定义为将待测声压有效值 $P_{(e)}$ 与参考声压 $P_{(ref)}$ 的比值取常用对数，再乘以 20，单位为分贝（dB），即

$$L_p = 20\lg\left(\frac{P_{(e)}}{P_{(ref)}}\right) \tag{7-1}$$

在空气中参考声压 $P_{(ref)}$ 一般取为 2×10^{-5} Pa，即正常人耳对 1kHz 声音的可听阈声压。该可听阈声压的声压级为 0dB。表 7-2 是在空气中一些声压和声压级的示例。

表 7-2　声压和声压级数量级示例

声源	声压/Pa	声压级/dB
火箭发射	约 4000	约 165
30m 外的客机引擎	6.32	150
疼痛阈值	63.2	130
听力损伤阈值	20	约 120
100m 外的客机引擎	$6.32 \sim 200$	$110 \sim 140$
10m 外的公路	$2 \times 10^{-1} \sim 6.32 \times 10^{-1}$	$80 \sim 90$
听力损伤阈值（长期暴露情况下）	0.356	85
10m 外的汽车	$2 \times 10^{-2} \sim 2 \times 10^{-1}$	$60 \sim 80$
1m 外的电视	2×10^{-2}	约 60
洗衣机、洗碗机		$50 \sim 53$
正常的谈话	$2 \times 10^{-3} \sim 2 \times 10^{-2}$	$40 \sim 60$
非常安静的房间	$2 \times 10^{-4} \sim 6.32 \times 10^{-4}$	$20 \sim 30$
树叶声、安静的呼吸声	6.32×10^{-5}	10

声波在介质中的传播速度即声速，主要取决于介质本身的物理性质和温度等外部因素。空气中的声速 c 与空气的压强和密度有关，常温常压下空气中的声速可取为 340m/s。由声音的物理性质可知，一维传播的声压随时间的变化是频率为 f 的简谐函数，描述一个简谐声波只需频率 f 和声压幅值 P_m 两个独立变量，即

$$p(t) = P_m\cos(2\pi ft + \varphi) \tag{7-2}$$

式（7-2）中，λ 为波长，令频率 $f = c/\lambda$，f 确定了它的音调，P_m 确定了声音的强弱。常温下空气中的声速为 340m/s，则 100Hz 的简谐声波波长为 3.4m，而 1000Hz 的简谐声波波长为 0.34m。

人耳能听到的声波频率范围在 20 ~ 20000Hz 之间，低于 20Hz 的声波为次声，高于 20000Hz 的称为超声。次声和超声都不能被人耳听到。

以分贝表示声音度量时，并没有考虑到人耳的主观听觉特征，不能作为表示人耳觉得怎样响的标度。反映声音入射到耳鼓膜使听者获得的感觉量可以用响度表示。响度是感觉判断的声音强弱，即声音响亮的程度，根据它可以把声音排成由轻到响的序列。响度的大小主要依赖于声强，也与声音的频率有关。

根据声压级的定义，人耳的动态听觉范围为 0 ~ 130dB。声压级相同，频率不同的声音，听起来响亮程度也不同。例如空压机与电锯，同是 100dB 声压级的噪声，听起来电锯声要响得多。按人耳对声音的感觉特性，响度是根据 1000Hz 的声音在不同强度下的声压比值，取其常用对数值的 1/10，称为响度级，单位为方（phon）。以频率为 1000Hz 的纯音作为基准音，其他频率的声音听起来与基准音一样响，该声音的响度级就等于基准音的声压级。人耳对于高频噪声是 1000 ~ 5000Hz 的声音敏感，对低频声音不敏感。例如，响度级为 40phon 时，1000Hz 声音的声压级是 40dB；而 4000Hz 声音的声压级是 37dB。

图 7-11 所示是通过大量实验得到的一簇等响曲线。图中，各条曲线是用频率为 1000Hz 的纯音对应的声压级数值，作为该曲线的响度级。从任一条曲线均可看出，低频部分对应的声压级高，高频部分对应的声压级低，说明人耳对低频声不敏感，而对高频声较敏感。当声

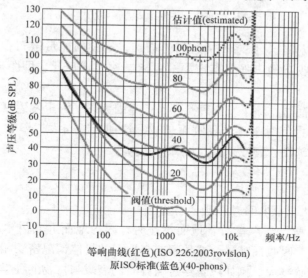

等响曲线(红色)(ISO 226:2003rovlslon)
原ISO标准(蓝色)(40-phons)

图 7-11 等响曲线实验值

压级高于100dB时，等响曲线逐渐拉平，说明声压级较高时，人耳分辨高、低频声音的能力下降，声音的响度级与频率的关系已不大，而主要取决于声压级。

7.4.2 声音的传播与衰减

1. 声波遇到边界和障碍物时的传播规律

（1）绕射 当声波在传播途径中遇到障碍物时，不再是直线传播，而是绕过障碍物的边缘，在障碍物的后方继续传播，这种现象称为绕射。

（2）反射 当声波在传播过程中遇到一块尺寸比波长大得多的平面障碍板时，声波将反射，如声源发出的是球面波，经反射后仍然是球面波。

（3）散射 当声波入射到表面起伏不平的障碍物上，并且障碍物起伏的尺寸和波长相近时，声波不会产生定向的几何反射，声波的能量会向各个方向反射，产生散射。

（4）透射与吸收 当声波入射到平面上时，声波的能量一部分被反射，一部分透过平面，还有一部分因材料的吸收而消耗。这部分能量由于材料的振动或声音在其内部传播时介质的摩擦或热传导而被损耗。透射声能 E_τ 与入射声能 E_0 之比称为透射系数 τ；反射声能 E_ρ 与入射声能 E_0 之比称为反射系数 ρ，即

$$\tau = \frac{E_\tau}{E_0}, \rho = \frac{E_\rho}{E_0} \tag{7-3}$$

人们把透射系数小的材料叫做隔声材料，吸收系数小的材料称为吸声材料。实际应用中把透过和吸收的即没有反射回来的声能都看成是被吸收了，定义材料的吸收系数 α 为

$$\alpha = 1 - \rho = \frac{E_0 - E_\rho}{E_0} \tag{7-4}$$

2. 声波在室外的传播

在无反射和无吸收的理想声场中，点声源辐射的声波以球面波的形式向外传播，声强随着接收点与声源距离 r 的增加而衰减，声压级与 r 的关系为

$$L_p = L_w + 10\lg\frac{1}{4\pi r^2} = L_w - 20\lg r - 11 \tag{7-5}$$

由式（7-5）可以看出，随着传播距离的增加，声波的能量散布在越来越大的面积上，声强也越来越弱。接收点的声强与点声源的距离二次方成反比，即距离每增加1倍声强衰减6dB。

声音在空气中传播时，除了发散衰减外，还会因为以下因素发生衰减：

（1）大气衰减 大气对声能的吸收而衰减，这种衰减与大气温度、湿度有关，也和声音的频率有关，频率越高，衰减越大，计算公式为

$$A_{atm} = \alpha_{atm}\frac{r}{100} \tag{7-6}$$

式中，α_{atm} 为声音的大气吸收衰减系数。

（2）地面吸收衰减 当声音沿着地面传播时，因为地面上的树木、建筑、草地等对声波有不同程度的反射、吸收而衰减，这种衰减与地面的具体情况密切相关，也和声音的频率有关，频率越高，衰减越大。例如声音穿过树林时的衰减与植物的种类、疏密与季节有关。

（3）气象条件 由于大气温度随高度而变化，并且风速在高度方向上也各不相同，导

致声速在高度方向上有相应的梯度变化，也在一定程度上改变了声音的衰减规律。

3. 声波在室内的传播

传播声波的空间称为声场。声场可以分为以下三种：

（1）自由声场 自由声场是在声波传播的空间中无反射面，声源在该声场中发声，在声场中的任一点只有直达声，无反射声的声场。

（2）扩散声场 封闭空间内各点的声能密度几乎相等，并且从各个方向到达某点的声强相等，具备这样特性的声场称为扩散声场。

（3）半自由声场 在宽阔的广场上空，或者室内有一个面是全反射面，其余各面都是全吸声面，这样的空间称半自由声场。

声音在一个建筑围护结构围成的空间中传播时，受到各个界面的反射与吸收，使声波在室内的传播远比室外情况复杂得多。由于反射的存在，在距离声源相同的距离上，声强比在自由声场中要大，且不随距离的二次方衰减。在声源停止发声后，声场中还存在由反射造成的余音，产生所谓的"混响现象"。混响可以使室内的声压级增加，并降低语言的清晰度。

假定室内声场满足以下条件：

1）声能在室内均匀分布，即声强在室内任一点上都相等。

2）室内任一点上声波向各个方向传播的概率是相同的。

此时室内声场可以看作是自由声场，可以对不同界面的吸声系数进行面积加权平均，求得房间的平均吸声系数，用公式表示如下：

$$\overline{\alpha} = \frac{S_1\alpha_1 + S_2\alpha_2 + \cdots + S_i\alpha_i}{S_1 + S_2 + \cdots + S_i} \tag{7-7}$$

式中，S_i 为第 i 个界面的面积；α_i 为第 i 个界面的吸声系数；S 为房间界面的总面积。

此时，室内声场处于稳态。

7.4.3 噪声抑制

凡是人们不愿意听到的声音都可以认为是噪声。建筑声环境研究的最主要的目的在于噪声抑制。

1. 噪声对人的影响

人们对声音是否愿意听闻，不仅取决于这种声音的强度，还取决于它的频率、连续性、发声时间和声音的内容等因素，同时还与人的心理状态和心情以及发声者的主观意志等有关。噪声的主要来源有语音噪声、道路交通噪声、工业噪声、建设工地噪声、广播噪声等。噪声会对人的心理和生理方面产生影响：

1）噪声会对人们的语言交流形成干扰，轻则降低交流效率，重则损伤人们的语言听力。研究表明，30dB 以下属于非常安静的环境；50～60dB 则比较吵闹；在噪声达 80～90dB 时，距离约 0.15m 也得提高嗓门才能进行对话。如果噪声分贝数再高，实际上不可能进行对话。

2）人短期处于噪声环境中，即使离开噪声环境，耳朵也会造成短期的听力下降，但当回到安静环境时，经过较短的时间即可以恢复。如果长年无防护地在较强的噪声环境中工作，在离开噪声环境后听觉恢复的时间就会延长。随着听觉疲劳的加重会造成听觉机能恢复不全。统计表明，长期工作在 90dB 以上的噪声环境中，耳聋发病率明显增加。

3）噪声除了损伤听力以外，还会引起其他人身损害，如引起心绪不宁、心情紧张、心跳加快和血压增高。噪声还会使人的唾液、胃液分泌减少，胃酸降低，从而易患胃溃疡和十二指肠溃疡。长期在噪声环境下工作，对神经功能也会造成障碍。

4）噪声会对人们的睡眠造成干扰，尤其是老人和病人对噪声干扰更为敏感。当睡眠被干扰时，工作效率和健康都会受到影响。长期干扰睡眠会造成失眠、疲劳无力、记忆力衰退，以致产生神经衰弱症候群等。

2. 噪声评价

人们对于噪声的主观感觉与噪声强弱、噪声频率、噪声随时间的变化有关。如何才能把噪声的客观物理量与主观感觉量结合起来，得出与主观响应相对应的评价量，用以评价噪声对人的干扰程度，是一个复杂的问题。迄今为止，稳态噪声对人的影响已经有不少研究结果，并应用于噪声评价和制订噪声允许标准。噪声评价量和评价方法已有几十种，这里所叙述的内容是已基本公认的评价量和评价方法。

3. 噪声抑制

噪声抑制的措施可以在噪声源、传播途径和接收点三个层次上实施。

（1）降低声源噪声

对噪声源进行噪声抑制是最根本和最有效的措施。在声源处即使只是局部地减弱了辐射强度，也可使在中间传播途径中或接收处的噪声控制工作大大简化。常见的噪声源有以下几种：

1）自然环境噪声：风声、雨声、水流动声、海浪声，以及自然灾害产生的噪声等。

2）人为活动噪声：工业噪声、建筑施工噪声、交通运输噪声和社会生活噪声。

要想降低声源噪声，需要做到以下几点：

1）改革生产工艺和操作方法来降低噪声。在生产活动中应用低噪声工艺代替高噪声工艺，并通过改进噪声源结构设计、控制声源发声时间的方法降低噪声，同时采用吸声、隔声、减振等技术措施，以及安装消音器等控制声源的噪声辐射。

2）在城市规划时，应尽量按照"闹静分开"的原则对噪声源的位置进行合理布局。除对城市内的工厂、锅炉房、水泵房等应采取消声减噪措施，尽量将它们布置在小区的边缘角落，采用适当的防护措施。

3）降低社会生活噪声，减少干扰生活环境的声音，控制音量或者采取其他有效措施，避免对周围居民造成环境噪声污染。例如，在商业经营活动中不得使用高音广播喇叭或者采用其他发出高噪声的方法招揽顾客，并对空调器、冷却塔等设备、设施采取措施，降低其边界噪声，使环境噪声排放符合相关国家标准。

（2）在传播途径中控制噪声

由于工艺技术上或经济上的原因，上述考措施无法实现时，就需要在传播途径中利用声音传播特性进行噪声控制，主要有以下几条措施：

1）利用在噪声在传播中的自然衰减作用，使噪声源尽量远离住宅区域和办公区域。

2）采取噪声控制技术，主要包括吸声、消声、隔声、隔振和减振等几类。

3）充分利用天然地形如山岗、土坡或已有的建筑物的声屏障作用和绿化带的吸声降噪作用，也可以收到可观的降噪效果。

在室内布置吸声材料以达到降噪目的的方法称吸声减噪法。室内有噪声源时，噪声的声压级大小与分布取决于房间的形状、各界面材料和家具设备的吸声特性，以及噪声源的性质和位置等因素。如果在吸声减噪处理前、后室内的声压级分别为 L_{p1} 和 L_{p2}，房间的平均吸声

系数分别是 $\overline{\alpha_1}$ 和 $\overline{\alpha_2}$，则室内噪声级的降低值为

$$\Delta L_{\mathrm{p}} = 10\lg\left(\frac{\overline{\alpha_2}}{\overline{\alpha_1}}\,\frac{1-\overline{\alpha_2}}{1-\overline{\alpha_1}}\right) \tag{7-8}$$

使用吸声法降噪时，有以下使用原则：

1）室内平均吸声系数较小时，吸声减噪法收效最大。对于室内原有吸声量较大的房间，该法效果不大。

2）吸声减噪法仅能减少反射声，因此吸声处理一般只能取得 412dB 的降噪效果，试图通过吸声处理得到更大的减噪效果是不现实的。

3）在靠近声源、直达声占支配地位的场所，采用吸声减噪法将不会得到理想的降噪效果。

（3）在接收点控制噪声

控制噪声的最后一环是在接收点进行防护。在声源和传播途径上采取的噪声控制措施不能有效实现，或只有少数人在吵闹的环境中工作时，个人防护是一种经济有效的方法。常用的防护用具有耳塞、耳罩、头盔三种形式。当然，耳塞长期佩带，会有耳道中出水（汗）或其他生理反应；耳罩不易和头部紧贴而影响到它的隔声效果；而头盔因为比较笨重，所以只在特殊情况下采用。

7.5　建筑光环境

建筑光环境是建筑环境学非常重要的研究对象。合理舒适的室内光环境不仅可以减少人的视觉疲劳、提高劳动生产率，对人的身体健康特别是视力健康也有直接影响。了解和掌握建筑光学的基本知识，具备一定的创造和控制良好光环境的能力是建筑环境领域的专业人员所必需的。

7.5.1　光的性质

光是一种人类眼睛可以见的电磁波，一般定义为波长介于 400 至 700 纳米（nm）之间的电磁波（即可见光谱）。可见光谱在电磁波谱上的位置如图 7-12 所示。

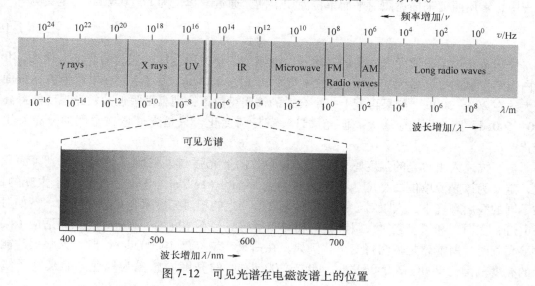

图 7-12　可见光谱在电磁波谱上的位置

可见光谱的界限并不代表人类视觉的绝对限制，有的文献定义为420~680nm，也有的定义为380~760nm。在理想的实验室条件下，儿童和年轻人可看到310~313nm的紫外线，而成年人可以看到波长大于1050nm的红外线。

光可以在真空、空气、水等透明的物质中传播。真空中的光速在物理学中用c表示，$c = 2.99792458 \times 10^8 \mathrm{m/s}$，是宇宙中最快的速度。光在其他各种介质的速度都比在真空中的小。空气中的光速大约为$2.99792000 \times 10^8 \mathrm{m/s}$，计算中一般取$3 \times 10^8 \mathrm{m/s}$。光在水中的速度比真空中小很多，约为真空中光速的3/4；在玻璃中的速度小得更多，约为真空中光速的2/3。

光在真空和均匀介质中是沿直线传播的，当它遇到水面、玻璃以及其他许多物体的表面时都会发生反射。反射在物理学中分为两种：镜面反射和漫反射。镜面反射发生在十分光滑的物体表面（如镜面）。两条平行光线在反射物体上反射过后仍能处于平行状态。凹凸不平的表面（如白纸）会把光线向着四面八方反射，这种反射叫做漫反射。大多数反射现象为漫反射。光线从一种介质斜射入另一种介质时，传播方向会发生偏折，这种现象叫做光的折射。在两种介质的交界处，既发生折射，同时也发生反射。反射光光速与入射光相同，折射光光速与入射光不同。

在电磁学中，辐射体以电磁辐射的形式向四面八方辐射能量，单位时间内辐射体辐射的能量称辐射功率或辐射通量。与此类似，可见光谱中在波长400~700nm的范围内辐射出的并被人眼感觉到的辐射通量称为光通量$\varPhi$，单位为流明（lm），定义为

$$\varPhi = K_{\max} \int V(\lambda) \varPsi(\lambda) \mathrm{d}\lambda \tag{7-9}$$

式中，$K_{\max}$为最大光功当量，其值为683lm/W；$V(\lambda)$为光谱光视效率；$\varPsi(\lambda)$为波长为λ的单色光通量。

为了描述光源和照明灯具发出的光通量在空间角度的分布密度，引入发光强度的概念，定义为"一个光源发出频率为$540 \times 10^{12} \mathrm{Hz}$（空气中波长555nm）的单色辐射，若在一定方向上的辐射强度为$1/683 \mathrm{W/sr}$，则光源在该方向上的发光强度为1cd（坎德拉）"。而在照明工程中，常用照度来描述照射平面单位面积上的光通量，单位为lux（或lx），定义为

$$E = \frac{\mathrm{d}\varPhi}{\mathrm{d}A} \tag{7-10}$$

光通量是说明光源发光能力的基本量，而照度则是说明物体被照亮的程度。例如，40W的白炽灯发射的光通量为370lm，它的平均发光强度为28cd。该灯泡装在书桌上方，桌面照度大约在200~300lx。如果再配上一个合适的镜面反射罩，则桌面附近的发光强度能提高到300~500cd，照度也相应增大。但光通量没有任何变化，只是光通量在空间的分布发生了变化。

为了描述人眼对光的强度感受，定义人眼方向上光强与人眼所"见到"的光源面积之比，定义为该光源单位的亮度。亮度的单位是$\mathrm{cd/m^2}$（$1\mathrm{cd/m^2} = 1\mathrm{nt}$），它是一个主观的量。在不同的亮度环境下，人眼对于同一实际亮度所产生的相对亮度感觉是不相同的。例如对同一电灯，在白天和黑夜它对人眼产生的相对亮度感觉是不相同的。另外，当人眼适应了某一环境亮度时，所能感觉范围将变小。例如，在白天环境亮度$10000\mathrm{cd/m^2}$时，人眼大约能分辨的亮度范围为$200 \sim 20000\mathrm{cd/m^2}$，低于$200\mathrm{cd/m^2}$的亮度同感觉为黑色。而夜间环境为

$30cd/m^2$ 时，可分辨的亮度范围为 $1\sim200cd/m^2$，这时 $100cd/m^2$ 的亮度就引起相当亮的感觉。只有低于 $1cd/m^2$ 的亮度才引起黑色的感觉。

7.5.2　视觉与光环境

1. 人眼的视觉特性

光作用于人眼，使其感受细胞兴奋，其信息经视觉神经系统加工后便产生视觉。在人的视网膜中存在着两种感光换能系统。一种是暗视觉（Scotopic Vision）系统，它们对光的敏感度较高，能在昏暗的环境中（亮度低于 $0.03cd/m^2$）感受弱光刺激而引起暗视觉，但视物无色觉而只能区别明暗，且视物时只能有较粗略的轮廓，精确性差；另一种是明视觉（Photopic Vision）系统，它们对光的敏感性较差，只有在类似白昼的条件下（亮度高于 $3cd/m^2$）才能被刺激，但视物时可辨别颜色，且对物体表面的细节和轮廓境界都能看得很清楚，有高分辨能力。

人眼的视觉神经对各种不同波长光的感光灵敏度是不一样的，对绿光最敏感，对红、蓝光灵敏度较低。另外，由于受生理和心理作用，不同的人对各种波长光的感光灵敏度也有差异。国际照明委员会（CIE）根据对许多人的大量观察结果，确定了人眼对各种波长光的平均相对灵敏度，称为"光谱光视效率"，或"视见函数"。如图 7-13 所示，在光亮的环境中，波长 555nm 的黄绿光最明亮，明亮程度向波长短的紫光和波长长的红光方向递减；在较暗的环境中，人的视觉亮度感受性发生变化，以 510nm 的蓝绿光最为敏感。

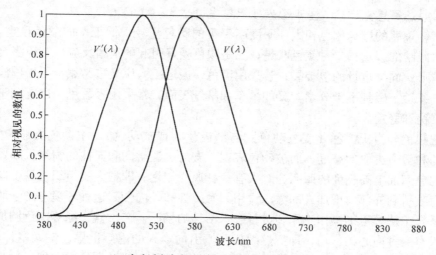

$V'(\lambda)$ 为暗适应光度函数曲线；$V(\lambda)$ 为亮适应光度函数曲线

图 7-13　光谱光视效率

暗视觉条件下，人眼能够感光的亮度阈值为 $10^{-6}\sim0.03nt$，此时景物看起来总是模糊不清，灰茫茫一片；而在明视觉下，人眼有辨认细节和分辨颜色的能力，这种能力随亮度增加而达到最大，所有的室内照明都是按明视觉条件下设计的；当亮度在 $0.03\sim3cd/m^2$ 之间时，眼睛处于中间状态，称为中间视觉，一般道路照明的亮度水平，相当于中间视觉的条件。

2. 颜色产生的心理效果

颜色是人的一种重要感受，在工作和学习环境中，需要颜色不仅是因为它的魅力和美丽，还为个人提供正常的情绪上的排遣。一个暗灰色的环境几乎没有外观感染力，它趋向于导致人们主观上的不安，内在的紧张和乏味。另一方面，颜色也可使人放松、激动和愉快。而且人的大部分心理上的烦恼都可以归于内心的精神活动，好的颜色刺激可给人的感官以一种振奋的作用，从而从恐怖和忧虑中解脱出来。良好的光环境离不开颜色的合理设计，颜色对人体产生的心理效果直接影响到光环境的质量。

色性相近的颜色对个体视觉的影响及产生的心理效应的相互联系、密切相通的性质称色感的共通性，它是颜色对人体产生的心理感受的一般特性，见表7-3。

表7-3 色感的共通性

左趋势	积极色				中性色		消极色			右趋势	心理感受
明亮	白	黄	橙	绿红	灰	灰	青	紫	黑	黑暗	明暗感
温暖		橙	红	黄	灰	绿	青	紫	白	凉爽	冷热感
膨胀		红	橙	黄	灰	绿	青	紫		收缩	胀缩感
进		黄	橙	红		绿	青	紫		远	距离感
轻盈	白	黄	橙	红	灰	绿	青	紫	黑	沉重	重量感
兴奋	白	红	橙红	黄绿红紫	灰	绿	青绿	紫青	黑	沉静	兴奋感

有实验表明，手伸到同样温度的热水，多数受试者会说，染成红色的热水要比染成蓝色的热水温度高。在车间操作的工人，在青蓝色的场所工作15℃时就感到冷，在橙红色的场所中，11℃时还不感觉到冷，主观温差效果最多可达3～4℃。

明度对轻重感的影响比色相大，明度高于7的颜色显轻，低于4的颜色显重。其原因，一是波长对眼睛的影响；二是颜色联想；三是颜色爱好引起的情绪反应。有很多与下面的例子类似的情形：同样重量的包装袋，若采用黑色，搬运工人说又重又累，但采用淡绿色，工作一天后，搬运工感到不十分累。又如吊车和吊灯表面，常采用轻盈色，以有利于使人感到心理上的平衡和稳定。

歌德把颜色分为积极色（或主动色）与消极色（或被动色）。主动色能够产生积极的、有生命力的和努力进取的态度，而被动色表现不安的、温柔的和向往的情绪。如黄、红等暖色、明快的色调加上高亮度的照明，对人有一种离心作用，即把人的组织器官引向环境，将人的注意力吸引到外部，增加人的激活作用、敏捷性和外向性。这种环境有助于肌肉的运动和机能，适合于从事手工操作工作和进行娱乐活动的场所。灰、蓝、绿等冷色调加上低亮度的照明对人有一种向心的作用，即把热闹从环境引向本人的内心世界，使人精神不易涣散，能更好地把注意力集中到难度大的视觉任务和脑力劳动上，增进人的内向性，这种环境适合需要久坐的、对眼睛和脑力工作要求较高的场所，如办公室、研究室和精细的装配车间等。

3. 光环境的评价标准

舒适光环境要素主要包括以下三个方面：

（1）适当的照度水平

人眼对外界环境明亮差异的知觉取决于外界景物的亮度，实际中是以照度水平作为照明的衡量指标。不同性质的场所对照度值的要求不同，适宜的照度应当是在某具体工作条件下，大多数人都感觉比较满意且保证工作效率和精度均较高的照度值。通常假定参考面是由室内距地面 0.70 ~ 0.80m 高的水平面。考虑到人眼的明暗视觉适应过程，参考面上的照度应该尽可能地均匀，否则很容易引起视觉疲劳。一般认为空间内照度最大值、最小值与平均值相差不超过 1/6 是可以接受的。表 7-4 给出了我国住宅建筑照度的标准值。

表 7-4　我国住宅建筑照度的标准值

类别		参考平面及其高度	照度标准值/lx		
			低	中	高
起居室、卧室	一般活动区	0.75m 水平面	20	30	50
	书写、阅读	0.75m 水平面	150	200	300
	床头阅读	0.75m 水平面	75	100	150
	精细作业	0.75m 水平面	200	300	500
餐厅或厨房		0.75m 水平面	20	30	50
卫生间		0.75m 水平面	10	15	20
楼梯间		地面	5	10	15

（2）舒适的亮度分布

在工作房间里，除观察对象外，工作面、墙、窗户和灯具等都会进入视野，这些背景物体的亮度水平和亮度对比对视觉效果有重要的影响。如果背景与中心视野内的观察对象亮度相差过大，就会加重眼睛的负担，产生眩光。眩光是指视野中由于不适宜的亮度分布，或在空间或时间上存在极端的亮度对比，以致引起视觉不舒适和降低物体可见度的视觉条件。眩光往往刺眼，是因视野内的亮度大幅超过眼睛所适应，会导致烦扰、不舒服或视力受损。

眩光是评价光环境舒适性的一个重要指标。根据眩光对视觉的影响程度，可分为失能眩光和不舒适眩光。失能眩光的出现会导致视力下降，甚至丧失视力。不舒适眩光的存在使人感到不舒服，影响注意力的集中，时间长会增加视觉疲劳，但不会影响视力。对室内光环境来说，遇到的基本上都是不舒适眩光。此外，房间内的平均亮度会形成房间明亮程度的总体印象，使人产生不同的心理感受。因此，舒适的光环境应该具有合理的亮度分布。

（3）适宜的色温与显色性

光源的颜色质量通常用色温和显色系数两个指标来衡量。当光源所发出的颜色与"黑体"在某一温度下辐射的颜色相同时，"黑体"的温度就称为该光源的色温，用符号 T_0 表示，单位是开尔文（K）。光源的色温，分为三组：色温在 3300K 以下，色表属暖色型；色温在 3300 ~ 5300K，色表属中间色型；色温在 5300K 以上，色表属冷色型。从心理学角度出发，所谓光色宜人是与照度有关的。对于色温为 2000K 的蜡烛，照度为 10 ~ 20lx 就可以了；而对于色温为 5000K 以上的荧光灯，照度在 300lx 以上才感到舒适。一般将暖色光源用于居住场所、寒冷地区以及有特殊需要的视觉作业中；中间色光源用于普通工作场所和房间；冷色光源用于高照度水平场所、炎热气候区和有特殊要求的场所。

光源色温和显色系数都取决于光源的光谱组成，但不同光谱组成的光源可能具有相同的色温，而其显色系数却大不相同。同样，色温不同的光源可能具有相等的显色系数。显色系数是指光源对物体颜色呈现的程度，表示物体在光源下颜色比基准光（太阳光）照明时颜色的偏离，能较全面反映光源的颜色特性。显色系数高的光源对颜色表现较好，也就接近自然色；显色性低的光源对颜色表现较差，即偏差较大。国际照明委员会（CIE）把太阳的显色系数定为 100，其他各类光源的显色系数各不相同，见表 7-5。

表 7-5　显色系数与适用范围

显色系数	色温	应用示例	
		优先采用	允许采用
$R_a \geq 90$	暖 中间 冷	颜色匹配 临床检验 绘画美术馆	
$80 \leq R_a < 90$	暖 中间	家庭、旅馆 餐馆、商店、办公室 学校、医院	
	中间 冷	印刷、油漆和纺织 工业、手工工厂	
$60 \leq R_a < 80$	暖 中间 冷	工业建筑	办公室 学校
$40 \leq R_a < 60$		显色要求低的工业	工业建筑
$20 \leq R_a < 40$			显色要求低的工业

　　显然，高显色系数的灯是理想的选择，如白炽灯，但是这类等的光效不高。反之，光效很高的普通钠灯的显色系数又很低，所以，实际应选择显色系数与光效兼顾的灯具。

7.5.3　天然采光

　　良好光环境可利用天然光源和人造光源共同创造。天然采光是对天然光的利用，是实现可持续建筑的主要路径之一。天然光主要包括太阳直射光、天空漫射光和地面反射光几部分。太阳辐射透过大气层入射到地面，一部分为太阳直射光，它具有一定的方向性，会在被照射物体背后形成明显的阴影；另一部分遇到大气层中的空气分子、灰尘、水蒸气等微粒，产生多次漫散射，形成天空漫射光，使天空成为具有一定亮度的漫射光源，天空漫射光没有一定的方向，不能形成阴影。此外，地面反射也会增加天空中的漫射光，地面反射光和天空漫射光均可看作扩散光。直射光和扩散光的比例取决于大气透明度和天空中的云量。若两种光线所占比例发生变化，则地面上的照度和物体阴影浓度也将发生变化。晴天时，天然光由直射光和扩散光两部分组成，全阴天则只有天空扩散光，没有直射光。

　　建筑采光设计时，应根据地区光气候特点，采取有效措施，综合考虑充分利用天然光，节约能源。由不同的太阳直射光、天空漫射光和地面反射光形成了不同的室外地面照度分布。影响室外地面照度的气象因素主要有太阳高度角、云、日照率等。我国地域辽阔，东西方向和南北方向经纬度跨度大，同一时刻南北方的太阳高度角相差很大。从日照率看来，由北、西北往东南方向逐渐减少，而以四川盆地一带为最低；从云量看来，自北向南逐渐增多，四川盆地最多；从云状看，南方以低云为主，向北逐渐以高、中云为主。这些均说明，南方以天空扩散光照度较大，北方以太阳直射光为主，并且南北方室外平均照度差异较大。为此，在采光设计标准中，将全国划分为 5 个光气候区，分别取相应的采光设计标准。

　　各光气候区的室外天然光设计照度值应按表 7-6 采用。所在地区的采光系数标准值应乘以相应地区的光气候系数 K。

　　人眼已习惯于在天然光下视看物体，人眼在天然光下比在人工光下有更高的灵敏度，尤其在低照度下或视看小物体时，这种视觉区别更加显著。天然光是太阳辐射的一部分，它具有光谱连续且只有一个峰值的特点。人们长期生活在天然光下，将适量的天然光引进室内，并且使人透过窗户能够看到户外的景色，是保证人们工作效率高、身心舒适满意的重要条件。同时，近年来的许多研究表明，太阳的全光谱辐射是人们在生理上和心理上长期感到舒适满意的关键因素。而人工光的光谱由于其发光机理各不相同，其光谱分布也不相同，由于天然光是人们生活中习惯的光源，因此人们总希望人工光尽量接近天然光，不仅要求光谱分布接近或基本相同，并且也只有一个峰值，还要求有接近的光色感觉。但人工光不可能与天然光完全一致，如果人工光光谱分布有两个峰值，且不连续，则易引起视觉疲劳。一般来讲，光谱能量分布较窄的某种纯颜色的光源照明质量较差，光谱能量分布较宽的光源照明质量较好。前者的视觉疲劳高于后者。

表 7-6　光气候系数 K

光气候区	I	II	III	IV	V
K 值	0.85	0.90	1.00	1.10	1.20
室外天然光临界照度值 E_1/lx	6000	5500	5000	4500	4000

7.5.4　人工照明

建筑采用天然光具有很多优点，但它的应用受到时间和地点的限制。建筑物内不仅在夜间必须采用人工照明，在某些场合，白天也需要人工照明。人工照明主要可分为功能性照明和装饰艺术性照明两种。前者主要着眼于满足人们生理上、生活上和工作上的实际需要，具有实用性的功能；后者主要满足人们心理、精神上和社会上的观赏需要，具有艺术性的目的。在考虑人工照明时，既要确定光源、灯具、安装功率和解决照明质量等问题，还需要同时考虑相应的供电线路和设备。下面介绍几种常用光源的构造和发光原理。

1. 热辐射光源

（1）普通白炽灯　白炽灯是一种利用电流通过细钨丝所产生的高温而发光的热辐射光源。它发出的可见光以长波辐射为主，与天然光相比，其光色偏红，因此，白炽灯不适合用于需要仔细分辨颜色的场所。此外，白炽灯灯丝亮度很高，易形成眩光。人工光源发出的光通量与它消耗的电功率之比称该光源的发光效率，简称光效，单位为 lm/W，是表示人工光源节能性的指标。白炽灯的光效不高，仅在 12～20lm/W 左右，也就是说，只有 2%～3% 的电能转化为光能，97% 以上的电能都以热辐射的形式损失掉了。但白炽灯也具有其他一些光源所不具备的优点，如无频闪现象，适用于不允许有频闪现象的场合；高度的集光性，便于光的再分配；良好的调光性，有利于光的调节；开关频繁程度对寿命影响小，适应于频繁开关的场所；体积小，构造简单，价格便宜，使用方便等。所以，白炽灯仍是一种广泛使用的光源。

（2）卤钨灯　普通白炽灯的灯丝在高温下会造成钨的气化，气化后的钨粒子附着在灯的外玻璃壳内表面，使之透光率下降。将卤族元素，如碘、溴等充入灯泡内，它能和游离态的钨化合成气态的卤化钨。这种化合物很不稳定，在靠近高温的灯丝时会发生分解，分解出的钨重新附着在灯丝上，而卤族又继续进行新的循环，这种卤钨循环作用消除了灯泡的黑化，延缓了灯丝的蒸发，将灯的发光效率提高到 20lm/W 以上，寿命也延长到 1500h 左右。卤钨循环必须在高温下进行，要求灯泡内保持高温，因此，卤钨灯要比普通白炽灯体积小得多。碘钨灯呈管状，使用时灯管必须水平放置，以免卤素在一端聚积。

2. 气体放电光源

（1）荧光灯　荧光灯发光面积大，管壁负荷小，表面亮度低，寿命长，广泛用于办公室、教室、商店、医院和部分工业厂房。最常用的是直管型荧光灯，其灯管的两端各有一个密封的电极，管内充有低压汞蒸气和少量帮助启燃的氩气，灯管内壁涂有一层荧光粉。当荧光灯管两极加上电压后，气体放电产生紫外线，由紫外线激发荧光粉发出可见光。荧光灯与所有气体放电光源一样，其光通量随着交流电压的变化而产生周期性的强弱变化，使人眼观察旋转物体时产生不转动或倒转或慢速旋转的错觉，这种现象称为频闪现象。

（2）荧光高压汞灯　荧光高压汞灯发光原理与荧光灯相同，只是构造不同，灯泡壳有两层，分透明泡壳和涂荧光粉层，由于它的内管中汞蒸气的压力为 1～5 个大气压而得名。荧光高压汞灯具有光效高（一般可达 50lm/W），寿命长（可达 5000h）的优点；其主要缺点是显色性差，主要发绿、蓝色光，在此灯照射下，物体都增加了绿、蓝色调，使人不能正确分辨颜色。

（3）金属卤化物灯　金属卤化物灯的构造和发光原理与荧光高压汞灯相似，区别在于灯的内管充有碘化铟、碘化钪、溴化钠等金属卤化物和汞蒸气、惰性气体等，外壳和内管之间充氮气或惰性气体，外壳不涂荧光粉。由电子激发金属原子，直接发出与天然光相近的可见光，光效可达 80lm/W 以上。金属卤化物灯与汞灯相比，不仅提高了光效，显色性也有很大改进。

（4）低压钠灯　低压钠灯是钠原子在激发状态下发出 589.0nm 和 589.6nm 的单色可见光，故不用荧光粉，光效最高可达 300lm/W，市售产品大约为 140lm/W。由于低压钠灯发出的是单色光，因此在它的照射下物体没有颜色感，不能用于区别颜色的场所。但是，589.0nm 和 589.6nm 的单色光接近人眼最敏感的 555.0nm 的黄绿光，透雾性很强。

（5）高压钠灯　高压钠灯内管中含 99% 的多晶氧化铝半透明材料，有很好的抗钠腐蚀能力。管内充钠、汞蒸气和氙气，汞量是钠量的 2～3 倍。氙气的作用是起弧，汞蒸气则起缓冲剂和增加放电电抗的作用，仍然是由钠蒸气发出可见光。随着钠蒸气气压的增高，单色谱线辐射能减小，谱带变宽，光色改善。

（6）节能灯　多数气体放电光源的高光效是以牺牲显色性为代价的；另外，光效高的灯往往单灯功率大，因而光通量也大，这使它们无法在小空间使用。为此，近年来出现了一些功率小、光效高、显色性较好的新光源，即所谓的节能灯。这些光源体积小，和 100W 普通白炽灯相近，灯头也做成白炽灯那样，附件安装在灯内，可以直接替换白炽灯，很适合用于低、小空间的照明。

（7）LED 节能灯　LED 节能灯是以高亮度白色发光二极管作为光源，光效高、耗电少、寿命长、易控制、安全环保，是新一代固体冷光源。其光线柔和、无频闪，对眼睛起到很好的保护作用，适用于家庭、商场、医院、饭店等各种公共场所的长时间照明。最初 LED 用作仪器仪表的指示光源，后来各种光色的 LED 在交通信号灯和大面积显示屏中得到了广泛应用。对于一般照明而言，更多是通过蓝光 LED 得到白光，制成构造简单、成本低廉、技术成熟的白色 LED 灯，因此运用最多。

7.6　室内空气质量

7.6.1　室内空气污染问题

近三十年来，世界上不少国家室内空气质量出现了问题，很多人抱怨室内空气污染严重，造成头疼、恶心、哮喘等症状，严重者可导致癌症。调查显示，造成室内空气质量低劣的主要原因是室内空气污染，主要有以下几方面：

1）强调建筑节能，使建筑密闭性增强，新风量不足，导致空气质量下降。

2）传统集中空调系统的空调箱和风机盘管系统容易滋生霉菌，并且过滤网不及时清洗也会造成空气质量低劣。

3）在现代建筑中大量采用各种新型合成材料，部分材料会散发对人体有害的气体。

4）室内使用的大量电气产品会散发有害气体，如臭氧、颗粒物和有机挥发物等。

5）厨房和卫生间卫生条件差，细菌大量繁殖，并且气流组织不合理，有害气体不能及时排除。

6）室外空气受工业尾气、汽车尾气、日常生活的污染，其进入室内也会降低室内空气质量。

下面对常见的空气污染物及其特性进行简单介绍。

1. 常见化学污染物

（1）有害燃烧产物

低浓度下对人体健康会产生损坏的燃烧产物有 CO_2、CO、NO_x、SO_x 等：

1）CO_2 是空气的组成部分，含量为 0.03% ~ 0.04%（体积比）。CO_2 少时对人体是无害的，但其超过一定量时会影响人的呼吸。空气中 CO_2 的体积分数为 1% 时，会使人感到气闷，头昏，心悸；4% ~ 5% 时感到眩晕；6% 以上时使人神志不清、呼吸逐渐停止以致死亡。

2）CO 是含碳物质不完全燃烧的产物，无色、无味、有毒。CO 进入人体后会和血液中的血红蛋白结合，进而排挤血红蛋白与氧气的结合，从而出现缺氧，这就是 CO 中毒。当空气中 CO 浓度达到 35ppm（质量分数，百万分比浓度，1ppm = 10^{-6}），就会对人体产生损害，导致身体出现缺氧的情况，可以致命。

3）NO_x 主要包括 NO 和 NO_2。由于 NO 会和空气中的氧气结合为 NO_2，因此常用 NO_2 的浓度作为氮氧化物污染的指标。NO_2 主要来自化石燃料的高温燃烧过程，比如机动车尾气、电厂废气的排放等。NO_2 主要损害呼吸道，会引起咽部不适、干咳等，经数小时或更长时间潜伏后发生迟发性肺水肿、成人呼吸窘迫综合征、阻塞性细支气管炎等。NO_2 对是造成酸雨和光化学烟雾的主要因素之一，对水体、土壤和大气也可造成污染。

4）SO_x 主要是 SO_2。在大气中，SO_2 会氧化而成硫酸雾或硫酸盐气溶胶，是环境酸化的重要因素。大气中 SO_2 浓度在 0.5ppm 以上对人体已有潜在影响；在 1 ~ 3ppm 时多数人开始感到刺激；在 400 ~ 500ppm 时人会出现溃疡和肺水肿直至窒息死亡。SO_2 还会与大气中的烟尘有协同作用。当大气中二氧化硫浓度为 0.21ppm，烟尘浓度大于 0.3mg/L，可使呼吸道疾病发病率增高，慢性病患者的病情迅速恶化。

（2）挥发性有机物（VOCs）

挥发性有机物（VOCs）在常温下以气体形式存在，主要成分有烃类、卤代烃、氧烃和氮烃，主要来自燃料燃烧和交通运输产生的工业废气、汽车尾气、光化学污染等。在室内则主要来自燃煤和天然气等的燃烧产物，吸烟、采暖和烹调等的烟雾，建筑和装饰材料、家具、家用电器、清洁剂和人体本身的排放等。在室内装饰过程中，挥发性有机物主要来自油漆、涂料和胶粘剂。当居室中挥发性有机物浓度超过一定浓度时，在短时间内人们感到头痛、恶心、呕吐、四肢乏力；严重时会抽搐、昏迷、记忆力减退。挥发性有机物伤害人的肝脏、肾脏、大脑和神经系统，其中还包含了很多致癌物质。室内空气被挥发性有机物污染已引起各国重视。

中国颁布的 GB 50325—2014《民用建筑工程室内环境污染控制规范》中，室内空气中

TVOC 的含量，已经成为评价居室室内空气质量是否合格的一个重要项目。在此标准中规定的 TVOC 含量为：Ⅰ类民用建筑工程：$0.5mg/m^3$；Ⅱ类民用建筑工程：$0.6mg/m^3$（等同 $600\mu g/m^3$ 或 0.261×10^{-6}）。

（3）甲醛

甲醛是最常见的室内空气污染毒物，约有三千多种不同建筑物的产品均含有甲醛，主要来源为纤维板、三夹板、隔音板、保丽龙等装潢材料。甲醛一般会从源头慢慢释出，新制产品在最初数月内所释出的甲醛量最高，一段时间后，释出的甲醛量便会渐渐降低。目前甲醛已被世界卫生组织确定为致癌和致畸形物质，室内浓度达 $0.5mg/m^3$ 会使人体产生流泪及眼睛异常敏感的症状。长期接触低剂量甲醛可引起慢性呼吸道疾病，引起鼻咽癌、结肠癌、脑瘤等严重病变。接触过甲醛的皮肤可能出现过敏现象，严重者甚至会导致肝炎、肺炎及肾脏损害。对婴幼儿的孕妇危害更加严重，可导致怀孕期间胎儿停止生长发育，心脑发育不全，甚至可导致胎儿畸形和流产等严重后果。

室内空气中甲醛已经成为影响人类身体健康的主要污染物，特别是冬天的空气中甲醛对人体的危害最大。可采取以下措施进行去除：

1）强力通风可以有效降低甲醛浓度，但只有在室外温湿度、空气品质及噪声可以接受的情况下才能执行，而且一旦停止通风甲醛浓度就会开始增加。

2）在建材或含甲醛的基材表面涂喷光触媒，光触媒经紫外线照射后表面的氢氧离子会将甲醛及各种挥发性有机物降解成为更小的分子，如二氧化碳、水。这样的分解不会产生后续的有害有机化合物，可以避免二次污染。但对无很强的日光照射处（如橱柜内部）几乎没有效果。

3）甲醛清除剂大部分是应用氨（胺）基化合物和甲醛发生化学反应达到去除目的，对甲醛的清除效率高，但是随着化学反应的耗损，必须长期重添。另外，复合而成的化合物也可能有毒。

4）甲醛吸附剂凭表面的多孔性作物理性吸附，大部分是以活性炭为主要成分。其吸附能力随时间及吸收甲醛量而减，全天均有吸附效果，不受限于空间及光影响。活性炭对于甲醛的吸附并不稳定，如果室内空气湿度大，可能会把之前吸附在其上的甲醛挤出，导致室内空气甲醛总含量超标。

5）部分室内植物可以降解甲醛，但效率很低，每平方米叶面每小时净化甲醛效率只是 $0.1mg$。但其调节室内温度、湿度以及美化室内环境的作用不可忽视。绿色植物通过光合作用，可以吸收空气中的二氧化碳，释放氧气，使居室中的二氧化碳减少，氧气增多，空气中的负离子浓度增加，使人在室内倍感空气清新。

2. 常见物理污染物

（1）颗粒物

在环境科学中，颗粒物特指悬浮在空气中的固体颗粒或液滴，是空气污染的主要来源之一。其中，空气动力学直径 $d \leqslant 10\mu m$ 的颗粒物称为可吸入颗粒物（PM10）；直径 $d \leqslant 2.5\mu m$ 的颗粒物称为细颗粒物（PM2.5）。可吸入颗粒物能够在大气中停留很长时间，并可随呼吸进入体内，积聚在气管或肺中；而细颗粒物更易吸附有毒害的物质，如重金属（Zn、Pb、As、Cd 等）、有毒微生物等。由于体积更小，PM2.5 具有更强的穿透力，可能抵达细支气管壁，并干扰肺内的气体交换；最小的颗粒物（直径 $d \leqslant 0.1\mu m$）带来的危害更为严重，可以穿过细胞膜到达其他器官，包括大脑。

颗粒物浓度可以用质量浓度和体积浓度两种方法来表示：

1）质量浓度表示法：每立方米空气中所含污染物的质量数，即 mg/m^3。

2）体积浓度表示法：一百万体积的空气中所含污染物的体积数，即 10^{-6}。

（2）氡气

氡是一种化学元素，符号为 Rn，是铀和钍自然衰变后的间接产物。氡气属于稀有气体，无色、无臭、无味，具有放射性，半衰期为 3.8 天。虽然寿命较短，但自然氡气能在建筑物中积累到远高于正常的程度，特别是下沉至地下室和地势较低的窄小空间中。氡气是公众所受到的电离辐射的主要来源，也是一般背景辐射的最大源头，其辐射可以对健康造成损害。当氡气衰变时，其衰变产物不再是气体，而是固体物质，并且会黏附在各种表面上，例如空气尘粒。如果这种尘粒进入呼吸管道，会附在肺部气道中，增加患上肺癌的机会。

氡气是一种重要的污染物，影响全球所有室内空间的空气质量。根据美国国家环境保护局的资料，氡是继吸烟后的第二大肺癌成因，每年在美国导致 21 000 人死亡，其中约 2 900 人从未吸过烟。根据估计，在非吸烟者群体中，氡是首位肺癌成因。

3. 室内微生物污染

GB/T 18883—2003《室内空气质量标准》中把室内生物性污染与化学性污染、放射性污染共同列为室内环境三大污染物质。加拿大一项调查表明，室内空气质量问题，有 21% 是微生物污染造成的。据我国室内装饰协会室内环境监测中心调查，有 50% 的过敏性皮炎患者都是由于室内空气中的螨虫引起的。

室内环境中的生物污染包括细菌、真菌、过滤性病毒和尘螨等。这类污染物种类繁多，且来自多种污染源头。从调查看，在目前写字楼和家庭中，可以引起过敏性疾病及呼吸道疾病等损害健康的室内空气生物污染因子主要有以下几种：

（1）霉菌 霉菌是一种能够在温暖和潮湿环境中迅速繁殖的微生物，其中一些能够引起恶心、呕吐、腹痛等症状，严重的会导致呼吸道及肠道疾病。研究发现，对霉菌过敏的患者患严重哮喘的可能比对其他物质过敏的患者高两倍。

（2）尘螨 尘螨是最常见的空气微小生物之一，是一种很小的节肢动物，肉眼是不易发现的。尘螨是引起过敏性疾病的罪魁祸首之一。室内空气中尘螨的数量与室内的温度、湿度和清洁程度相关。近年来，家庭装饰装修中也广泛使用地毯、壁纸和各种软垫家具，特别是空调的普遍使用，为尘螨的繁殖提供了有利的条件，这也是近年来室内尘螨剧增的原因之一。根据室内环境监测中心的监测数据看，铺地毯的房间尘螨密度远远高出其他地面，不洁空调吹送出来的螨虫至少在万只以上。尘螨对人体有害作用主要是其产生的致敏源引起的。尘螨的致敏作用，最典型的是诱发哮喘。据研究，室内空气中尘螨水平达 500 个/克时就有可能引起急性哮喘发作。患过敏性皮炎的患者有相当一部分是螨虫引起的。同时，螨虫还可引起过敏性鼻炎，过敏性皮炎，慢性荨麻疹等。

（3）军团菌 军团菌是一类细菌，可寄生于天然淡水和人工管道水中，也可在土壤中生存。研究表明，军团菌可在自来水中存活约 1 年，在河水中存活约 3 个月。军团病的潜伏期 2~20 天不等。主要症状表现为发热、伴有寒颤、肌疼、头疼、咳嗽、胸痛、呼吸困难，病死率高达 15%~20%。我国的一项调查表明，军团病占成人肺部感染的 11%，占小儿肺部感染的 5.45%。军团病全年均可发生，以夏秋季为高峰，军团菌经空气的传播性很强，但目前尚未能证实人与人之间的传播。

此外，动物的皮屑及其他具生物活性的物质如毛、唾液、尿液等对空气的污染也会带来健康危害，可使人产生变态反应。室内有宠物时，空气中变态反应原的含量增加。据调查，在普通人群中对猫、狗的变态反应原有过敏反应的大约为 15% 。因而，喂养宠物的室内空气环境会使这部分人群的哮喘、过敏性鼻炎等变态反应性疾病发生率升高。

目前防止和减少室内环境中的生物污染，最主要的是保持室内清洁卫生和空气的流通，使用空调要定期对隔尘网进行清洗和杀菌。

7.6.2　室内空气质量评价方法

室内空气质量评价是按照一定的评价标准和评价方法对一定区域范围内的空气质量进行说明、评定和预测。进行室内空气质量研究的根本目的是要保护居住者的健康与生活的舒适，切实提高人们的生活质量，使人们的生活从舒适型向健康型方向发展。室内空气质量评价有客观评价和主观评价两种方法。

1. 客观评价

室内空气质量评价因子主要有物理、化学、生物、放射性环境等，确定室内空气质量评价因子的原则，一是评价因子应能满足预定的评价目的和要求，二是评价因子应能反映室内空气质量状况。选择评价因子时应尽可能选择 GB/T 18883—2003《室内空气质量标准》中所规定的污染物质作为评价因子；并选择例行监测、浓度较高以及对人群健康危害较大的主要污染物作为评价因子。

室内空气环境的客观评价依赖于测试仪器和相关标准。国家环保总局颁布的 GB/T 18883—2003《室内空气质量标准》、GB 50325—2014《民用建筑工程室内环境污染控制规范》以及部分单项污染物浓度限值标准和不同功能建筑室内空气品质标准共同构成了我国的比较完整的室内空气环境污染评价体系。室内环境质量评价标准见表 7-7。

表 7-7　室内环境质量评价标准

序号	参数类别	参数	单位	标准值	备　注
1	物理性	温度	℃	22 ~ 28	夏季空调
				16 ~ 24	冬季采暖
2		相对湿度	%	40 ~ 80	夏季空调
				30 ~ 60	冬季采暖
3		空气流速	m/s	0.3	夏季空调
				0.2	冬季采暖
4		新风量	$m^3/(h \cdot 人)$	30	
5	化学性	二氧化硫 SO_2	mg/m^3	0.50	1h 均值
6		二氧化氮 NO_2	mg/m^3	0.24	1h 均值
7		一氧化碳 CO	mg/m^3	10	1h 均值
8		二氧化碳 CO_2	%	0.10	日平均值
9		氨 NH_3	mg/m^3	0.20	1h 均值
10		臭氧 O_3	mg/m^3	0.16	1h 均值
11		甲醛 HCHO	mg/m^3	0.10	1h 均值
12		苯 C_6H_6	mg/m^3	0.1	1h 均值
13		甲苯	mg/m^3	0.20	1h 均值
14		二甲苯	mg/m^3	0.20	1h 均值
15		苯并〔α〕芘 B（α）P	mg/m^3	1.0	日平均值
16		可吸入颗粒 PM10	mg/m^3	0.15	日平均值
17		总挥发性有机物 TVOC	mg/m^3	0.60	8h 均值
18	生物性	菌落总数	cfu/m^3	2500	依据仪器定
19	放射性	氡 Rn	Bq/m^3	400	年平均值

2. 主观评价

空气品质的好坏和人们的主观感受密切相关，因此也依靠人们对室内空气的主观感受来评价空气质量。人对室内空气品质最敏感的感知方法是嗅觉，因此可以根据室内气味的强烈程度来评价室内空气品质。建筑物内的气味起因于多个方面，如室内装饰品、烟草烟雾、厨房、厕所以及人体本身等都是气味的发生源。气味的强度既不易定量也不易测量，对气味的敏感程度也因人而异。

国内外学者进行了大量研究工作，制定了表7-8所列的臭气强度指标。

表7-8 臭气强度指标

臭气强度指数	定义	说明
0	无	完全感觉不出
1/2	可感觉临界值	极微，经训练的人才嗅得出
1	明确	一般人可感觉出，无不适感
2	中	稍有不适
3	强	不快感
4	很强	强烈的不快感
5	极强	令人作呕

表7-8表明，人的嗅觉存在感觉阈值和识别阈值。感觉阈值是常人可以感觉到有气味的最小浓度，但不能辨别是什么性质的气味；而识别阈值是可以感觉到是什么气味的最小浓度。一般后者总是高于前者。如氨气的感觉阈值为0.1，识别阈值为0.6；H_2S的感觉阈值为0.0005，识别阈值为0.006；甲硫醇的感觉阈值为0.0001，识别阈值为0.0007。

7.6.3 室内空气污染控制方法

为了有效控制室内污染、改善室内空气质量，需要从源头治理室内空气污染，并贯穿整个居住过程。常用的有污染源头治理、通风和空气净化三种方式。

1. 污染源头治理

治理室内空气污染，最直接、最彻底的方法是消除室内污染源，比如选用不含有机挥发物的建筑材料，不使用吸收室内化学污染称为室内空气二次污染源的地毯等。如果室内污染源难以避免，应考虑选用优质环保产品，降低污染物发散强度，并在污染源附近增加局部排风，如厨房和卫生间增加排气扇等。

2. 通风

通风是改善室内空气质量的有效方法，其本质是提供新鲜空气来稀释室内污染物浓度高的空气，逐步降低室内污染物浓度。室内新风量的确定需从以下几个方面考虑：

1）使新风量能够提供足够的氧气，满足室内人员的呼吸需求，以维持正常的生理活动。

2）以CO_2允许浓度作为衡量指标确定室内空气新风量。

3）根据室内空气污染源的散发强度、室内空间大小和室外新风空气质量情况以及新风系统的过滤能力确定换气次数。

3. 空气净化

目前空气净化的方法有以下几种：

（1）过滤器过滤　过滤器的功能是处理空气中的颗粒物。不同类型的过滤器可利用不同的物理性质实现过滤功能，如扩散、惯性碰撞、静电捕获等。按过滤效率的高低可以分为粗效过滤器、中效过滤器、高效过滤器和静电集尘器。

（2）吸附净化法　吸附净化法对于室内 VOCs 和其他污染物是一种简单有效的消除技术。吸附可分为物理吸附和化学吸附。物理吸附是利用吸附质和吸附剂之间的范德华力而使吸附质聚集到吸附剂表面的一种现象。目前常用的物理吸附材料是活性炭。化学吸附是利用吸附质和吸附剂之间的化学反应来实现吸附质的消除。在使用化学吸附时，应避免产生二次污染。

（3）紫外灯杀菌　紫外灯杀菌是通过紫外灯照射的方法，破坏微生物的 DNA 机构，使室内微生物死亡或停止繁殖，达到杀菌的目的。紫外线杀菌属于物理方法，具有简单高效、便于管理和易于实现的优点。紫外灯一般安装在房间上部，不能直接照射到人。需要指出的是，紫外辐射杀菌对停留在受照表面的微生物非常有效，但对空气中的微生物需要足够长的作用时间才能灭杀。

（4）臭氧净化法　臭氧是已知最强的氧化剂之一，其高效的消毒和催化作用使其在室内空气净化方面得到广泛应用。臭氧可穿透微生物的细胞壁与其体内的不饱和键结合而杀死细菌。在此过程中仅产生氧气和水，不产生二次污染，达到净化空气的目的。但过高的臭氧浓度会对人的健康产生危害。因此，在使用臭氧进行空气净化时必须限定臭氧浓度的上限（GB/T 18883—2003 中规定为 0.16mg/h）。

思 考 题

1. 为什么我国北方住宅建筑大部分遵守坐北朝南的原则？
2. 简述城市热岛现象的形成机理。
3. 简述冬季烟筒效应的形成原因。
4. 论述建筑围护结构的热湿传递过程。
5. 简述声波在遇到边界和障碍物时的传播规律。
6. 论述噪声抑制的主要措施。
7. 光通量与发光强度、亮度与照度的关系和区别是什么？
8. 简述实现建筑光环境舒适性的必要条件。
9. 室内空气污染源主要有哪些？
10. 论述室内空气污染常用的控制方法。

第8章 火灾自动报警及消防联动控制系统

火灾自动报警和消防联动控制系统是智能建筑的重要组成部分。火灾自动报警系统能够实时探测到火灾隐患，消防联动控制系统根据报警信号及时采取相应措施，整个系统肩负着保护建筑物内人们生命与财产双重安全的重要使命。

现代化的建筑规模大、标准高、人员密集、设备众多，对防火要求极为严格。为此，除对建筑物平面布置、建筑和装修材料的选用、机电设备的选型与配置有诸多限制条件外，还必须设置现代化的消防设施。随着我国经济建设的发展，各种高层建筑、大中型商业建筑、厂房不断涌现，对自动报警及消防控制系统提出了更高更严的要求。为了早期发现和通报火情，防止和减少火灾危害，保护人身和财产安全等，在当今的工业民用建筑中，包括办公建筑、商业建筑、文化建筑、媒体建筑、体育建筑、医院建筑、学校建筑、交通建筑、住宅建筑、通用工业建筑等，火灾自动报警系统都已成为必不可少的设施。电气工程设计、安装和使用正确与否不仅直接影响到建筑的消防安全而且也直接关系到各种消防设施能否真正发挥作用。因此，自动报警及消防联动控制系统的设计及设备选型显得尤为重要。

8.1 概述

火灾自动报警与消防联动控制系统是建筑物的防火综合监控系统，由火灾报警系统和消防联动控制系统两部分组成。

火灾自动报警系统是指用于探测火灾早期特征、发出火灾报警信号，为人员疏散、防止火灾蔓延和启动自动灭火设备提供控制与指示的消防系统。根据系统组成形式可以分为区域报警系统、集中报警系统和控制中心报警系统。

火灾自动报警系统适用于人员居住和经常有人滞留的场所、存放重要物资或燃烧后产生严重污染需要及时报警的场所。火灾自动报警系统应设有自动和手动两种触发装置。

火灾自动报警系统一般由火灾探测器、信号线路和自动报警系统三部分组成，其设计必须符合国家强制性标准 GB 50166—2013《火灾自动报警系统设计规范》。

消防联动控制系统主要由消火栓系统、自动喷水灭火系统、气体灭火系统、防排烟系统、防火卷帘门系统、消防通信系统和指挥疏散系统等组成，主要功能为控制和监视专用灭火设备、各类公共设备以及指挥疏散等。

火灾自动报警及消防联动控制系统在发生火灾的两个阶段发挥着重要作用：

第一阶段（报警阶段）：火灾初期，往往伴随着烟雾、高温等现象，通过安装在现场的火灾探测器对火灾（如烟、温）参数及时响应，自动产生火灾报警信号；手动报警按钮通常安装在楼梯口、走廊等位置，以人为方式向监控中心传递火警信息，达到及早发现火情、通报火灾的目的。

第二阶段（灭火阶段）：通过控制器及现场接口模块，控制建筑物内的公共设备（如广播、电梯）和专用灭火设备（如排烟机、消防泵），有效实施救人、灭火，达到减少损失的目的。

8.2　火灾探测器

根据 GB/T 4718—2006《火灾报警设备专业术语》的定义：火灾探测器，作为火灾报警系统的一个组成部分，使用至少一种传感器持续或间断监视与火灾相关的至少一种物理和/或化学现象，并向控制器提供至少一种火灾探测信号。它是整个报警系统的检测元件。它的工作稳定性、可靠性和灵敏度等技术指标直接影响着整个消防系统的运行。

火灾探测器是消防自动报警与联动控制系统最基本和最关键的部件之一。消防自动报警与联动控制系统设计的最基本和最关键工作之一就是正确地选择火灾探测器的类型、布置火灾探测器的位置并确定火灾探测器数量。

8.2.1　火灾探测器的分类

火灾探测器的种类很多，分类方法也各有不同，常用的分类方法有探测区域分类法和探测火灾参数分类法等。

1. 探测区域分类法

按照火灾探测器的探测范围，可以分为点型火灾探测器和线型火灾探测器两类。

1）点型火灾探测器。是指响应一个小型传感器附近监视现象的探测器，大多数火灾探测器都属于点型火灾探测器。

2）线型火灾探测器。是指响应某一连续路线附近监视现象的探测器。

2. 探测火灾参数分类法

按照探测火灾参数的不同，火灾探测器可以划分为如下几种：

1）感烟式火灾探测器（离子感烟，光电感烟）；

2）感温式火灾探测器（定温式，差温式）；

3）感光式火灾探测器（红外线，紫外线）；

4）可燃气体火灾探测器；

5）复合式火灾探测器；

6）其他火灾探测器。

8.2.2　火灾探测器的构造

火灾探测器本质上是感知其装置区域范围内火灾形成过程中的物理和化学现象的部件。原则上讲，火灾探测器既可以是人工的，也可以是自动的。由于人工很难做到 24h 全天候看守，因此一般讲到火灾探测器均是指自动火灾探测器。

无论何种火灾探测器，其基本功能要求是：

1）信号传感要及时，具有相当精度。

2）传感器本身应能给出信号指示。

3）通过报警控制器，能分辨火灾发生的具体位置或区域。

4）探测器应具有相当稳定性，尽可能地防止干扰。

火灾探测器通常由敏感元件、相关电路和固定部件及外壳等三部分组成。

1. 敏感元件

敏感元件的作用是感知火灾形成过程中的物理或化学参量，如烟雾、温度、辐射光、气体浓度等并将其转换为模拟量，它是火灾探测器的核心部件。

2. 电路

电路的作用是对敏感元件感知并转换成的模拟电信号进行放大和处理。通常由转换电路、保护电路、抗干扰电路、指示电路和接口电路等组成，框图如图 8-1 所示。

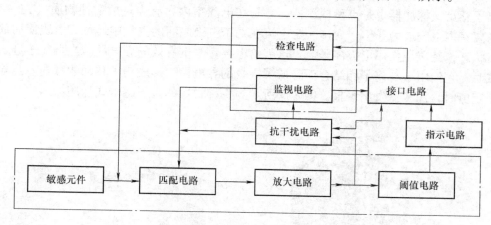

图 8-1　火灾探测器电路框图

1）转换电路：其作用是将敏感元件输出的电信号进行放大和处理，使之满足火灾报警系统传输所需的模拟载频信号或数码信号。它通常由匹配电路、放大电路和阈值电路（如前所述，有的消防报警系统产品其探测器的阈值比较电路被取消，其功能由报警控制器取代）等部分组成。

2）保护电路：用于监视探测器和传输线路故障的电路，它由监视电路和检查电路两部分组成。

3）抗干扰电路：为了提高火灾探测器信号感知的可靠性，防止或减少误报，探测器必须具有一定的抗干扰功能，如采用滤波、延时、补偿和积分电路等。

4）指示电路：显示探测器是否动作，给出动作信号，一般在探测器上都设置有动作信号灯。

5）接口电路：用以实现火灾探测器之间、火灾探测器和火灾报警器之间的信号连接。

3. 固定部件和外壳

固定部件和外壳用于固定探测器。其外壳应既能保证烟雾、气流、光源、温度等物理和化学量达到能够及时感知，又能尽可能地防止灰尘及其他非感知信号的进入。

8.2.3　常用火灾探测器的基本原理

1. 感烟火灾探测器

感烟火灾探测器是对悬浮在大气中的燃烧和/或热解产生的固体或液体微粒敏感的火灾探测器。其功能在于：在初燃生烟阶段，能自动发出火灾报警信号，以期将火扑灭在未成灾害之前。其作为前期、早期火灾报警是非常有效的。对于要求火灾损失小的重要地点，火灾初期有阴燃阶段，产生大量的烟和少量的热，很少或没有火焰辐射的火灾，都适合选用。根据结构不同，感烟探测器可分为光电感烟探测器和离子感烟探测器。

光电感烟探测器是点型探测器，它是利用起火时产生的烟雾能够改变光的传播特性这一基本性质而研制的。根据烟粒子对光线的吸收和散射作用，光电感烟探测器又分为遮光型和散光型两种。一般的点型光电感烟探测器属于散光型的，线型光束探测器使用的为遮光型。图 8-2 所示为一种常用的光电感烟探测器。

离子感烟式探测器也是点型探测器，它是在电离室内含有少量放射性物质（镅-241），可使电离室内空气成为导体，允许一定电流在两个电极之间的空气中通过，射线使局部空气成电离状态，经电压作用形成离子流，这就给电离室一个有效的导电性。当烟粒子进入电离化区域时，它们由于与离子相结合而降低了空气的导电性，形成离子移动的减弱。当导电性低于预定值时，探测器发出警报。图 8-3 所示为一种常用的离子感烟式探测器。

图 8-2　常用的光电感烟探测器　　　　　　图 8-3　常用的离子感烟式探测器

2. 感温火灾探测器

感温火灾探测器是一种响应异常温度、温升速率和温差的火灾探测器。感温火灾探测器（简称温感）主要是利用热敏元件来探测火灾的。在火灾初始阶段，一方面有大量烟雾产生，另一方面物质在燃烧过程中释放出大量的热量，周围环境温度急剧上升。探测器中的热敏元件发生物理变化，从而将温度信号转变成电信号，并进行报警处理。图 8-4 所示为一种常用的感温火灾探测器。

感温火灾探测器可分为定温火灾探测器（温度达到或超过预定值时的火灾探测器）、差温火灾探测器（升温速率超过预定值时响应的感温火灾探测器）、差温与定温火灾探测器（兼有差温、定温两种功能的感温火灾探测器）。采用不同的敏感元件，如热敏电阻、热电偶、双金属片、膜盒等，还可派生出多种感温火灾探测器。

3. 感光火灾探测器

感光火灾探测器又称为火焰探测器，它是用于响应火灾的光特性，即扩散火焰燃烧的光照强度和火焰的闪烁频率的一种火灾探测器。目前使用的感光火灾探测器有两种：一种是对波长较短的光辐射敏感的紫外探测器，另一种是对波长较长的光辐射敏感的红外探测器。图 8-5 所示为一种红外线感光火灾探测器。

紫外火焰探测器是敏感高强度火焰发射紫外光谱的一种探测器，它使用一种固态物质作为敏感元件，如碳化硅或硝酸铝，也可使用一种充气管作为敏感元件。

图 8-4　常用的感温火灾探测器

图 8-5　红外线感光火灾探测器

红外光探测器基本上包括一个过滤装置和透镜系统，用来筛除不需要的波长，而将收进来的光能聚集在对红外光敏感的光电管或光敏电阻上。

感光式火灾探测器宜安装在有瞬间产生爆炸的场所，如石油、炸药制造等化工生产及存放场所等。

4. 可燃气体火灾探测器

可燃气体火灾探测器是响应燃烧或热解产生的气体的一种火灾探测器，在易燃、易爆场合中主要探测气体（粉尘）的浓度。图 8-6 所示为一种家用可燃气体火灾探测器。

5. 复合式火灾探测器

复合式火灾探测器是同时响应两种以上火灾参数的火灾探测器，主要有感光感烟火灾探测器、感光感温火灾探测器、感温感烟火灾探测器等。图 8-7 所示为一复合式感烟感温探测器。

图 8-6　家用可燃气体火灾探测器

图 8-7　复合式感烟感温探测器

6. 其他火灾探测器

除了上述几种探测器外，还有通过探测泄漏电流大小的漏电流感应型火灾探测器、通过探测静电电位高低的静电火灾探测器，以及利用超声原理探测火灾的超声波火灾探测器等。

8.2.4　火灾探测器的选择与设置

1. 报警区域与探测区域

为了加强自动报警控制系统的管理、确诊报警火灾部位、有序进行人员疏散，消防报警控制系统设计时应将建筑物划分为若干报警区域和探测区域。报警区域应按楼层或防火分区划分，一般不超出一个防火分区，若由几个防火分区组成一个报警区域，则这几个防火分区必须处在同一楼层。如果是采用区域—集中式报警系统，每一报警区域应设置区域报警控制器。报警区域也是火灾事故广播线路分配的主要依据之一。一个报警区域可以划分为一个或数个探测区域。探测区域是由数个探测器监视的区域组成，它是火警自动报警部位信号显示的基本单元。探测区域内所需的探测器数量由下式计算：

$$N \geqslant \frac{S}{KA} \tag{8-1}$$

式中，N 表示一个探测区域内所需设置的探测器数量，N 为整数；S 表示一个探测区域的面积（m^2）；A 表示探测器的保护面积（m^2）；K 表示校正系数，重点保护区域取 0.7 ~ 0.9，非重点保护区域取 1。

探测区域不宜超过 500m^2（从主要入口能看清其内部，其最大面积不超过 1000m^2）。

2. 火灾探测器的选择

根据火灾探测器不同的工作原理和适用环境，合理选择不同的火灾探测器。

（1）一般规定　根据 GB 50166—2013《火灾自动报警系统设计规范》，火灾探测器的选择应符合下列规定：

1）对火灾初期有阴燃阶段，产生大量的烟和少量热，很小或没有火焰辐射的场所，应选用感烟火灾探测器。

2）对火灾发展迅速，产生大量的热、烟和火焰辐射的场所，可选用感温火灾探测器、感烟火灾探测器、火焰探测器或其组合。

3）对火灾发展迅速、有强烈的火焰辐射和少量的烟和热的场所，应选用火焰探测器。

4）对火灾初期有阴燃阶段，且需要早期探测的场所，宜增设一氧化碳火灾探测器。

5）对使用、生产可燃气体或可燃蒸气的场所，应选择可燃气体探测器。

6）根据保护场所可能发生火灾的部位和燃烧材料的分析选择相应的火灾探测器（包括火灾探测器的类型、灵敏度和响应时间等），对火灾形成特征不可预料的场所，可根据模拟试验的结果选择火灾探测器。

7）同一探测区域内设置多个火灾探测器时，可选择具有复合判断火灾功能的火灾探测器和火灾报警控制器，提高报警时间要求和报警准确率要求。

（2）根据房间高度选择点型火灾探测器　不同种类的点型探测器的使用与房间高度的关系，见表 8-1。

（3）根据安装场所环境特征选择火灾探测器　根据 GB 50166—2013，表 8-3 详细列出了点型火灾探测器选择的基本原则，表 8-4 详细列出了线型火灾探测器选择的基本原则。同时，新的规范还增加了吸气式感烟火灾探测器的选择，见表 8-5。

表 8-1　对不同高度的房间点型火灾探测器的选择

房间高度 h/m	点型感烟 火灾探测器	点型感温火灾探测器			火焰探测器
		A1、A2	B	C、D、E、F、G	
$12 < h \leqslant 20$	不适合	不适合	不适合	不适合	适合
$8 < h \leqslant 12$	适合	不适合	不适合	不适合	适合
$6 < h \leqslant 8$	适合	适合	不适合	不适合	适合
$4 < h \leqslant 6$	适合	适合	适合	不适合	适合
$h \leqslant 4$	适合	适合	适合	适合	适合

注：表中 A1、A2、B、C、D、E、F、G 为点型感温探测器的不同类别，其具体参数见表 8-2。

表 8-2　点型感温火灾探测器分类

探测器类别	典型应用温度/℃	最高应用温度/℃	动作温度下限值/℃	动作温度上限值/℃
A1	25	50	54	65
A2	25	50	54	70
B	40	65	69	85
C	55	80	84	100
D	70	95	99	115
E	85	110	114	130
F	100	125	129	145
G	115	140	144	160

表 8-3　点型火灾探测器的选择

序号	探测器类型		场所选择
1	点型感烟 火灾探测器	适合	饭店、旅馆、教学楼、办公楼的厅堂、卧室、办公室、商场、列车载客车厢等；计算机房、通信机房、电影或电视放映室等；楼梯、走道、电梯机房、车库等；书库、档案库等
2	点型离子感烟 火灾探测器	不适合	相对湿度经常大于 95%；气流速度大于 5m/s；有大量粉尘、水雾滞留；可能产生腐蚀性气体；在正常情况下有烟滞留；产生醇类、醚类、酮类等有机物质
3	点型光电感烟 火灾探测器	不适合	大量粉尘、水雾滞留；可能产生蒸汽和油雾；高海拔地区；在正常情况下有烟滞留
4	点型感温 火灾探测器	适合	相对湿度经常大于 95%；可能发生无烟火灾；有大量粉尘；吸烟室等在正常情况下有烟或蒸汽滞留的场所；厨房、锅炉房、发电机房、烘干车间等不宜安装感烟火灾探测器的场所；需要联动熄灭"安全出口"标志灯的安全出口内侧；其他无人滞留且不适合安装感烟火灾探测器，但发生火灾时需要及时报警的场所
		不适合	可能产生阴燃火或发生火灾不及时报警将造成重大损失的场所
5	定温探测器	不适合	温度在 0℃ 以下的场所
6	差温探测器	不适合	温度变化较大的场所

（续）

序号	探测器类型		场所选择
7	点型火焰探测器	适合	火灾时有强烈的火焰辐射；可能发生液体燃烧等无阴燃阶段的火灾；需要对火焰做出快速反应
		不适合	在火焰出现前有浓烟扩散；探测器的镜头易被污染；探测器的"视线"易被油雾、烟雾、水雾和冰雪遮挡；探测区域内的可燃物是金属和无机物；探测器易受阳光、白炽灯等光源直接或间接照射；探测区域内正常情况下有高温物体的场所，不宜选择单波段红外火焰探测器；正常情况下有阳光、明火作业，探测器易受X射线、弧光和闪电等影响的场所，不宜选择紫外火焰探测器
8	可燃气体探测器	适合	使用可燃气体的场所；燃气站和燃气表房以及存储液化石油气罐的场所；其他散发可燃气体和可燃蒸气的场所

表8-4　线型火灾探测器的选择

序号	探测器类型		场所选择
1	线型光束感烟火灾探测器	适合	无遮挡的大空间或有特殊要求的房间
		不适合	有大量粉尘、水雾滞留；可能产生蒸汽和油雾；在正常情况下有烟滞留；固定探测器的建筑结构由于振动等原因会产生较大位移的场所
2	缆式线型感温火灾探测	适合	电缆隧道、电缆竖井、电缆夹层、电缆桥架；不易安装点型探测器的夹层、闷顶；各种皮带输送装置；其他环境恶劣不适合点型探测器安装的场所
3	线型光纤感温火灾探测器	适合	除液化石油气外的石油储罐；需要设置线型感温火灾探测器的易燃易爆场所；需要监测环境温度的地下空间等场所宜设置具有实时温度监测功能的线型光纤感温火灾探测器；公路隧道、敷设动力电缆的铁路隧道和城市地铁隧道等

表8-5　吸气式感烟火灾探测器的选择

序号	探测器类型		场所选择
1	吸气式感烟火灾探测器	适合	具有高速气流的场所；点型感烟、感温火灾探测器不适宜的大空间、舞台上方、建筑高度超过12m或有特殊要求的场所；低温场所；需要进行隐蔽探测的场所；需要进行火灾早期探测的重要场所；人员不宜进入的场所
		不适合	灰尘比较大的场所，不应选择没有过滤网和管路自清洗功能的管路采样式吸气感烟火灾探测器

　　探测器的灵敏度，应根据探测器的性能及使用场所，以系统正常情况下（无火警时）没有误报警为准进行选择。然而在日常应用中，若仅使用一种探测器，有时在联动系统中易产生误动作，无联动的系统里易误报，这将造成不必要的损失。故在选择探测器时，应根据实际情况，选用两种或两种以上种类的探测器。它们是"与"的逻辑关系，当两种或两种以上探测器同时报警，联动装置才动作，这样可以避免不必要的损失。

　　总之，应根据实际环境情况选择合适的探测器，以达到及时、准确预报火情的目的。

8.3　火灾报警控制器

火灾报警控制器是火灾自动报警系统的重要组成部分。在火灾自动报警系统中，火灾探测器是系统的"感觉器官"，随时监测建筑内的各种情况；火灾报警控制器则是系统的"大脑"和"指挥中心"，是系统的核心。

8.3.1　火灾报警控制器的功能

根据国家标准 GB/T 4718—2006 的定义，火灾报警控制器是作为火灾自动报警系统的控制中心，能够接收并发出火灾报警信号和故障信号，同时完成相应的显示和控制功能的设备，其具有下列功能：

1）为火灾报警控制器供电，也可为其连接的其他部件供电，探测器需要由报警控制器集中供电。

2）直接或间接地接收来自火灾探测器及其他火灾报警触发器件的火灾报警信号，转换成声、光报警信号，指示着火部位和记录报警信息。

3）可通过火警发送装置启动火灾报警信号或通过自动消防灭火控制装置启动自动灭火设备和消防联动控制设备。

4）自动监视系统的正确运行和对特定故障给出声光报警（自检）。

5）具有显示或记录火灾报警时间的计时装置，其日计时误差不超过 30s。

8.3.2　火灾报警控制器的分类

1. 按用途和设计使用要求分类

1）区域火灾报警控制器。其控制器直接连接火灾探测器，处理各种报警信息，是组成自动报警系统最常用的设备之一。

2）集中火灾报警控制器。它一般不与火灾探测器相连，而与区域火灾报警控制器相连，处理区域级火灾报警控制器送来的报警信号，常用在较大型系统中。

3）通用火灾报警控制器。它兼有区域、集中两级火灾报警控制器的双重特点。通过设置或修改某些参数（硬件或软件），即可作区域级使用，连接控制器；也可作集中级使用，连接区域火灾报警控制器。

4）手动火灾报警按钮。发生火灾后，在火灾探测器没有探测到火灾时，人员手动按下手动火灾报警按钮，报告火灾信号。正常情况下当有手动火灾报警按钮报警时，火灾发生的几率比火灾探测器要大得多，几乎没有误报的可能。按下手动报警按钮的时间超过 3~5s 手动火灾报警按钮上的火警确认灯会点亮，表示火灾报警控制器已经收到火警信号，并且确认了现场位置。

2. 按内部电路设计分类

1）普通型火灾报警控制器。其电路设计采用通用逻辑组合，有成本低廉、使用简单等特点，易于实现以标准单元的插板组合方式进行功能扩展，其功能一般较简单。

2）微机型火灾报警控制器。其电路设计采用微机结构，对软件和硬件程序均有响应要求，具有功能扩展方便、技术要求复杂、硬件可靠性高等特点，是火灾报警控制器的首选型式。

3. 按信号处理方式分类

1）有阈值火灾报警控制器。用有阈值火灾报警控制器，处理的探测信号为阶跃开关量信号，对火灾探测器发出的报警信号不能进一步处理，火灾报警取决于探测器。

2）无阈值火灾报警控制器。用无阈值火灾报警控制器，处理的探测信号为连续的模拟量信号。其报警主动权掌握在控制器方面，可以具有智能结构，是现代火灾报警控制器的发展方向。

4. 按信号处理方式分类

1）多线制火灾报警控制器。其探测器与控制器的连接采用一一对应方式。各探测器至少有一根线与控制器连接，因而其连线较多，仅适用于小型火灾自动报警系统。

2）总线制火灾报警控制器。控制器与探测器采用总线（少线）连接。所有探测器均并联或串联在总线上（一般总线数量为2~4根），具有安装、调试、使用方便，工程造价较低的特点，适用小型火灾自动报警系统。

8.3.3　火灾报警控制器的组成和性能

火灾报警控制器的组成主要包括电源和主机两部分。火灾报警控制器各部分的基本功能如下：

1. 电源部分

火灾报警控制器的电源应由主电源和备用电源互补两部分组成。主电源为220V交流市电，备用电源一般选用可充放电反复使用的各种蓄电池。电源部分的主要功能如下：

1）主电、备电自动切换。

2）备用电源充电功能。

3）电源故障监测功能。

4）电源工作状态指示功能。

5）为探测器回路供电功能。

目前大多数火灾报警控制器的电源设计采用线性调节稳压电源，同时在输出部分增加过电压和过电流保护环节。近来还出现开关型稳压电源方式。

2. 主机部分

主机部分常态监视探测器回路变化情况，遇有报警信号时，执行相应的动作，其功能如下：

1）故障声光报警。当出现探测器回路断路、短路、探测器自身故障、系统自身故障时，火灾报警控制器均应进行声、光报警，指示具体故障部位。

2）火灾声光报警。当火灾探测器、手动报警按钮或其他火灾报警信号单元发出报警信号时，控制器能迅速、准确地接收、处理此报警信号，进行火灾声光报警，指示具体火警部位和时间。

3）火灾报警优先功能。控制器在报故障时，如出现火灾报警信号，应能自动切换到火灾声光报警状态。若故障信号依然存在，只有在火情被排除，人工进行火灾信号复位后，控制器才能转换到故障报警状态。

4）火灾报警记忆功能。当控制器收到探测器火灾报警信号时，应能保持并记忆，不可随火灾报警信号源的消失而消失，同时也能继续接收、处理其他火灾报警信号。

5）声报警消声及再声响功能。火灾报警控制器发出声光报警信号后，可通过控制器的消声按钮人为消声，如果停止声响报警时又出现其他报警信号，火灾报警控制器应能进行声光报警。

6）时钟单元功能。控制器本身应提供一个工作时钟，用于对工作状态提供监视参考。当火灾报警时，时钟应能指示并记录准确的报警时间。

7）输出控制功能。控制器应具有一对以上的输出控制接点，用于火灾报警时的联动控制，如用于室外警铃，起动自动灭火设施等。

控制器主机部分承担着对火灾探测源传来的信号进行处理、报警并中继的作用。从原理上讲，无论是何种火灾报警控制器，都遵循同一工作模式，即收集探测源信号→输入单元→自动监控单元→输出单元。同时为了使用方便，便于增加功能，又附加了人机接口→键盘、显示部分，输出联动控制部分，计算机通信部分，打印机部分等。火灾报警控制器主机部分的基本原理框图如图8-8所示。

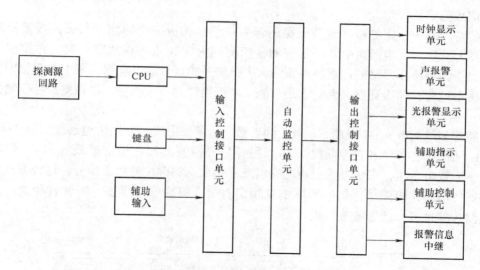

图 8-8　火灾报警控制器主机部分的基本原理框图

8.4　火灾自动报警系统

我国火灾自动报警装置的研究、生产和应用起步较晚，但发展非常快，特别是近几年，随着我国经济建设的迅速发展，火灾自动报警装置的生产和应用都有了较大的发展，生产厂商、产品种类和产量及应用单位都不断地增加。

8.4.1　火灾自动报警系统的选择

火灾自动报警系统形式的选择应符合下列规定：

1）仅需要报警，不需要联动自动消防设备的保护对象宜采用区域报警系统。

2）不仅需要报警，同时需要联动自动消防设备，且只设置一台具有集中控制功能的火灾报警控制器和消防联动控制器的保护对象，应采用集中报警系统，并应设置一个消防控制室。

3）设置两个及以上消防控制室的保护对象，或设置了两个及以上集中报警系统的保护对象，应采用控制中心报警系统。

8.4.2　火灾自动报警系统的线制

火灾自动报警系统包括火灾探测器、传输线、火灾报警控制器及配套设备（如显示器、中继器等），对于复杂系统，还要包括联动控制装置和设备。这里的线制，主要是指探测器和控制器之间的传输线的线数。按线制分，火灾自动报警系统主要分为多线制和总线制。

1. 多线制

这是早期的火灾报警技术。多线传输方式接口电路工作原理是：各线传输的报警信号可同时也可分时进入主监控部分，由主监控部分进行地址译码（对于同时进入）或时序译码（对于分时进入），显示报警地址，同时各线报警信号的"或"逻辑启动声光报警，完成一次报警信号的确认。

它的特点是一个探测器（或若干探测器为一组）构成一个回路，与火灾报警控制器相连，如图8-9所示。当回路中某一个探测器探测到火灾（或出现故障）时，在控制器上只能反映出探测器所在回路的位置。而我国火灾报警系统设计规范规定，要求火灾报警要报到探测器所在位置，即报到着火点。于是只能一个探测器为一个回路，即探测器与控制器单线连接。

早期的多线制有 $n+4$ 线制，n 为探测器数，4指公用线，分别为电源线（+24V）、地线（G）、信号线（S）和自诊断线（T），另外每个探测器设一根选通线（ST）。仅当某选通线处于有效电平时，在信号线上传送的信息才是该探测部位的状态信号。这种方式的优点是探测器的电路比较简单，供电和取信息相当直观，但缺点是线多，配管直径大，穿线复杂，线路故障也多，已逐渐被淘汰。

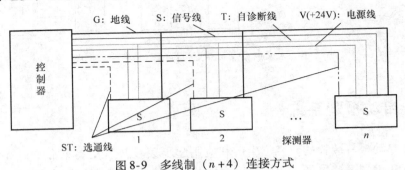

图8-9　多线制（$n+4$）连接方式

2. 总线制

总线传输方式接口电路工作原理是：通过监控单元将要巡检的地址（部位）信号发送到总线上，经过一定时序，监控单元从总线上读回信息，执行相应报警处理功能。时序要求严格，每个时序都有其固定含义。其时序要求为：发地址→等待→读信息→等待。控制器周而复始地执行上述时序，完成整个推测源的巡检。

如图8-10、图8-11所示，采用两条至四条导线构成总线回路，所有探测器与之并联，每只探测器有一个编码电路（独立的地址电路），报警控制器采用串行通信方式访问每只探测器。此系统用线量明显减少，设计和施工也较为方便，因此被广泛采用。但是，一旦总线回路中出现短路问题，则整个回路失效，甚至损坏部分控制器和探测器，因此为了保证系统的正常运行和免受损失，必须在系统中采取短路隔离措施，如分段加装短路隔离器。

图 8-10 中的四条总线（P、T、S、G）均为并联方式连接，其中：P—给出探测器的电源、编码、选址信号；T—给出自检信号以判断探测部位或传输线是否有故障；S—获得探测部位的信息，S 线上的信号对探测部位而言是分时的，从逻辑实现方式上看是"线或"逻辑；G—公共地线。由于总线制采用了编码选址技术，使控制器能准确地报警到具体探测部位，测试安装简化，系统的运行可靠性大为提高。

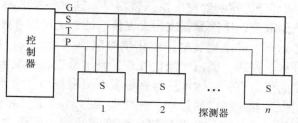

图 8-10　四总线连接方式

图 8-11 所示为二总线连接方式，用线量更少，但技术的复杂性和难度也提高了。目前二总线连接方式应用最多，新一代的无阈值智能火灾报警系统也建立在二总线的运行机制上。其中：P 为供电、选址、自检、获取信息；G 为公共地线。

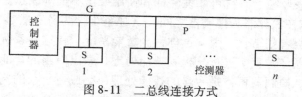

图 8-11　二总线连接方式

二总线系统的连接方式有树形和环形两种。树形为多数系统所采用；有的系统则要求输出的两根总线再返回控制器的另两个输出端子，构成环形，这时对控制器而言变成了 4 根线。另外，还有一种系统的 P 线对各探测器是串联的，可称为链式连接方式，这时对探测器而言，变成了三根线，而对控制器还是两根线。各连接方式如图 8-12、图 8-13 所示。

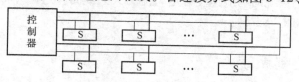

图 8-12　二总线环形连接方式

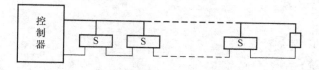

图 8-13　二总线链式连接方式

8.4.3　智能火灾报警系统

目前，智能火灾报警系统按智能的分配来分，有以下三种形式：

1）智能集中于探测部分，控制部分为一般开关量信号接收型控制器。在这种系统中，探测器内的微处理器能够根据探测环境的变化做出响应，并自动进行补偿，能对探测信号进行火灾模式识别，做出判断给出报警信号，在确认自身不能可靠工作时给出故障信号。

控制器在火灾探测过程中不起任何作用，只完成系统的供电、火灾信号的接收、显示、传递以及联动控制等功能。这种智能因受到探测器体积小等因素的限制，智能化程度尚处于一般水平，可靠性往往也不是很高。

2）智能集中于控制部分，探测器输出模拟量信号。这种系统又称主机智能系统。它是将探测器的阈值比较电路取消，使探测器成为火灾传感器，无论烟雾影响大小，探测器本身不报警，而是将烟雾影响产生的电流、电压变化信号以模拟量形式传输给控制器（主机），由控制器进行计算、分析、判断，做出智能化处理，判别是否真已发生火灾。

这种主机智能系统的优点有：灵敏度信号特征模型可根据环境特点来设定；可补偿各类环境干扰和灰尘积累对探测器灵敏度的影响，并能实现报脏功能；主机采用微处理机技术，可实现时钟、存储、密码、自检联动、联网等各种管理功能；可通过软件编辑实现图形显示、键盘控制、翻译等高级控制功能。

但是，由于整个系统的监测、判断功能不仅全部要控制器完成，而且还要一刻不停地处理成百上千个探测器发回的信息，因此系统程序复杂、量大、探测器巡检周期长，势必造成探测点大部分时间失去监控、系统可靠性降低和使用维护不便等缺点。

3）智能同时分布在探测器和控制器之间。这种系统称为分布智能系统。它实际上是主机智能和探测器智能两者相结合，因此也称为全智能系统。在这种系统中，探测器具有一定的智能，它对火灾特征信号直接进行分析和智能处理，做出恰当的智能判决，然后将这些判决信息传递给控制器。控制器再作进一步的智能处理，完成更复杂的判决并显示判决结果。

分布智能系统探测器和控制器是通过总线进行双向信息交流的，控制器不但收集探测器传来的火灾特征信号分析判决信息，还对探测器的运行状态进行监视和控制。由于探测器有一定的智能处理能力，因此控制器的信息处理负担大为减轻，可以从容不迫地实现多种管理功能，从根本上提高系统的稳定性和可靠性。而且，在传输速率不变的情况下，总线可以传输更多的信息，使整个系统的响应速度和运行能力大大提高。这种分布式智能报警系统将成为火灾报警技术发展的主导方向。

8.5　消防联动控制系统

消防联动控制系统由下列部分或全部组成：

1）自动喷水灭火系统；

2）消火栓系统；

3）气体（泡沫）灭火系统；

4）防烟排烟系统；

5）防火门及防火卷帘系统；

6）电梯系统；

7）火灾警报和消防应急广播系统；

8）消防应急照明和疏散指示系统。

8.5.1　消防联动控制器

消防联动控制器是消防联动控制设备的核心组件。它通过接收火灾报警控制器发出的火灾报警信息，按设定的控制逻辑向各相关的受控设备发出联动控制信号，对自动消防设备实现联动控制和状态监视，并接收相关设备的联动反馈信号。消防联动控制器可直接发出控制信号，通过驱动装置控制现场的受控设备。对于控制逻辑复杂，在消防联动控制器上不便实现直接控制的情况，通过消防电气控制装置（如防火卷帘控制器）间接控制受控设备。控制逻辑应符合 GB 50166—2013《火灾自动报警系统设计规范》的相关规定。

各受控设备接口的特性参数应与消防联动控制器发出的联动控制信号相匹配。消防水泵、防烟和排烟风机的控制设备除采用联动控制方式外，还应在消防控制室设置手动直接控制装置。需要火灾自动报警系统联动控制的消防设备，其联动触发信号应采用两个报警触发装置报警信号的"与"逻辑组合。

8.5.2　自动喷水灭火系统的联动控制

自动喷水灭火系统由洒水喷头、报警阀组、水流报警装置（水流指示器或压力开关）等组件，以及管道、供水设施组成，并能在发生火灾时喷水的自动灭火系统。

自动喷水灭火系统是目前世界上使用最广泛的固定式灭火系统，特别适用于高层建筑等火灾危险性较大的建筑物中，具备其他系统无法比拟的优点：安全可靠、经济实用、灭火控火率高。

自动喷水灭火系统依照采用的喷头分为两类：采用闭式洒水喷头的为闭式系统；采用开式洒水喷头的为开式系统。闭式系统的类型较多，基本类型包括湿式、干式、预作用及重复启闭预作用系统等。其中，用量最多的是湿式系统，在已安装的自动喷水灭火系统中，有70%以上为湿式系统。下面主要介绍湿式系统。

湿式系统由湿式报警阀组、闭式喷头、水流指示器、控制阀门、末端试水装置、管道和供水设施等组成。系统的管道内充满有压水，一旦发生火灾，喷头动作后立即喷水。

1. 工作原理

火灾发生的初期，建筑物的温度随之不断上升，当温度上升到闭式喷头温感元件爆破或熔化脱落时，喷头即自动喷水灭火。该系统结构简单，使用方便、可靠，便于施工，容易管理，灭火速度快，控火效率高，比较经济，适用范围广，占整个自动喷水灭火系统的75%以上，适合安装在能用水灭火的建筑物、构筑物内。湿式系统原理如图8-14所示。

2. 湿式系统使用范围

在环境温度不低于4℃、不高于70℃的建筑物和场所（不能用水扑救的建筑物和场所除外）都可以采用湿式系统。该系统局部应用时，适用于室内最大净空高度不超过8m、总建筑面积不超过1000m²的民用建筑中的轻危险级或中危险级Ⅰ级需要局部保护的区域。

3. 湿式系统特点

1）结构简单，使用可靠。

2）系统施工简单、灵活方便。

3）灭火速度快、控火效率高。

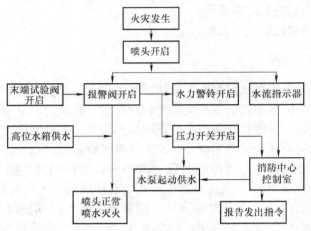

图 8-14　湿式系统原理

4）系统投资省，比较经济。

5）适用范围广。

8.5.3　消火栓系统的联动控制

采用消火栓灭火是最常用的灭火方式，它由蓄水池、加压送水装置（水泵）及室内消火栓等主要设备构成，这些设备的电气控制包括水池的水位控制、消防用水和加压水泵的起动。室内消火栓系统由水枪、水龙带、消火栓、消防管道等组成。为保证喷水枪在灭火时具有足够的水压，需要采用加压设备。常用的加压设备有两种：消防水泵和气压给水装置。采用消防水泵时，在每个消火栓内设置消防按钮，灭火时用小锤击碎按钮上的玻璃小窗，按钮不受压而复位，从而通过控制电路起动消防水泵，水压增高，灭火水管有水，用水枪喷水灭火。采用气压给水装置时，由于采用了气压水罐，并以气水分离器来保证供水压力，所以水泵功率较小，可采用电接点压力表，通过测量供水压力来控制水泵的起动。图 8-15，图 8-16所示分别为消火栓系统和消火栓按钮。

图 8-15　消火栓系统

图 8-16　消火栓按钮

8.5.4　气体（泡沫）灭火系统的联动控制

气体灭火系统用于不适于设置水灭火系统等其他灭火系统的环境中，比如计算机机房、重要的图书馆档案馆、移动通信基站（房）、UPS室、电池室、一般的柴油发电机房等。通常，气体管网灭火系统通过火灾报警探测器对灭火控制装置进行联动控制，实现自动灭火。气体（泡沫）灭火系统应由专用的气体（泡沫）灭火控制器控制。图8-17所示为二氧化碳气体灭火系统。

8.5.5　防排烟系统的联动控制

防排烟系统，是防烟系统和排烟系统的总称。防烟系统采用机械加压送风方式或自然通风方式，防止烟气进入疏散通道的系统；排烟系统采用机械排烟方式或自然通风方式，将烟气排至建筑物外的系统。系统是由送排风管道、管井、防火阀、门开关设备、送排风机等设备组成。图8-18所示为一室内防排烟系统。

图8-17　二氧化碳气体灭火系统

图8-18　室内防排烟系统

防排烟系统电气控制的设计，是在选定自然排烟、机械排烟、自然与机械排烟并用或机械加压送风方式以后进行，排烟控制有直接控制方式和模块控制方式。

直接控制方式，集中报警控制器收到火警信号后，直接产生控制信号控制排烟阀门开启，排烟风机起动，空调、送风机、防火门等关闭。同时接收各设备的反馈信号，监测各设备是否工作正常。

模块控制方式，集中报警控制器收到火警信号后，发出控制排烟阀、排烟风机、空调、送风机、防火门等设备动作的一系列指令。在此，输出的控制指令是经总线传输到各控制模块，然后再由各控制模块驱动对应的设备动作。同时，各设备的状态反馈信号也是通过总线传送到集中报警控制器的。

8.5.6　防火门及防火卷帘系统的联动控制

防火卷帘通常设置于建筑物中防火分区通道口外，是一种适用于建筑物较大洞口处的防火、隔热设施，可形成门帘式防火隔离，如图8-19所示。当火灾发生时，防火卷帘根据火灾报警控制器发出的指令或手动控制，使其先下降一部分，经一定延时后，卷帘降至地面，从而达到人员紧急疏散、火灾区隔火、隔烟，控制烟雾及燃烧过程可能产生的有毒气体扩散并控制火势的蔓延。防火卷帘广泛应用于工业与民用建筑的防火隔断区，能有效地阻止火势蔓延，保障生命财产安全，是现代建筑中不可缺少的防火设施。电动防火门的作用与防火卷帘相同。

图 8-19　防火卷帘系统

8.5.7　电梯的联动控制

电梯主要应用于高层建筑中，是竖向联系的最主要交通工具，因此，火灾时对电梯的控制一定要安全可靠。消防联动主机对电梯运行状态进行监视，火灾确认后在进行联动控制时，消防联动控制器应发出联动控制信号，强制所有电梯停于首层或电梯转换层，并自动开门以防困人。电梯运行状态信息和停于首层或转换层的反馈信号应传送给消防控制室显示，轿厢内应设置能直接与消防控制室通话的专用电话。

高层建筑内设置的消防电梯，火灾时供消防人员扑救火灾和营救人员使用，如图 8-20 所示。消防电梯通常都具备完善的消防功能：它应当是双路电源，即万一建筑物工作电梯电源中断时，消防电梯的非常电源能自动投合，可以继续运行；它应当具有紧急控制功能，即当楼上发生火灾时，它可接受指令，及时返回首层，而不再继续接纳乘客，只可供消防人员使用；它应当在轿厢顶部预留一个紧急疏散出口，万一电梯的开门机构失灵时，也可由此处疏散逃生。

图 8-20　消防电梯

8.5.8　火灾警报和消防应急广播系统的联动控制

火灾自动报警系统应设置火灾声光警报器，用于产生事故的现场的声音报警和闪光报警，尤其适用于报警时能见度低或事故现场有烟雾产生的场所。当确认火灾后，系统会启动建筑内的所有火灾声光警报器。图 8-21a～c 列出了几种不同的声光警报器。

未设置消防联动控制器的火灾自动报警系统，火灾声光警报器应由火灾报警控制器控制；设置消防联动控制器的火灾自动报警系统，火灾声光警报器应由火灾报警控制器或消防联动控制器控制。同一建筑内设置多个火灾声警报器时，火灾自动报警系统应能同时启动和停止所有火灾声警报器工作。

集中报警系统和控制中心报警系统应设置消防应急广播，如图 8-21d 所示。消防应急广播与普通广播或背景音乐广播合用时，应具有强制切入消防应急广播的功能。

8.5.9　消防应急照明和疏散指示系统的联动控制

消防应急照明和疏散指示系统由应急照明灯具、消防报警系统、智能疏散系统等多种设

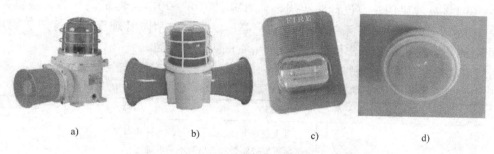

图 8-21　火灾声光警报器及消防应急广播

备组成，是应用于大型公共场所的消防疏散指示系统。该系统由火灾报警控制器或消防联动控制器启动应急照明控制器实现。常用的消防应急照明和疏散指示标志如图 8-22 所示。

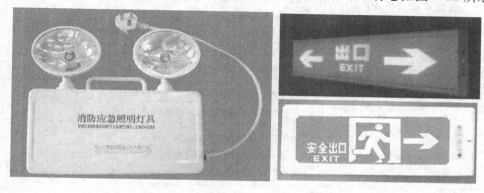

图 8-22　消防应急照明和疏散指示标志

集中电源非集中控制型消防应急照明和疏散指示系统，应由消防联动控制器联动应急照明集中电源和应急照明分配电装置实现；自带电源非集中控制型消防应急照明和疏散指示系统，应由消防联动控制器联动消防应急照明配电箱实现。

当确认火灾后，由发生火灾的报警区域开始，顺序启动全楼疏散通道的消防应急照明和疏散指示系统，系统全部投入应急状态的启动时间不应大于 5s。

8.5.10　相关联动控制

消防联动控制器应具有切断火灾区域及相关区域的非消防电源的功能，当需要切断正常照明时，宜在自动喷淋系统、消火栓系统动作前切断。

消防联动控制器应具有自动打开涉及疏散的电动栅杆等的功能，宜开启相关区域安全技术防范系统的摄像机监视火灾现场。

消防联动控制器应具有打开疏散通道上由门禁系统控制的门和庭院的电动大门的功能，并打开停车场出入口的挡杆。

8.6　火灾自动报警系统工程设计

火灾自动报警与联动控制系统工程设计，必须严格遵循国家有关设计规范，如 GB

50045—1993《高层民用建筑设计防火规范》、GB 50016 —2014《建筑设计防火规范》、GB 50166—2013《火灾自动报警系统设计规范》等，以及公安消防管理部门的有关法规规定。选用的系统产品必须是通过国家有关消防产品质量认证的产品。

消防自动报警与联动控制系统工程设计（建筑电气）的主要内容见表 8-6。

表 8-6　消防自动报警与联动控制系统工程设计（建筑电气）的主要内容

序号	设备名称		内　　容
1	报警设备		自动火灾探测器、报警按钮的选择和布置 区域报警控制器、楼层显示器的确定
2	联动减灾与灭火设备	减灾	防火门、防火卷帘，以及防火水幕的控制 防烟、排烟和正压送风控制以及空调设备停止 消防电梯控制；以及普通电梯停止
		灭火	消火栓系统灭火控制 管网（喷淋、二氧化碳、卤代烷）灭火控制 水流指示器和压力开关联动 应急电源（配电箱）的选择和布置
3	消防广播与通信设备		扬声器、警铃、蜂鸣器的选择与布置 消防分机、对讲机、电话插孔的选择和布置
4	火灾应急照明与疏散标志照明		照明器、疏散标志灯的选择与布置 应急照明与标志照明配电系统的设计 应急电源末端切换控制
5	消防控制中心（室）		集中报警控制柜、联动控制柜、火警广播与通讯控制柜的选择与总控制室的设计 消防电源 声光报警显示 消防控制中心（室）的布置
6	集成与联网		CCTV 系统、BA 系统的集成 城市消防中心的联网

思 考 题

1. 火灾自动报警与消防联动控制系统的特点有哪些？
2. 火灾探测器有几种分类方法？
3. 火灾探测器的结构包括哪些部分？
4. 简述火灾探测器的选择原则。
5. 简述火灾报警控制器的功能及其分类。
6. 简述火灾报警控制器的组成及其各部分的作用。
7. 智能火灾报警系统按智能分配，可分几种形式的系统？
8. 简述湿式自动灭火系统的特点及其工作原理。
9. 在火灾自动报警与消防联动控制系统设计中，有关建筑电气的设计需要考虑哪些内容？

第9章　可再生能源的建筑应用

9.1　概述

建筑能耗约占我国能源消耗总量的30%。为了实现建筑节能，从电能利用方面，一要提高电气设备的效率，二要发展可再生能源，减少常规化石能源的消耗。我国太阳能、风能源丰富，非常适宜发展可再生能源发电。与建筑结合是可再生能源利用的有效形式，建筑集成和建筑辅助光伏发电系统就是其中的典型。这种形式，一方面节省占地面积，另一方面可再生能源发出的电能直接供给建筑负荷，可避免远距离电能传输带来的损耗，提高了用电效率，因而具有广阔的应用前景。在各种可再生能源中，太阳能无疑是最适合在城市、工业园区等能源负荷中心开展分布式发电的一种能源，随着国家大力促进光伏产业发展，分布式光伏发电将会迎来更多机会。

9.2　化石能源

长期以来，人类主要依靠煤炭、石油、天然气等。这些能源载体都是死亡后的有机物质经过漫长的地质转化过程形成的，所以称为化石能源（Fossil Energy）。图9-1给出了世界和我国能源消费结构的对比图。从图中可以看出：我国化石能源比例高于世界平均消费比例，其中煤炭的比例约占70%，是世界平均消费比例的两倍还多。长期以来，我国以煤炭为主的能源消费结构为经济社会的发展带来了很多不利的影响。

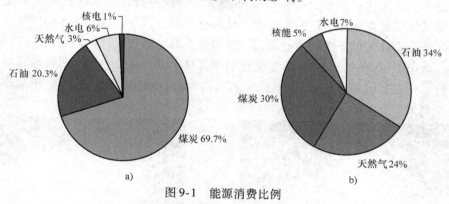

图9-1　能源消费比例
a）我国　b）世界

图9-2给出了按照已探明的储量和目前的开采速度，世界和我国的主要化石能源的可利用年限。从图中可以看出，我国的主要化石能源都将在今后的数十年内枯竭，储备量最大的煤炭也将在不到一百年内消耗殆尽。当然，随着技术的发展，表中的数据可能会发生一些变化，但是化石能源的总量是一定的，而人类的能源需求不断增加，如果不改变能源消费结构，化石能源总有消耗殆尽的一天。

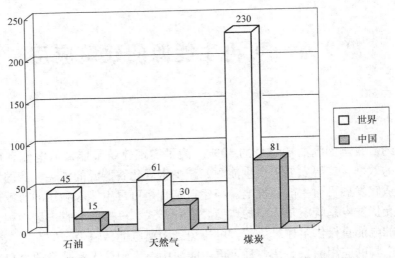

图 9-2　世界和我国主要化石能源的可利用期限（年）

化石能源的大规模使用，对人类的居住环境造成了巨大的影响。

化石燃料燃烧排放的二氧化碳数量巨大，1980～1989 年平均每年为 5.5 亿吨二氧化碳，1998 年排放量达到 63 亿吨二氧化碳。根据气象学家从南极冰芯和粒雪保存的大气地质记录表明：工业革命前的 1 万年内，二氧化碳的浓度基本保持 280ppm 左右。由于工业革命的影响，化石能源被大量开采消耗，19 世纪后期大气二氧化碳浓度开始呈指数方式上升。到 2000 年，大气二氧化碳浓度增加到了 367ppm。目前大气中的二氧化碳大约以每年 1.5～1.8ppm 的速度增加，照此发展，2030 年将达到 600ppm，21 世纪末将达到 650～700ppm。

二氧化碳能够吸收红外线，是一种温室气体。太阳辐射的可见光可直接穿透大气层，到达并加热地面。而加热后的地面会发射红外线从而释放热量，但这些红外线不能穿透大气层，因此热量就保留在地面附近的大气中，从而造成温室效应。温室气体的增加，加强了温室效应，是造成全球气温上升的主要原因。气温的上升，将造成冰川融化。

图 9-3 给出了 1979 年和 2003 年北极夏季冰盖对比图，从图上可以明显地看出北极冰川的融化情况。现在北极的冰盖每 10 年减少 9%，按照目前的速度，到 2100 年夏季，北极的冰盖将完全消失。

2003 年

1979 年

图 9-3　北极夏季冰盖对比

气温上升，冰川融化将造成海平面升高。1880～2000 年，海平面上升了约 200mm。海平面上升 30cm 将淹没中国 81348km² 沿海土地。气温上升、海平面升高对人类居住环境具有灾难性的影响。

化石能源的使用还带来其他空气污染物，例如氮氧化物、二氧化硫、挥发性有机化合物和重金属等。化石能源燃烧产生的酸性物质同空气中的水气混合后降落地面，形成酸雨，对于自然环境和建筑物都有强烈的腐蚀作用。其中，用大理石或石灰石建成的雕像、纪念碑特别容易被破坏，因为它们的成分都是碳酸钙，容易被酸腐蚀。

化石能源还包含放射性物质，主要是铀和钍，通过燃烧，它们被释放到大气中。2000 年，全球因为燃烧煤炭，向大气中释放了大约 12000t 的钍和 5000t 的铀。

开采、处理和运输化石燃料也可能产生环境问题。采煤往往对于环境有负面影响，离岸石油开采则会威胁水生生物的生存。炼油厂对于环境的负面影响主要体现为空气和水污染。

9.3　可再生能源

由于化石能源存在上述无法克服的缺点，难以支撑人类经济与社会的持续发展。清洁能源特别是可再生能源的开发和利用受到世界的普遍关注。可再生能源是具有自我恢复原有特性，并可持续利用的一次能源。与化石能源相比，可再生能源具有储量几乎无限大、环境友好、无污染或低污染等优点，且有利于实现国家的能源安全。可再生能源包括太阳能、风能、水能、生物质能、海洋能、地热能等。

广义上的太阳能是地球上许多能量的来源，如风能、水能、生物质能，化石燃料也可以称为远古的太阳能。狭义上的太阳能则指太阳辐射能的光热、光电和光化学的直接转换。这里提到的太阳能主要指狭义的太阳能辐射。

太阳能可用于加热、冷却、照明、光生物、光化学以及发电等。在建筑物中太阳能的利用形式有：太阳能热水器、取暖和制冷、被动式太阳能设计、太阳能光伏发电等，其中使用最方便、应用最广泛的是太阳能光伏发电。

风能由于地面各处受太阳辐照后气温变化不同和空气中水蒸气的含量不同，因而引起各地气压的差异，在水平方向高压空气向低压地区流动，即形成风。风流动所产生的动能即为风能。

近年来，可再生能源保持了每年 30% 的增长率，是增长最迅速的行业之一。各主要国家纷纷提出了雄心勃勃的可再生能源发展规划。欧盟计划到 2020 年时，所有能源的 20% 来自可再生能源。美国计划到 2025 年时，25% 的能源来自可再生能源。中国可再生能源规划目标是：到 2015 年风电装机容量将达 1 亿 kW，年发电量 1900 亿 kW·h，太阳能光伏发电装机容量将达 1500 万 kW，年发电量 200 亿 kW·h；到 2020 年，可再生能源的消费比例达到 15%。

在建筑中应用最方便也最广泛的可再生能源是太阳能和风能，其中尤以太阳能光伏发电为主。因此本章主要介绍太阳能光伏发电系统在建筑中的应用。太阳能建筑利用如图 9-4 所示。

表 9-1 给出了我国主要可再生能源的年可开发量，从表中可以看出太阳能远远超过其他所有可再生能源的总和。太阳能光伏发电以其清洁、安全、资源充足及潜在的经济性等特

点，将逐步取代化石能源，由"补充能源"向"替代能源"过渡，成为人类的基本能源之一。当然，这样根本性的变化不可能短期实现，需要一个长期过程。

图9-4　太阳能建筑利用

表9-1　我国主要可再生能源的年可开发量

类别	可开发量（亿t标准煤）
太阳能	17000
风能	8
水能	4.8～6.4
生物质	4.6
地热	33

我国太阳能资源是非常丰富的，总体和美国类似，远优于欧洲、日本。根据太阳能年辐射总量的大小，可以把我国分为4个区域，见表9-2。由表9-2可以看出，我国大部分地区太阳能资源丰富，具有很高的开发利用价值。其中最丰富和很丰富的地区超过了国土面积的60%。太阳能资源一般而不适合开发利用的地区只占国土面积的3.6%。

表9-2　太阳能资源划分标准

符号	名称	年辐射总量（$kW \cdot h/m^2$）	平均日辐射量（$kW \cdot h/m^2$）	占国土面积比例（%）
Ⅰ	最丰富带	>1750	>4.8	17.4
Ⅱ	很丰富带	1400～1750	3.8～4.8	42.7
Ⅲ	丰富带	1050～1400	2.9～3.8	36.3
Ⅳ	一般	<1050	2.6	3.6

9.4　太阳能光伏发电的特点与现状

9.4.1　光伏发电的优点

1）太阳能资源取之不尽，用之不竭，照射到地球上的太阳能远远超过人类所需的能源。

2）太阳能在地球上分布广泛，只要有光照的地方就可以使用光伏发电系统，不像化石能源分布不均，受地域影响严重。太阳能资源随处可得，可就近供电，自发自用，不必长距离输送，避免了长距离输电线路所造成的电能损失。

3）光伏发电的能量转换过程简单，是直接从光能到电能的转换，没有中间过程（如热量转换为机械能、机械能转换为电磁能等）。除跟踪型光伏发电系统外，没有机械运动，不存在机械磨损。运行维护简单，稳定可靠。基本上可实现无人值守，维护成本低。

4）光伏发电本身不使用燃料，不排放包括温室气体和其他废气在内的任何物质，不污染空气，不产生噪声，对环境友好。

5）光伏发电过程不需要冷却水，可以安装在没有水的荒漠戈壁上。光伏发电还可以很方便地与建筑物结合，构成建筑光伏一体化发电系统，不需要单独占地，可节省宝贵的土地资源。

6）光伏发电系统工作性能稳定可靠，使用寿命长。晶体硅太阳电池寿命可长达 20 ~ 30 年。

7）太阳能电池组件结构简单、体积小、重量轻，便于运输和安装。光伏发电系统建设周期短，而且根据用电负荷容量可大可小，方便灵活，极易组合、扩容。

9.4.2　光伏发电的缺点

1）能量输出不稳定。太阳能在地理位置上分布不均匀，并且受自然条件影响严重，具有很大的间歇性和波动性，自身调节能力非常有限，如果这些光伏发电系统直接大规模接入电网，就会对电网造成冲击，影响系统的稳定性和可靠性。美国 Sandia 国家实验室的大量研究表明，如果光伏或风电等可再生能源在电网中的穿透率超过 30%，在一些特定条件下，电网将失去稳定性。如何将输出波动的光伏发电系统安全可靠地接入电力系统成为一个重要的问题。

2）光伏发电价格较高。与常规发电相比，光伏发电成本还比较高，目前还不能像常规发电那样平价上网，需要一定的补贴和支持才能维持运行。

虽然光伏发电有上述的两个缺点，但都不是无法克服的。从技术层面讲，光伏发电能量输出不稳定的缺点一方面可以通过发展智能电网和微网技术，提高电网对可再生能源的接纳能力，另一方面也可以通过发展大规模储能技术，利用储能来平衡光伏发电的波动，从根本上解决光伏发电的不稳定问题。光伏发电的成本问题，一方面可以通过技术发展来降低成本，另一方面可以通过增大大规模发展光伏发电，利用规模效益来降低成本。2008 ~ 2012年，并网光伏发电系统的价格从 6.3 美元/W 降到了 1.8 美元/W，降幅超过了 70%，而且其价格还在继续下降。而化石能源发电的价格却逐渐上升。光伏发电成本高的问题最终必将解决，实现平价上网。

通过前面的介绍可以知道：光伏发电是未来最可能的替代化石能源的主导能源，可满足未来能源增长的需要；光伏发电环境友好，可满足能源、生态的可持续发展的要求；光伏发电虽然有一些缺点，但都是可以克服的。

9.4.3　光伏发电的发展现状

近年来，随着化石能源的短缺和基于化石能源发电的综合成本不断上升以及环境保护要求的日益严格，光伏发电受到世界各国的普遍关注，光伏产业实现了快速增长，成为全球发展最快的新兴行业之一。各国纷纷推出了鼓励光伏产业发展的激励政策。

德国于 2000 年 4 月出台《可再生能源法》，开发和利用可再生能源，加强节能环保。其基本政策方针是可再生能源优先以固定费率入网（Feed - in Tariffs），即依法强制电网运营商必须以法律规定的固定费率，收购可再生能源供应商的电力。同时，供电商再根据全部入电网的可再生能源、传统能源成本状况，厘定电价。这样，尽管可再生能源目前的成本还高于传统能源的，但《可再生能源法》为可再生能源提供了和传统能源同样的机会；再加上可再生能源还有其他方面优惠，使其发展风险得以大大降低。2009年德国又出台新的《可再生能源法》，计划到2020年德国可再生能源在电力消费中的比例达到30%。在这些政策及激励下，德国成为世界上光伏发电系统装机容量最大的国家之一，在2011年的光伏发电的累计装机容量达到25GW。

2006年8月，美国加州通过"百万太阳能屋顶法案"，法案计划在未来10年内投资33亿美元，在加州百万个屋顶上装设太阳能发电系统，将太阳能发电的上限由0.5%提升为2.5%，整个计划总装机容量将达300万kW。美国国会预算2012年投入4.57亿美元发展太阳能发电，占到清洁可再生发电技术总预算的39.2%，是投入预算最多的可再生能源发电技术。最终目的则是"实现美国重建太阳能发电的技术领导地位、加强在世界清洁能源竞赛中的经济竞争力"。

我国也积极鼓励光伏产业的发展。2009年3月23日，财政部印发《太阳能光电建筑应用财政补助资金管理暂行办法》，对太阳能光电建筑等大型太阳能工程进行补贴。2011年7月24日，中国国家发展和改革委员会发布《国家发展改革委关于完善太阳能光伏发电上网电价政策的通知》。2012年9月13日，中国国家能源局发布《太阳能发电发展"十二五"规划》。《规划》提出，到2015年底，中国太阳能发电装机容量达到21GW以上，这意味着未来3年中国光伏发电装机容量有望扩大6倍以上。这个规划将大大推动光伏产业的发展。

9.5　光伏发电系统

9.5.1　光伏电池

太阳电池组件是实现光电能量转换的关键设备。光伏电池的基本原理是法国科学家贝克勒尔在1839年发现的"光生伏特效应"。将氯化银放在酸性溶液中，用两片浸入电解质溶液的金属铂作为电极，如果有阳光照射，两个电极间会产生额外的电压。贝克勒尔将此现象称为"光生伏特效应"，贝克勒尔的发现为光伏发电技术奠定了基础。

贝尔实验室于1954年首次制成了实用效率为6%的单晶硅太阳电池（见图9-5），至今，世界太阳能发电技术已经取得巨大的进步。

图9-5　美国贝尔实验室制成的
第一批太阳电池

光伏电池的工作过程可由图 9-6 简单加以说明：太阳光照射在半导体 PN 结上，形成新的空穴 - 电子对，在 PN 结内电场的作用下，空穴由 N 区流向 P 区，电子由 P 区流向 N 区，如果接通外电路，就会形成电流，实现从光到电的能量转换。

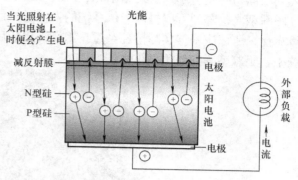

图 9-6　光伏电池工作过程

光伏电池的种类很多，有单晶硅电池、多晶硅电池、硅基薄膜电池，此外还有碲化镉电池、铜铟镓硒电池、非晶硅电池等诸多类型的光伏电池，如图 9-7、图 9-8 所示。

目前光伏电池的效率还比较低，各种电池的效率见表 9-3。超高效率的新型太阳电池目前还在研发之中。

表 9-3　光伏电池效率

电池类别	单晶硅	多晶硅	硅基薄膜	碲化镉（CdTe）	铜铟硒（CIS）
实验室效率（%）	24.7	20.3	13	16.5	19.5
商业化效率（%）	14～29	13～15	6～9	9～11	10～12

图 9-7　单晶硅光伏电池

图 9-8　多晶硅光伏电池

电池片非常薄，很容易碎裂，功率也比较小，为了保护电池，实现大功率输出，人们将若干电池组合，封装在一起，形成光伏组件。在实际使用中，一块光伏组件的功率也往往不能满足要求，这就需要将很多光伏组件进行串并联组合，形成很大的光伏阵列。光伏阵列的输出功率差异很大，小的有几千瓦，大的可以达到上兆瓦。正因为光伏组件是模块化的，所以光伏发电的规模可以根据实际情况很方便地调整。光伏电池、组件与阵列如图 9-9 所示。

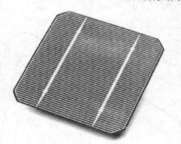

图 9-9　光伏电池、组件与阵列

为了最大限度地利用太阳能，有时候人们还把光伏阵列安装在可以旋转的机械部件上，使阵列表面始终垂直于入射的太阳光，从而形成了跟踪型光伏阵列，如图9-10所示。

跟踪型光伏阵列可以提高光伏系统的发电量，但提高了系统造价，增加了复杂性，降低了可靠性，所以应根据实际情况经过技术经济比较后决定是否采用。目前，在建筑光伏发电系统中，跟踪型阵列使用得不多。

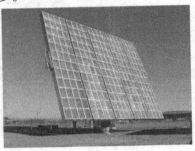

图9-10　跟踪型光伏阵列

9.5.2　光伏电池的特性

光伏电池的输出电流、电压和功率受光照强度、环境温度、粒子辐射以及所带的负载等多种因素的影响。在光伏发电系统中，需要光伏电池与相应的控制系统协调配合，才能最大限度地利用光伏电池的发电能力，实现最大功率输出。

图9-11给出了光伏电池的输出特性。由图可见，当光伏电池短路时，其两端电压为零，光伏电池输出短路电流。输出电压从

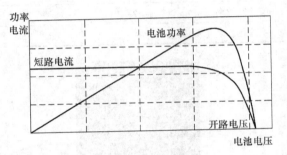

图9-11　光伏电池的输出特性

零开始增加时，光伏电池的输出电流基本不变。在这一区间，光伏电池可近似视为电流源。输出电压增加到一定程度后，输出电流迅速减小。当光伏电池两端开路时，其输出电流为零，此时的电压称为开路电压。在光伏电池两端的电压从零增加到开路电压的过程中，其输出功率从零开始增加，直到在某一个电压值下达到功率的最大值，然后迅速下降。当光伏电池两端开路时，其输出电流为零，输出功率也降为零。光伏电池的伏安特性不是固定不变的，图9-12～图9-15给出了温度和光照强度对光伏电池伏安特性的影响。

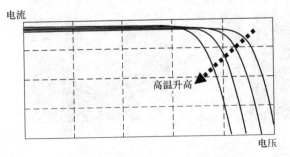

图9-12　温度对光伏电池输出特性的影响（1）

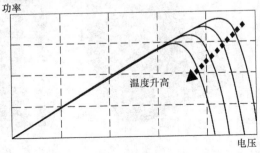

图9-13　温度对光伏电池输出特性的影响（2）

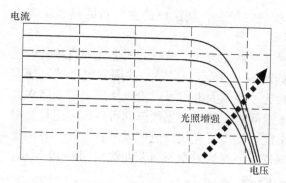

图 9-14　温度对光伏电池输出特性的影响（3）

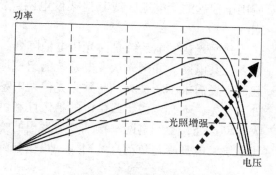

图 9-15　温度对光伏电池输出特性的影响（4）

9.5.3　光伏发电系统的组成

光伏发电系统是指利用太阳电池组件和其他辅助设备将太阳能转换成电能的系统。根据是否与电网连接，一般将光伏发电系统分为独立光伏发电系统和并网光伏发电系统。

独立光伏发电系统又叫离网光伏发电系统，是指由电池组件、控制器和蓄电池等组成的不与电网连接的发电方式。图 9-16 所示是独立光伏发电系统的组成原理。图 9-17 所示是离网光伏发电系统实例。

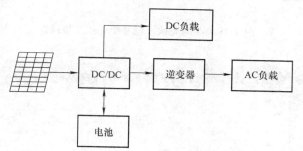

图 9-16　独立光伏发电系统的组成原理

图 9-17　离网光伏发电系统实例

独立光伏发电系统和大电网没有连接，需要蓄电池来存储夜晚所需的电能。该系统可以应用于偏远的无电地区或其他架设电网经济性较差的场合，其建设的主要目的是解决无电问题。

　　并网光伏发电系统是由光伏电池阵列、并网逆变器等组成，通过并网逆变器直接将电能馈入公共电网。并网光伏发电系统的组成原理如图9-18所示。目前，并网发电系统迅速兴起，市场需求不断扩大。与独立光伏发电系统相比，并入大电网可以给光伏发电带来诸多益处。首先，不必考虑负载供电的稳定性和供电质量问题；其次，光伏阵列可以始终运行在最大功率点处，由大电网来接纳其所发出的全部电能，提高了光伏发电的效率；此外，并网光伏系统发电高峰与负荷高峰对应，可以起到削峰作用。光伏发电与负荷曲线如图9-19所示。

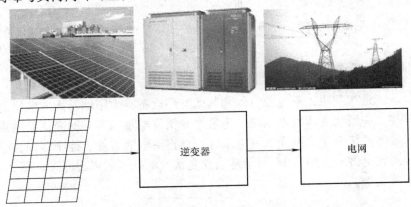

图9-18　并网光伏发电系统的组成原理

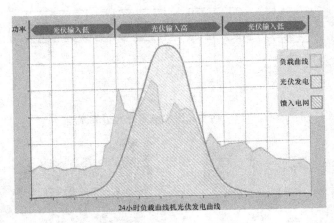

图9-19　光伏发电与负荷曲线

　　总之，并网光伏发电是光伏技术进入大规模发电阶段、成为电力工业组成部分的重大技术步骤，是当今世界光伏发电技术发展的大趋势。光伏发电只有进入电力系统实现大规模应用，才能真正地起到缓解能源紧张和抑制环境污染的作用。

　　并网光伏发电技术出现于20世纪80年代初，但由于当时成本过高，且环境效益不明显，因此不利于大规模推广使用。直到20世纪90年代，发达国家才掀起了并网光伏发电系统研究的高潮并成功启动、实施了大型并网光伏电站建设计划。目前，日本、美国及欧洲发达国家的并网光伏发电技术已经成熟，开始进入大规模推广应用阶段。

　　并网光伏发电系统有主要两种形式：一种是大型荒漠电站；另一种是与建筑相结合的并网光伏系统。与大型荒漠电站相比，光伏与建筑结合可有效地降低建筑物电网供电需求；建筑光伏靠近负载侧，就地发电，就地使用，发电上网也更方便，不需要架设输电线路，减少了输电损失，提高了能源利用效率；发电利用建筑屋顶或立面，无须额外占地；安装更加方便，可大可小，机动灵活，因此与建筑相结合的并网光伏系统比大型荒漠电站更能发挥光伏发电的优点。建筑光伏发电实例如图 9-20 所示。

图 9-20　建筑光伏发电实例

9.5.4　光伏发电系统的发展趋势

　　2000 年之前，光伏发电的主要利用形式是离网光伏发电系统。从 2000 年左右开始，并网光伏发电系统的比例逐渐增加，成为光伏发电的主要利用形式。全球离网和并网光伏发电系统累计装机容量如图 9-21 所示。全球不同光伏利用形式发电量比例预测如图 9-22 所示。

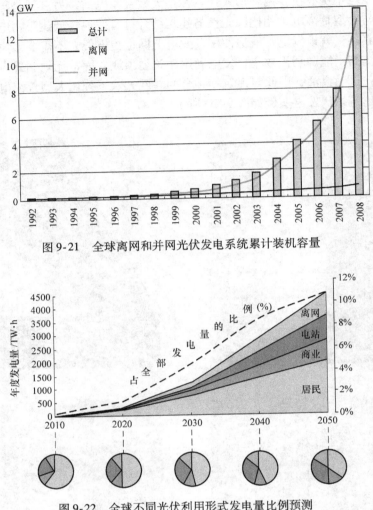

图 9-21　全球离网和并网光伏发电系统累计装机容量

图 9-22　全球不同光伏利用形式发电量比例预测

从全球市场看，目前并网光伏发电系统的比例远远超过了离网系统。在并网光伏发电系统中，与建筑结合的光伏系统的比例大大超过大型荒漠电站的比例。我国的光伏发电过去以大型荒漠电站为主，今后将逐渐转为以建筑光伏为主的分布式光伏发电形式。

9.6　微电网

在发展并网光伏发电的过程中，如何将发电功率不稳定的光伏系统安全、可靠地接入电网是其面临的一大挑战。太阳能在地理位置上分布不均匀，并且易受天气影响，具有波动性和间歇性的特点，光伏发电的可调节能力有限，如果这些电源直接大规模接入电网会对电网的可靠性造成冲击，影响系统的稳定性。

解决可再生能源接入后电网的稳定性问题是发展智能电网的一个重要研究方向。目前，解决这一问题主要可以通过两种途径：一个是建设一个网架坚强、备用充足的电网支撑其稳定运行；另一个途径是合理配置可再生能源的结构，优化发电功率输出，减小它对电网的冲击。较之前者，后者更易于实现，比较可行的办法是采用现在研究较多的"微电网技术"。微电网技术是一种可以很好地解决可再生能源利用的新型研究方向，它既可以工作在并网运行模式，作为一个发电单元稳定接入点的电压和频率，向电网输送功率，也可以工作在自治运行模式，保证自身网络中的负载用电平衡。

9.6.1 微电网技术及其研究内容

目前，国际上对微电网的定义各不相同。美国电力可靠性技术解决协会（Consortium for Electric Reliability Technology Solutions，CERTS）给出的定义为：微电网是一种由负荷和微型电源共同组成的系统，它可同时提供电能和热量的转换；微电网内部的电源主要由电力电子器件负责能量的转换，并提供必要的控制；微电网对外部电网表现为单一的受控单元，并同时满足用户对电能质量和供电安全等的要求。欧盟微电网协会（European Commission Project Micro - grids）给出的定义是：利用一次能源；使用微型电源，分为不可控、部分可控和全控三种，并可冷、热、点三联供；配有储能装置；使用电力电子装置进行能量调节。

根据美国电力可靠性技术解决协会定义的一个典型的交流母线式微电网如图 9-23 所示。所有分布式电能单元（DER）并联在交流母线上，形成微电网给负荷供电。微电网由并网开关分为两部分，非敏感负载通过公共耦合点（PCC）直接接入大电网，而 DER 和敏感负载通过并网开关接至 PCC。当大电网正常时，微电网运行于并网模式；当大电网故障时，微电网运行于自治模式，并网开关将非敏感负载从微电网中切除，DER 只向敏感负载提供能量，这样既减轻了微电网的供电负担，也保证了对敏感负载供电的连续性与可靠性。

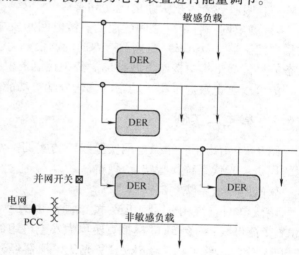

图 9-23　CERTS 微电网结构

在大电网故障消除后，微电网再自动切入并网运行模式。系统具有良好的灵活性和扩展性，各 DER 单元可以实现模块化设计，减少了开发成本，系统容量扩充十分方便。

与常规的配电网相比，微电网主要有以下特点：

1）微电网拥有自己独立的组网单元 DER，可以自治运行。

2）微电网可以根据用户的需求，随意设定多条不同的供电路径。

3）微电网有单独的能量管理系统，可针对微电网内部之间以及微电网与外部电网之间的能量交换进行管理和控制。

4）微电网中的能源大多为可再生能源，发电单元的接口以电力电子装置为主。

目前对微电网的研究主要集中在以下几个方面：

1）发电单元的控制。大电网中的一次电源和微电网中电源的最大不同是后者没有转动惯量。大电网中有固有的旋转元件储能，而微电网中没有。在微电网中，由于大部分的电源（例如风能、燃料电池）需要工作在最大输出功率的情况下以得到最大效率，需要预测算法来预测它们的输出，因此当进行二次调压和调频时响应速度慢。虽然用中间的存储单元或蓄电池组可以模拟旋转元件，电力电子接口装置可以控制这些设备来快速响应功率传输过程中的能量突变，但这些设备的混合使用会使微电网在运行时的控制变得复杂，需要对发电单元进行预测控制和发电管理。

2）供需平衡控制。如果微电网在与大电网断开前正向大电网吸收或者输入功率，在独立运行模式下，二级控制应该完成供电和用电的平衡。如果连接的负载需电量超过了最大的发电量，用户侧管理就应该起作用。同时，系统中也应该有足够的能量存储能力来确保在负载或者发电机突变的初期能维持系统平衡。

3）电能质量控制。微电网应该在独立运行时能够维持满足要求的电能质量。在大电网存在时，网络的电压和频率都是由大电网决定的。当离网运行时，微电网是由 DER 并联形成的，微电网的电压和频率需要进行控制，以保证带不同负载时的供电质量。微电网中应该能够提供足够的无功能量来减小电压跌落，其能量存储装置应该能够在电压和频率畸变时快速响应，吸收或者发出大量的无功和有功。

4）微电网中各组件之间的通信。微电网的发电单元控制器（MC）、负载控制器（LC）和集中控制器（MGCC）之间要有双向的通信能力。发电单元和负载周期性的控制器把运行状态信息传递给集中控制器并存储。集中控制器根据当时的运行情况向各个控制单元发送指令，应可以实现数据采集、功率的优化分配等功能。

9.6.2　微电网实例

图 9-24 给出了一个微电网实验系统的实例。考虑到实验室具体环境，该系统采用了模拟的风机、光伏系统代替实际系统。

微电网一次系统构成：

该微电网系统由 1 台 10kW 模拟同步风力发电机组经同期并网装置接入到微电网的 380V 交流母线；1 台 5kW 模拟直驱风力发电机组经控制器和风力并网逆变器接入到微电网的 380V 交流母线上；1 台 5kW PV 光伏模拟器经光伏逆变器接入微电网的 380V 交流母线；1 套 100A·h 的铅酸储能系统经稳定控制器接入到微电网的 380V 交流母线；在微电网系统上配置一定负荷，配置 1 套能量再生负载和 1 套 RLC 负载，模拟微电网的负荷。微电网通过 PCC 开关与公共电网连接，形成一个包括同步风力发电、直驱风力发电、光伏发电、储能、负荷并能够离网、并网运行的典型微电网系统。

该微电网的控制系统包括：

1. 微电网保护装置

微电网保护装置为每个分布式电源回路、储能回路、负载回路、进线回路均配置专用的微电网保护，实现各个回路的故障检测与隔离。微电网继电保护具备并网、离网两组定值并可以依据微电网的运行状态，快速进行保护模式切换，具有智能通信接口，支持标准通信规约。

2. 快速测控装置

快速测控装置为每个分布式电源回路、负载回路、进线回路均配置快速测控，实现微电

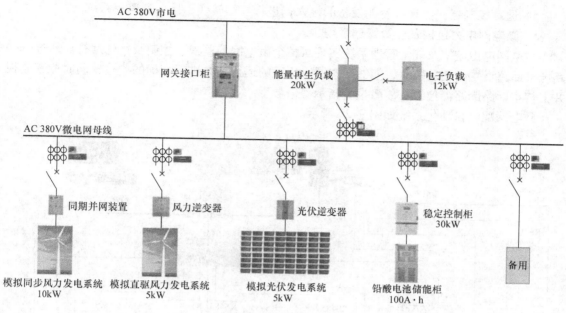

图 9-24　某微电网实例

网系统的电气量、开关状态量、电能脉冲量的快速采集和控制。

3. 微电网稳定控制器

微电网稳定控制器为储能系统配置与双向变流器一体化设计的微电网稳定控制器。在微电网离网运行时，稳定控制器为微电网提供标准电源，提供抗短时冲击能力，平滑供电，无缝切换、储能，消峰填谷。该稳定控制器克服了传统储能逆变器采用跟随式运行模式，只能在并网时作为电流源跟随市电运行，一旦失去市电，转入离网运行方式就会退出运行的不足，从而为微电网实现无缝模式切换提供了保障。

4. 网关接口柜

在与公共电网的接口处，设置微电网专用的网关接口柜。网关接口柜作为微电网和公共电网的接口分界点，包含 400V PCC 快速开关、继电保护、测控仪表、同期并网装置、微电网中央控制器、通信处理装置等设备。

1）PCC 快速开关。配合快速保护，实现微电网与公共电网的快速隔离。隔离时间小于 5ms，这样不论是公共电网故障，还是微电网故障，都不会互相影响，也不会改变公共电网的继电保护配置。

2）继电保护。配置快速电流保护，动作出口时间不大于 5ms，和 PCC 快速开关配合，实现微电网与公共电网的快速隔离。隔离时间小于 10ms。

3）快速测控。实现微电网进线的电气量、开关状态量、电度脉冲量的快速采集和控制。

4）微电网中央控制器。与各回路快速测控、微电网保护、变流器、机组控制器相连接。中央控制器通过各回路的快速测控快速采集微电网各回路的各种电气参数和各回路的开关位置状态，并根据微电网当前状态自动进行计算分析，形成控制策略。然后，将控制命令发送至相关回路变流器、快速测控、稳定控制器等智能装置，进行实时调压、调频，实现微电网功率平衡控制。

5）通信控制器。实现各智能设备的接入，进行规约转换，接入到监控系统。

5. 微电网电力监控及能量管理系统

微电网电力监控及能量管理系统实现对整个微电网的监视、控制及优化运行。通过每一路电气回路设置的测量装置，能够对本回路负荷的运行参数进行精确的测量，同时能够监视并上传本回路断路器位置、故障报警指示等信号。

微电网配电自动化系统如图9-25所示。

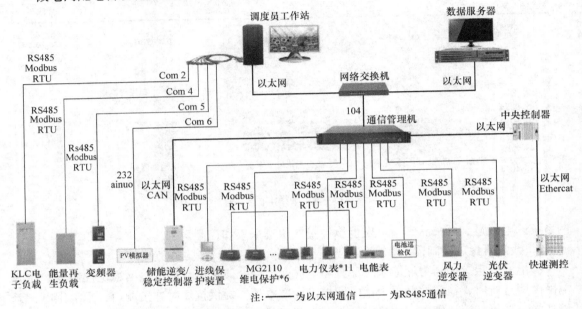

图 9-25　微电网配电自动化系统

图9-25中，微电网系统通过配置的通信管理机实现对各微电网专用保护装置、智能仪表、中央控制单元及快速测控、光伏逆变器、风力逆变器、稳定控制器（PCS）、电池巡检仪等智能设备的自动化系统集成，并通过后台监控系统，实现对微电网系统运行状态的监视与控制，实现对储能系统、负荷以及模拟新能源电源的协调与优化控制。

该微电网仿真实验系统配置一台通信管理机，所有RS485接口、Modbusd等通信协议的设备（能量再生负载、变频器、RLC电子负载、PV模拟器带上位机软件，通过串口卡直接接入到工作站）都接入到通信管理机，由通信管理机统一进行协议转换、串口转换后，通过以太网口接入到后台，实现后台与各带通信接口设备之间的通信；现场I/O测控模块通过耦合器接入到中央控制器，中央控制器直接接入到通信管理机，各回路的开关分、合闸由后台监控软件向中央控制器发命令，中央控制器再对现场开出模块发命令完成；后台监控软件能监控各回路开关状态、开关故障，能对各回路进线遥控分合闸，能显示各回路电压、电流、有功功率、无功功率、视在功率等参数。

思 考 题

1. 简述发展可再生能源的必要性。
2. 简述光伏电池的发电原理。

3. 温度对光伏电池的特性有什么影响?
4. 简述光伏发电的特点。
5. 并网光伏发电系统包括哪些组成部分?
6. 与建筑结合的光伏发电系统有什么优点?
7. 微网系统和并网系统的主要差异是什么?

附　　录

附录 A　办公建筑智能化系统配置

表 A-1　通用办公建筑智能化系统配置选项表

智能化系统		设计标准		
		通用商务办公	通用科技办公	综合商贸办公
信息化应用系统	公共服务系统	⊙	●	●
	智能卡应用系统	⊙	●	●
	物业运营管理系统	⊙	⊙	●
	信息设施运行管理系统	○	⊙	●
	信息安全管理系统	○	●	●
	通用业务系统	⊙	●	●
	专业业务系统	●	●	●
	其他业务应用系统	○	○	○
智能化集成系统	集成信息应用系统	○	●	●
	智能化信息集成（平台）系统	○	⊙	●
信息设施系统	信息接入系统	●	●	●
	信息网络系统	●	●	●
	电话交换系统	⊙	●	●
	综合布线系统	●	●	●
	无线对讲系统	●	●	●
	移动通信室内信号覆盖系统	●	●	●
	有线电视接收系统	●	●	●
	卫星电视接收系统	○	●	●
	公共广播系统	●	●	●
	会议系统	⊙	●	●
	信息导引及发布系统	⊙	●	●
	时钟应用系统	○	○	○
	信息综合管路系统	●	●	●
	其他相关的信息通信系统	○	⊙	⊙
建筑设备管理系统	绿色建筑能效监管系统	●	●	●
	建筑设备综合管理（平台）系统	●	●	●
	建筑机电设备监控系统	●	●	●
公共安全系统	火灾自动报警系统	按相关规范要求实施		
	安全技术防范系统　安全防范综合管理（平台）系统	⊙	●	●
	入侵报警系统	按相关规范要求实施		
	视频安防监控系统			
	出入口控制系统			
	电子巡查管理系统			
	访客及对讲系统			
	停车库（场）管理系统	●	●	●
	其他特殊要求安全技术防范系统	○	○	⊙
	应急响应系统	○	⊙	●
机房工程	机房设施　信息（含移动通信覆盖）接入机房	●	●	●
	有线电视（含卫星电视）前端机房	●	●	●
	信息系统总配线房	●	●	●
	智能化总控室	●	●	●
	信息中心设备（数据中心设施）机房	⊙	●	●
	消防控制室	●	●	●
	安防监控中心	●	●	●
	用户电话交换机房	⊙	●	●
	智能化设备间（弱电间）	●	●	●
	应急响应指挥中心	○	⊙	●
	其他智能化系统设备机房	○	○	⊙
	机房管理　机电设备监控系统	●	●	●
	安全技术防范系统	按相关规范要求实施		
	火灾自动报警系统			
	机房环境综合管理系统	○	○	●
	绿色机房能效监管系统	⊙	⊙	⊙

注：●应配置，⊙宜配置，○可配置。

表 A-2　行政办公建筑智能化系统配置选项表

智能化系统		设计标准		
		其他职级行政职能办公	独立县处地市级行政职能办公	独立地市级、省部级及以上行政职能办公
信息化应用系统	公共服务系统	⊙	●	●
	智能卡应用系统	⊙	●	●
	物业运营管理系统	⊙	⊙	●
	信息设施运行管理系统	⊙	●	●
	信息安全管理系统	⊙	●	●
	通用业务系统	●	●	●
	行政工作业务系统	●	●	●
	其他行政工作业务应用系统	○	○	⊙
智能化集成系统	集成信息应用系统	○	○	●
	智能化信息集成（平台）系统	○	⊙	●
信息设施系统	信息接入系统	●	●	●
	信息网络系统	●	●	●
	电话交换系统	⊙	●	●
	综合布线系统	●	●	●
	无线对讲系统	●	●	●
	移动通信室内信号覆盖系统	●	●	●
	有线电视接收系统	●	●	●
	卫星电视接收系统	○	⊙	⊙
	公共广播系统	●	●	●
	会议系统	●	●	●
	信息导引及发布系统	⊙	●	●
	时钟应用系统	○	⊙	⊙
	信息综合管路系统	●	●	●
	其他相关的信息通信系统	○	⊙	⊙
建筑设备管理系统	绿色建筑能效监管系统	●	●	●
	建筑设备综合管理（平台）系统	●	●	●
	建筑机电设备监控系统	⊙	●	●
公共安全系统	火灾自动报警系统	按相关规范要求实施		
	安全技术防范系统 — 安全防范综合管理（平台）系统	⊙	●	●
	安全技术防范系统 — 入侵报警系统	按相关规范要求实施		
	安全技术防范系统 — 视频安防监控系统			
	安全技术防范系统 — 出入口控制系统			
	安全技术防范系统 — 电子巡查管理系统			
	安全技术防范系统 — 访客及对讲系统			
	停车库（场）管理系统	●	●	●
	其他特殊要求安全技术防范系统	○	○	⊙
	应急响应系统	⊙	●	●
机房工程	机房设施 — 信息（含移动通信覆盖）接入机房	●	●	●
	机房设施 — 有线电视（含卫星电视）前端机房	●	●	●
	机房设施 — 信息系统总配线房	●	●	●
	机房设施 — 智能化总控室	⊙	●	●
	机房设施 — 消息中心设备（数据中心设施）机房	●	●	●
	机房设施 — 消防控制室	●	●	●
	机房设施 — 安防监控中心	●	●	●
	机房设施 — 用户电话交换机房	⊙	●	●
	机房设施 — 智能化设备间（弱电间）	●	●	●
	机房设施 — 应急响应指挥中心	⊙	●	●
	机房设施 — 其他智能化系统设备机房	○	○	⊙
	机房管理 — 机电设备监控系统	●	●	●
	机房管理 — 安全技术防范系统	按相关规范要求实施		
	机房管理 — 火灾自动报警系统			
	机房管理 — 机房环境综合管理系统			
	机房管理 — 绿色机房能效监管系统	⊙	●	●

注：●应配置，⊙宜配置，○可配置。

表 A-3　金融办公建筑智能化系统配置选项表

智能化系统		设计标准		
		基本金融业务办公	综合金融业务办公	高综合等级金融业务办公
信息化应用系统	公共服务系统	●	●	●
	智能卡应用系统	⊙	●	●
	物业运营管理系统	⊙	⊙	●
	信息设施运行管理系统	⊙	●	●
	信息安全管理系统	⊙	●	●
	通用业务系统	●	●	●
	行政工作业务系统	●	●	●
	其他行政工作业务应用系统	○	○	⊙
智能化集成系统	集成信息应用系统	○	⊙	●
	智能化信息集成（平台）系统	○	⊙	●
信息设施系统	信息接入系统	●	●	●
	信息网络系统	●	●	●
	电话交换系统	⊙	●	●
	综合布线系统	●	●	●
	无线对讲系统	●	●	●
	移动通信室内信号覆盖系统	●	●	●
	有线电视接收系统	●	●	●
	卫星电视接收系统	○	⊙	●
	公共广播系统	●	●	●
	会议系统	●	●	●
	信息导引及发布系统	⊙	●	●
	时钟应用系统	○	⊙	●
	信息综合管路系统	●	●	●
	其他相关的信息通信系统	○	○	⊙
建筑设备管理系统	绿色建筑能效监管系统	⊙	●	●
	建筑设备综合管理（平台）系统	●	●	●
	建筑机电设备监控系统	●	●	●
公共安全系统	火灾自动报警系统	按相关规范要求实施		
	安全技术防范系统　安全防范综合管理（平台）系统	●	●	●
	安全技术防范系统　入侵报警系统	按相关规范要求实施		
	安全技术防范系统　视频安防监控系统			
	安全技术防范系统　出入口控制系统			
	安全技术防范系统　电子巡查管理系统			
	安全技术防范系统　访客及对讲系统			
	安全技术防范系统　停车库（场）管理系统	⊙	●	●
	安全技术防范系统　其他特殊要求安全技术防范系统	○	○	⊙
	应急响应系统	⊙	●	●
机房工程	机房设施　信息（含移动通信覆盖）接入机房	●	●	●
	机房设施　有线电视（含卫星电视）前端机房	●	●	●
	机房设施　信息系统总配线房	●	●	●
	机房设施　智能化总控室	⊙	●	●
	机房设施　信息中心设备（数据中心设施）机房	●	●	●
	机房设施　消防控制室	●	●	●
	机房设施　安防监控中心	●	●	●
	机房设施　用户电话交换机房	⊙	●	●
	机房设施　智能化设备间（弱电间）	●	●	●
	机房设施　应急响应指挥中心	⊙	⊙	●
	机房设施　其他智能化系统设备机房	○	⊙	⊙
	机房管理　机电设备监控系统	●	●	●
	机房管理　安全技术防范系统	按相关规范要求实施		
	机房管理　火灾自动报警系统			
	机房管理　机房环境综合管理系统	●	●	●
	机房管理　绿色机房能效监管系统	⊙	●	●

注：●应配置，⊙宜配置，○可配置。

附录 B　商业建筑智能化系统配置

表 B-1　商场智能化系统配置选项表

智能化系统			设计标准		
			基本商业经营商场	中型综合经营商场	大型综合经营商场
信息化应用系统		公共服务系统	●	●	●
		智能卡应用系统	⊙	⊙	●
		物业运营管理系统	⊙	⊙	●
		信息设施运行管理系统	○	⊙	●
		信息安全管理系统	○	⊙	●
		通用业务系统	⊙	●	●
		商场经营业务系统	●	●	●
		其他商场业务应用系统	○	○	⊙
智能化集成系统		集成信息应用系统	○	⊙	●
		智能化信息集成（平台）系统	○	⊙	●
信息设施系统		信息接入系统	●	●	●
		信息网络系统	●	●	●
		电话交换系统	⊙	●	●
		综合布线系统	●	●	●
		无线对讲系统	●	●	●
		移动通信室内信号覆盖系统	●	●	●
		有线电视接收系统	●	●	●
		公共广播系统	●	●	●
		会议系统	⊙	⊙	●
		信息导引及发布系统	⊙	●	●
		时钟应用系统	○	○	⊙
		信息综合管路系统	●	●	●
		其他相关的信息通信系统	○	⊙	⊙
建筑设备管理系统		绿色建筑能效监管系统	⊙	⊙	●
		建筑设备综合管理（平台）系统	●	●	●
		建筑机电设备监控系统	⊙	●	●
公共安全系统		火灾自动报警系统	按相关规范要求实施		
	安全技术防范系统	安全防范综合管理（平台）系统	⊙	●	●
		入侵报警系统	按相关规范要求实施		
		视频安防监控系统			
		出入口控制系统			
		电子巡查管路系统			
		访客及对讲系统			
		停车库（场）管理系统	●	●	●
		其他特殊要求安全技术防范系统	○	○	○
		应急响应系统	⊙	⊙	●
机房工程	机房设施	信息（含移动通信覆盖）接入机房	●	●	●
		有线电视（含卫星电视）前端机房	●	●	●
		信息系统总配线房	●	●	●
		智能化总控室	●	●	●
		信息中心设备（数据中心设施）机房	⊙	●	●
		消防控制室	●	●	●
		安防监控中心	●	●	●
		用户电话交换机房	⊙	●	●
		智能化设备间（弱电间）	●	●	●
		应急响应指挥中心	○	⊙	●
		其他智能化系统设备机房	○	○	○
	机房管理	机电设备监控系统	按相关规范要求实施		
		安全技术防范系统			
		火灾自动报警系统			
		机房环境综合管理系统	○	○	●
		绿色机房能效监管系统	○	⊙	⊙

注：●应配置，⊙宜配置，○可配置。

表 B-2　宾馆智能化系统配置选项表

智能化系统		设计标准		
		基本普及型服务等级宾馆	三星级及以下服务等级宾馆	四星级及以上服务等级宾馆
信息化应用系统	公共服务系统	●	●	●
	智能卡应用系统	⊙	●	●
	物业运营管理系统	⊙	●	●
	信息设施运行管理系统	○	⊙	●
	信息安全管理系统	○	⊙	●
	通用业务系统	⊙	●	●
	宾馆经营业务应用系统	●	●	●
	其他宾馆业务应用系统	○	○	⊙
智能化集成系统	集成信息应用系统	○	⊙	●
	智能化信息集成（平台）系统	○	⊙	●
信息设施系统	信息接入系统	●	●	●
	信息网络系统	●	●	●
	电话交换系统	⊙	●	●
	综合布线系统	●	●	●
	无线对讲系统	●	●	●
	移动通信室内信号覆盖系统	●	●	●
	有线电视接收系统	●	●	●
	卫星电视接收系统	○	⊙	●
	公共广播系统	●	●	●
	宾馆视频点播系统	⊙	●	●
	会议系统	⊙	●	●
	信息导引及发布系统	⊙	●	●
	时钟应用系统	⊙	●	●
	信息综合管路系统	●	●	●
	其他相关的信息通信系统	○	⊙	⊙
建筑设备管理系统	绿色建筑能效监管系统	○	⊙	●
	建筑设备综合管理（平台）系统	⊙	●	●
	宾馆客房集控系统	○	⊙	●
	建筑机电设备监控系统	●	●	●
公共安全系统	火灾自动报警系统	按相关规范要求实施		
	安全技术防范系统　安全防范综合管理（平台）系统	⊙	●	●
	入侵报警系统	按相关规范要求实施		
	视频安防监控系统			
	出入口控制系统			
	电子巡查管理系统			
	访客及对讲系统			
	停车库（场）管理系统	⊙	●	●
	其他特殊要求安全技术防范系统	○	○	⊙
	应急响应系统	⊙	●	●
机房工程	机房设施　信息（含移动通信覆盖）接入机房	●	●	●
	有线电视（含卫星电视）前端机房	●	●	●
	信息系统总配线房	●	●	●
	智能化总控室	●	●	●
	信息中心设备（数据中心设施）机房	⊙	●	●
	消防控制室	●	●	●
	安防监控中心	●	●	●
	用户电话交换机房	⊙	●	●
	智能化设备间（弱电间）	●	●	●
	应急响应指挥中心	○	⊙	●
	其他智能化系统设备机房	○	○	○
	机房管理　机电设备监控系统	●	●	●
	安全技术防范系统	按相关规范要求实施		
	火灾自动报警系统			
	机房环境综合管理系统	○	⊙	●
	绿色机房能效监管系统	○	⊙	●

注：●应配置，⊙宜配置，○可配置。

附录 C 文化建筑智能化系统配置

表 C-1 图书馆智能化系统配置选项表

智能化系统			设计标准		
			普及型图书馆	专业型图书馆	综合型图书馆
信息化应用系统		公共服务系统	●	●	●
		智能卡应用系统	⊙	⊙	●
		物业运营管理系统	⊙	⊙	●
		信息设施运行管理系统	○	⊙	●
		信息安全管理系统	○	⊙	●
		通用业务系统	⊙	●	●
		图文数字化管理系统	●	●	●
		其他图书馆业务应用系统	●	●	⊙
智能化集成系统		集成信息应用系统	○	●	●
		智能化信息集成（平台）系统	○	●	●
信息设施系统		信息接入系统	●	●	●
		信息网络系统	●	●	●
		电话交换系统	⊙	●	●
		综合布线系统	●	●	●
		无线对讲系统	●	●	●
		移动通信室内信号覆盖系统	●	●	●
		有线电视接收系统	●	●	●
		公共广播系统	●	●	●
		会议系统	⊙	⊙	●
		信息导引及发布系统	⊙	●	●
		时钟应用系统	○	○	⊙
		信息综合管路系统	●	●	●
		其他相关的信息通信系统	⊙	⊙	⊙
建筑设备管理系统		绿色建筑能效监管系统	⊙	●	●
		建筑设备综合管理（平台）系统	⊙	●	●
		建筑机电设备监控系统	⊙	●	●
公共安全系统		火灾自动报警系统	按相关规范要求实施		
	安全技术防范系统	安全防范综合管理（平台）系统	⊙		●
		入侵报警系统	按相关规范要求实施		
		视频安防监控系统			
		出入口控制系统			
		电子巡查管理系统			
		访客及对讲系统			
		停车库（场）管理系统	○	⊙	●
		其他特殊要求安全技术防范系统	○	○	⊙
	应急响应系统		○	⊙	●
机房工程	机房设施	信息（含移动通信覆盖）接入机房	●	●	●
		有线电视（含卫星电视）前端机房	●	●	●
		信息系统总配线房	●	●	●
		智能化总控室	●	●	●
		消息中心设备（数据中心设施）机房	⊙	●	●
		消防控制室	●	●	●
		安防监控中心	●	●	●
		用户电话交换机房	⊙	●	●
		智能化设备间（弱电间）	●	●	●
		应急响应指挥中心	○	⊙	●
		其他智能化系统设备机房	○	⊙	⊙
	机房管理	机电设备监控系统	⊙	⊙	●
		安全技术防范系统	按相关规范要求实施		
		火灾自动报警系统			
		机房环境综合管理系统	⊙	⊙	●
		绿色机房能效监管系统	⊙	⊙	⊙

注：●应配置，⊙宜配置，○可配置。

表 C-2　博物馆智能化系统配置选项表

智能化系统			设计标准		
			普及类博物馆	普通专业、综合类博物馆	国家级专业、综合类博物馆
信息化应用系统		公共服务系统	●	●	●
		智能卡应用系统	⊙	⊙	●
		物业运营管理系统	○	⊙	●
		信息设施运行管理系统	○	⊙	●
		信息安全管理系统	⊙	⊙	●
		通用业务系统	●	●	●
		博物馆业务系统	●	●	⊙
		其他博物馆业务应用系统	○	○	●
智能化集成系统		集成信息应用系统	○	⊙	●
		智能化信息集成（平台）系统	●	●	●
信息设施系统		信息接入系统	●	●	●
		信息网络系统	●	●	●
		电话交换系统	⊙	●	●
		综合布线系统	●	●	●
		无线对讲系统	●	●	●
		移动通信室内信号覆盖系统	●	●	●
		有线电视接收系统	●	●	●
		公共广播系统	⊙	⊙	●
		会议系统	⊙	●	●
		信息导引及发布系统	⊙	⊙	●
		时钟应用系统	○	⊙	⊙
		信息综合管路系统	●	●	●
		其他相关的信息通信系统	⊙	●	●
建筑设备管理系统		绿色建筑能效监管系统	⊙	●	●
		建筑设备综合管理（平台）系统	⊙	●	●
		建筑机电设备监控系统	⊙	●	●
公共安全系统		火灾自动报警系统	按相关规范要求实施		●
	安全技术防范系统	安全防范综合管理（平台）系统			
		入侵报警系统	按相关规范要求实施		
		视频安防监控系统			
		出入口控制系统			
		电子巡查管理系统			
		访客及对讲系统			
		停车库（场）管理系统	○	⊙	●
		其他特殊要求安全技术防范系统	○	○	⊙
	应急响应系统		○	⊙	●
机房工程	机房设施	信息（含移动通信覆盖）接入机房	●	●	●
		有线电视（含卫星电视）前端机房	●	●	●
		信息系统总配线房	●	●	●
		智能化总控室	●	●	●
		消息中心设备（数据中心设施）机房	⊙	●	●
		消防控制室	●	●	●
		安防监控中心	●	●	●
		用户电话交换机房	⊙	●	●
		智能化设备间（弱电间）	●	●	●
		应急响应指挥中心	○	○	⊙
		其他智能化系统设备机房	⊙	⊙	●
	机房管理	机电设备监控系统	按相关规范要求实施		
		安全技术防范系统			
		火灾自动报警系统			
		机房环境综合管理系统	⊙	⊙	●
		绿色机房能效监管系统	⊙	⊙	⊙

注：●应配置，⊙宜配置，○可配置。

表 C-3　会展中心智能化系统配置选项表

智能化系统		设计标准		
		普及类会展中心	专业类会展中心	综合类会展中心
信息化应用系统	公共服务系统	●	●	●
	智能卡应用系统	●	●	●
	物业运营管理系统	⊙	⊙	●
	信息设施运行管理系统	○	⊙	●
	信息安全管理系统	○	⊙	●
	通用业务系统	⊙	⊙	●
	会展工作业务系统	●	●	●
	其他会展中心业务应用系统	○	○	⊙
智能化集成系统	集成信息应用系统	○	⊙	●
	智能化信息集成（平台）系统	○	⊙	●
信息设施系统	信息接入系统	●	●	●
	信息网络系统	●	●	●
	电话交换系统	●	●	●
	综合布线系统	⊙	●	●
	无线对讲系统	●	●	●
	移动通信室内信号覆盖系统	●	●	●
	有线电视接收系统	●	●	●
	公共广播系统	●	●	●
	会议系统	●	●	●
	信息导引及发布系统	●	●	●
	时钟应用系统	○	⊙	⊙
	信息综合管路系统	●	●	●
	其他相关的信息通信系统	○	○	⊙
建筑设备管理系统	绿色建筑能效监管系统	⊙	●	●
	建筑设备综合管理（平台）系统	⊙	●	●
	建筑机电设备监控系统	⊙	●	●
公共安全系统	火灾自动报警系统	按相关规范要求实施		
	安全技术防范系统　安全防范综合管理（平台）系统	●	●	●
	安全技术防范系统　入侵报警系统	按相关规范要求实施		
	安全技术防范系统　视频安防监控系统			
	安全技术防范系统　出入口控制系统			
	安全技术防范系统　电子巡查管理系统			
	安全技术防范系统　访客及对讲系统			
	安全技术防范系统　停车库（场）管理系统	●	●	●
	安全技术防范系统　其他特殊要求安全技术防范系统	○	○	⊙
	应急响应系统	⊙	●	●
机房工程	机房设施　信息（含移动通信覆盖）接入机房	⊙	●	●
	机房设施　有线电视（含卫星电视）前端机房	●	●	●
	机房设施　信息系统总配线房	●	●	●
	机房设施　智能化总控室	●	●	●
	机房设施　消息中心设备（数据中心设施）机房	⊙	●	●
	机房设施　消防控制室	●	●	●
	机房设施　安防监控中心	●	●	●
	机房设施　用户电话交换机房	⊙	●	●
	机房设施　智能化设备间（弱电间）	●	●	●
	机房设施　应急响应指挥中心	⊙	●	●
	机房设施　其他智能化系统设备机房	○	○	⊙
	机房管理　机电设备监控系统	⊙	⊙	●
	机房管理　安全技术防范系统	按相关规范要求实施		
	机房管理　火灾自动报警系统			
	机房管理　机房环境综合管理系统	⊙	⊙	●
	机房管理　绿色机房能效监管系统	⊙	⊙	●

注：●应配置，⊙宜配置，○可配置。

表 C-4　档案馆智能化系统配置选项表

智能化系统		设计标准		
		其他普通档案馆	省部级综合、专业类档案馆	国家级综合、专业类档案馆
信息化应用系统	公共服务系统	●	●	●
	智能卡应用系统	○	⊙	●
	物业运营管理系统	○	⊙	●
	信息设施运行管理系统	○	⊙	●
	信息安全管理系统	○	⊙	●
	通用业务系统	⊙	●	●
	档案工作业务系统	●	●	●
	其他档案馆业务应用系统	○	○	⊙
智能化集成系统	集成信息应用系统	○	●	●
	智能化信息集成（平台）系统	○	●	●
信息设施系统	信息接入系统	●	●	●
	信息网络系统	●	●	●
	电话交换系统	⊙	●	●
	综合布线系统	●	●	●
	无线对讲系统	●	●	●
	移动通信室内信号覆盖系统	●	●	●
	有线电视接收系统	●	●	●
	公共广播系统	●	●	●
	会议系统	⊙	●	●
	信息导引及发布系统	⊙	●	●
	时钟应用系统	○	⊙	●
	信息综合管路系统	●	●	⊙
	其他相关的信息通信系统	○	○	⊙
建筑设备管理系统	绿色建筑能效监管系统	○	●	●
	建筑设备综合管理（平台）系统	⊙	●	●
	建筑机电设备监控系统	按相关规范要求实施		
公共安全系统	火灾自动报警系统	●	●	●
	安全技术防范系统　安全防范综合管理（平台）系统	●	●	●
	入侵报警系统	按相关规范要求实施		
	视频安防监控系统			
	出入口控制系统			
	电子巡查管理系统			
	访客及对讲系统			
	停车库（场）管理系统	○	⊙	●
	其他特殊要求安全技术防范系统	○	○	⊙
	应急响应系统	○	⊙	●
机房工程	机房设施　信息（含移动通信覆盖）接入机房	●	●	●
	有线电视（含卫星电视）前端机房	●	●	●
	信息系统总配线房	●	●	●
	智能化总控室	●	●	●
	消息中心设备（数据中心设施）机房	⊙	●	●
	消防控制室	●	●	●
	安防监控中心	●	●	●
	用户电话交换机房	⊙	●	●
	智能化设备间（弱电间）	●	●	●
	应急响应指挥中心	○	⊙	●
	其他智能化系统设备机房	○	○	●
	机房管理　机电设备监控系统	按相关规范要求实施		
	安全技术防范系统			
	火灾自动报警系统			
	机房环境综合管理系统	⊙	⊙	●
	绿色机房能效监管系统	⊙	⊙	●

注：●应配置，⊙宜配置，○可配置。

附录 D　媒体建筑智能化系统配置

表 D-1　剧（影）院智能化系统配置选项表

智能化系统			设计标准		
			普及类剧（影）院	专业类（影）院	综合类（影）院
信息化应用系统		公共服务系统	●	●	●
		智能卡应用系统	●	●	●
		物业运营管理系统	⊙	⊙	●
		信息设施运行管理系统	○	⊙	●
		信息安全管理系统	○	⊙	●
		舞台监督通信指挥系统	⊙	●	●
		舞台监视系统	⊙	●	●
		售检票系统	●	●	●
		信息显示系统	⊙	●	●
		其他剧（影）院业务应用系统	○	○	⊙
智能化集成系统		集成信息应用系统	○	○	⊙
		智能化信息集成（平台）系统	○	⊙	●
信息设施系统		信息接入系统	●	●	●
		信息网络系统	●	●	●
		电话交换系统	⊙	●	●
		综合布线系统	●	●	●
		无线对讲系统	●	●	●
		移动通信室内信号覆盖系统	●	●	●
		有线电视接收系统	●	●	●
		公共广播系统	●	●	●
		会议系统	●	●	●
		信息导引及发布系统	⊙	●	●
		时钟应用系统	○	⊙	●
		信息综合管路系统	●	●	●
		其他相关的信息通信系统	○	○	⊙
建筑设备管理系统		绿色建筑能效监管系统	⊙	●	●
		建筑设备综合管理（平台）系统	⊙	●	●
		建筑机电设备监控系统	⊙	●	●
公共安全系统		火灾自动报警系统	按相关规范要求实施		
	安全技术防范系统	安全防范综合管理（平台）系统	●	●	●
		入侵报警系统			
		视频安防监控系统			
		出入口控制系统	按相关规范要求实施		
		电子巡查管理系统			
		访客及对讲系统			
		停车库（场）管理系统	⊙	●	●
		其他特殊要求安全技术防范系统	○	●	●
	应急响应系统		○	○	⊙
机房工程	机房设施	信息（含移动通信覆盖）接入机房	●	●	●
		有线电视（含卫星电视）前端机房	●	●	●
		信息系统总配线房	●	●	●
		智能化总控室	●	●	●
		消息中心设备（数据中心设施）机房	⊙	●	●
		消防控制室	●	●	●
		安防监控中心	●	●	●
		用户电话交换机房	⊙	●	●
		智能化设备间（弱电间）	●	●	●
		应急响应指挥中心	○	⊙	●
		其他智能化系统设备机房	○	○	⊙
	机房管理	机电设备监控系统	○	○	●
		安全技术防范系统			
		火灾自动报警系统	按相关规范要求实施		
		机房环境综合管理系统	⊙	⊙	●
		绿色机房能效监管系统	⊙	⊙	●

注：●应配置，⊙宜配置，○可配置。

表 D-2　广播电视业务建筑智能化系统配置选项表

智能化系统			设计标准		
			区、县级广电建筑	地、市级广电建筑	省部级及直辖市级广电建筑
信息化应用系统		公共服务系统	●	●	●
		智能卡应用系统	●	●	●
		物业运营管理系统	⊙	●	●
		信息设施运行管理系统	⊙	●	●
		信息安全管理系统	⊙	●	●
		工作业务系统	●	●	●
		演播室内部通话系统	⊙	●	●
		内部监视系统	⊙	●	●
		内部监听系统	⊙	●	●
		信息显示系统	⊙	●	●
		广播电视、音频工艺系统	⊙	●	●
		自助寄存系统	⊙	●	●
		其他广播电视业务应用系统	○	○	⊙
智能化集成系统		集成信息应用系统	⊙	●	●
		智能化信息集成（平台）系统	⊙	●	●
信息设施系统		信息接入系统	●	●	●
		信息网络系统	●	●	●
		电话交换系统	●	●	●
		综合布线系统	●	●	●
		无线对讲系统	●	●	●
		移动通信室内信号覆盖系统	●	●	●
		有线电视接收系统	●	●	●
		公共广播系统	●	●	●
		会议系统	●	●	●
		信息导引及发布系统	●	●	●
		时钟应用系统	○	⊙	●
		信息综合管路系统	●	●	●
		其他相关的信息通信系统	○	○	⊙
建筑设备管理系统		绿色建筑能效监管系统	⊙	●	●
		建筑设备综合管理（平台）系统	⊙	●	●
		建筑机电设备监控系统	⊙	●	●
公共安全系统		火灾自动报警系统	按相关规范要求实施		
	安全技术防范系统	安全防范综合管理（平台）系统	●	●	●
		入侵报警系统	按相关规范要求实施		
		视频安防监控系统			
		出入口控制系统			
		电子巡查管理系统			
		访客及对讲系统			
		停车库（场）管理系统	⊙	●	●
		其他特殊要求安全技术防范系统	○	○	⊙
		应急响应系统	○	⊙	●
机房工程	机房设施	信息（含移动通信覆盖）接入机房	●	●	●
		有线电视（含卫星电视）前端机房	●	●	●
		信息系统总配线房	●	●	●
		智能化总控室	●	●	●
		消息中心设备（数据中心设施）机房	⊙	●	●
		消防控制室	●	●	●
		安防监控中心	●	●	●
		用户电话交换机房	⊙	●	●
		智能化设备间（弱电间）	●	●	●
		应急响应指挥中心	○	⊙	●
		其他智能化系统设备机房	○	⊙	⊙
	机房管理	机电设备监控系统	⊙	⊙	●
		安全技术防范系统	按相关规范要求实施		
		火灾自动报警系统			
		机房环境综合管理系统	⊙	⊙	●
		绿色机房能效监管系统	⊙	⊙	●

注：●应配置，⊙宜配置，○可配置。

附录 E　体育建筑智能化系统配置

表 E-1　体育建筑智能化系统配置选项表

智能化系统		地方或区域赛事体育建筑	省市级赛事体育建筑	国际和国家级赛事体育建筑
信息化应用系统	公共服务系统	⊙	●	●
	智能卡应用系统	⊙	●	●
	物业运营管理系统	⊙	⊙	●
	信息设施运行管理系统	○	⊙	●
	信息安全管理系统	○	⊙	●
	计时记分系统	●	●	●
	现场成绩处理系统	⊙	●	●
	现场影像采集及回放系统	⊙	●	●
	售验票系统	⊙	●	●
	电视转播和现场评论系统	⊙	●	●
	升旗控制系统	⊙	●	●
	其他体育建筑业务应用系统	○	○	⊙
智能化集成系统	集成信息应用系统	⊙	●	●
	智能化信息集成（平台）系统	⊙	●	●
信息设施系统	信息接入系统	●	●	●
	信息网络系统	●	●	●
	电话交换系统	●	●	●
	综合布线系统	⊙	●	●
	无线对讲系统	●	●	●
	移动通信室内信号覆盖系统	●	●	●
	有线电视接收系统	●	●	●
	公共广播系统	●	●	●
	会议系统	⊙	●	●
	信息导引及发布系统	●	●	●
	时钟应用系统	●	●	●
	信息综合管路系统	●	●	●
	其他相关的信息通信系统	○	○	⊙
建筑设备管理系统	绿色建筑能效监管系统	⊙	⊙	●
	建筑设备综合管理（平台）系统	⊙	⊙	●
	建筑机电设备监控系统	⊙	●	●
公共安全系统	火灾自动报警系统	按相关规范要求实施		
	安全技术防范系统　安全防范综合管理（平台）系统	●	●	●
	安全技术防范系统　入侵报警系统	按相关规范要求实施		
	视频安防监控系统			
	出入口控制系统			
	电子巡查管理系统			
	访客及对讲系统			
	停车库（场）管理系统	⊙	●	●
	其他特殊要求安全技术防范系统	○	○	⊙
	应急响应系统	⊙	●	●
机房工程	机房设施　信息（含移动通信覆盖）接入机房	●	●	●
	有线电视（含卫星电视）前端机房	●	●	●
	信息系统总配线房	●	●	●
	智能化总控室	●	●	●
	信息中心设备（数据中心设施）机房	⊙	●	●
	消防控制室	●	●	●
	安防监控中心	●	●	●
	用户电话交换机房	⊙	●	●
	智能化设备间（弱电间）	●	●	●
	应急响应指挥中心	⊙	●	●
	其他智能化系统设备机房	○	○	⊙
	机房管理　机电设备监控系统	⊙	⊙	●
	安全技术防范系统	按相关规范要求实施		
	火灾自动报警系统			
	机房环境综合管理系统	⊙	⊙	●
	绿色机房能效监管系统	⊙	⊙	●

注：●应配置，⊙宜配置，○可配置。

附录 F　医院建筑智能化系统配置

表 F-1　综合性医院智能化系统配置选项表

智能化系统		设计标准		
		一级医院	二级医院	三级医院
信息化应用系统	公共服务系统	⊙	●	●
	智能卡应用系统	⊙	●	●
	物业运营管理系统	⊙	⊙	●
	信息设施运行管理系统	⊙	⊙	●
	信息安全管理系统	⊙	⊙	●
	医用探视系统	⊙	●	●
	视频示教系统	⊙	●	●
	医疗临床信息化系统	⊙	●	●
	其他医院建筑业务应用系统	○	○	⊙
智能化集成系统	集成信息应用系统	⊙	●	●
	智能化信息集成（平台）系统	⊙	●	●
信息设施系统	信息接入系统	●	●	●
	信息网络系统	●	●	●
	电话交换系统	⊙	●	●
	综合布线系统	●	●	●
	无线对讲系统	●	●	●
	移动通信室内信号覆盖系统	●	●	●
	有线电视接收系统	●	●	●
	公共广播系统	●	●	●
	会议系统	●	●	●
	信息导引及发布系统	●	●	●
	候诊排队叫号系统	●	●	●
	护理呼应信号系统	⊙	●	●
	信息综合管路系统	●	●	●
	其他相关的信息通信系统	○	○	⊙
建筑设备管理系统	绿色建筑能效监管系统	○	⊙	●
	建筑设备综合管理（平台）系统	○	⊙	●
	建筑机电设备监控系统	⊙	●	●
公共安全系统	火灾自动报警系统	按相关规范要求实施		
	安全技术防范系统　安全防范综合管理（平台）系统	⊙	●	●
	入侵报警系统	按相关规范要求实施		
	视频安防监控系统			
	出入口控制系统			
	电子巡查管理系统			
	访客及对讲系统			
	停车库（场）管理系统	⊙	●	●
	其他特殊要求安全技术防范系统	○	○	⊙
	应急响应系统	⊙	●	●
机房工程	机房设施　信息（含移动通信覆盖）接入机房	●	●	●
	有线电视（含卫星电视）前端机房	●	●	●
	信息系统总配线房	●	●	●
	智能化总控室	●	●	●
	消息中心设备（数据中心设施）机房	⊙	●	●
	消防控制室	●	●	●
	安防监控中心	●	●	●
	用户电话交换机房	⊙	●	●
	智能化设备间（弱电间）	●	●	●
	应急响应指挥中心	⊙	●	●
	其他智能化系统设备机房	○	○	⊙
	机房管理　机电设备监控系统	⊙	⊙	●
	安全技术防范系统	按相关规范要求实施		
	火灾自动报警系统			
	机房环境综合管理系统	⊙	⊙	●
	绿色机房能效监管系统	⊙	⊙	●

注：●应配置，⊙宜配置，○可配置。

附录 G 学校建筑智能化系统配置

表 G-1 普通高等学校智能化系统配置选项表

智能化系统			设计标准		
			高等职业技术学校、高等专科学校	普通院校、独立学院	综合性大学
信息化应用系统		公共服务系统	⊙	●	●
		校园智能卡应用系统	●	●	●
		校园物业运营管理系统	⊙	●	●
		信息设施运行管理系统	⊙	●	●
		信息安全管理系统	⊙	●	●
		教学资源制作应用系统	⊙	●	●
		校园资源规划管理系统	⊙	⊙	●
		教学视音频及多媒体教学系统	●	●	●
		语音教学系统	●	●	●
		图书馆管理系统	●	●	●
		教学与管理评估视音频观察系统	●	●	●
		多媒体制作与播放设备系统	●	●	●
		其他普通高等学校教学业务应用系统	○	○	⊙
智能化集成系统		集成信息应用系统	⊙	●	●
		智能化信息集成（平台）系统	⊙	●	●
信息设施系统		信息接入系统	●	●	●
		信息网络系统	●	●	●
		电话交换系统	●	●	●
		综合布线系统	●	●	●
		无线对讲系统	●	●	●
		移动通信室内信号覆盖系统	●	●	●
		有线电视接收系统	●	●	●
		公共广播系统	●	●	●
		会议系统	●	●	●
		信息导引及发布系统	●	●	●
		信息综合管路系统	●	●	●
		其他相关的信息通信系统	○	○	⊙
建筑设备管理系统		绿色建筑能效监管系统	○	○	⊙
		建筑设备综合管理（平台）系统	○	⊙	●
		建筑机电设备监控系统	○	⊙	●
公共安全系统		火灾自动报警系统	按相关规范要求实施		
	安全技术防范系统	安全防范综合管理（平台）系统	⊙	●	●
		入侵报警系统	按相关规范要求实施		
		视频安防监控系统			
		出入口控制系统			
		电子巡查管理系统			
		访客及对讲系统			
		停车库（场）管理系统	⊙	●	●
		其他特殊要求安全技术防范系统	○	○	⊙
		应急响应系统	○	⊙	●
机房工程	机房设施	信息（含移动通信覆盖）接入机房	●	●	●
		有线电视（含卫星电视）前端机房	●	●	●
		信息系统总配线房	●	●	●
		智能化总控室	●	●	●
		信息中心设备（数据中心设施）机房	⊙	●	●
		消防控制室	●	●	●
		安防监控中心	●	●	●
		用户电话交换机房	⊙	●	●
		智能化设备间（弱电间）	●	●	●
		应急响应指挥中心	⊙	●	●
		其他智能化系统设备机房	○	○	⊙
	机房管理	机电设备监控系统	⊙	⊙	●
		安全技术防范系统	按相关规范要求实施		
		火灾自动报警系统			
		机房环境综合管理系统	⊙	●	●
		绿色机房能效监管系统	⊙	●	●

注：●应配置，⊙宜配置，○可配置。

表 G-2　高级中学智能化系统配置选项表

智能化系统		设计标准		
		职业高级中学、技工学校	普通高级中学	高级中学（省级、市级）
信息化应用系统	公共服务系统	⊙	●	●
	校园智能卡应用系统	⊙	●	●
	校园物业运营管理系统	⊙	●	●
	信息设施运行管理系统	○	⊙	●
	信息安全管理系统	○	⊙	●
	教学资源制作应用系统	○	⊙	●
	校园资源规划管理系统	○	⊙	●
	教学视音频及多媒体教学系统	○	⊙	●
	语音教学系统	⊙	●	●
	图书馆管理系统	⊙	●	●
	教学与管理评估视音频观察系统	⊙	●	●
	多媒体制作与播放设备系统	○	⊙	●
	其他普通中等学校教学业务应用系统	○	○	⊙
智能化集成系统	集成信息应用系统	○	⊙	●
	智能化信息集成（平台）系统	○	⊙	●
信息设施系统	信息接入系统	●	●	●
	信息网络系统	●	●	●
	电话交换系统	●	●	●
	综合布线系统	●	●	●
	无线对讲系统	⊙	●	●
	移动通信室内信号覆盖系统	●	●	●
	有线电视接收系统	●	●	●
	公共广播系统	●	●	●
	会议系统	⊙	●	●
	信息导引及发布系统	⊙	●	●
	信息综合管路系统	●	●	●
	其他相关的信息通信系统	○	○	⊙
建筑设备管理系统	绿色建筑能效监管系统	○	⊙	●
	建筑设备综合管理（平台）系统	○	⊙	●
	建筑机电设备监控系统	○	⊙	●
公共安全系统	火灾自动报警系统	按相关规范要求实施		
	安全技术防范系统 安全防范综合管理（平台）系统	○	⊙	●
	入侵报警系统	按相关规范要求实施		
	视频安防监控系统			
	出入口控制系统			
	电子巡查管理系统			
	访客及对讲系统			
	停车库（场）管理系统	⊙	⊙	●
	其他特殊要求安全技术防范系统	○	○	⊙
机房工程	机房设施 信息（含移动通信覆盖）接入机房	●	●	●
	有线电视（含卫星电视）前端机房	●	●	●
	信息系统总配线房	●	●	●
	智能化总控室	●	●	●
	信息中心设备（数据中心设施）机房	⊙	●	●
	消防控制室	⊙	●	●
	安防监控中心	⊙	●	●
	用户电话交换机房	⊙	●	●
	智能化设备间（弱电间）	●	●	●
	应急响应指挥中心	○	⊙	●
	其他智能化系统设备机房	○	○	⊙
	机房管理 机电设备监控系统	⊙	⊙	●
	安全技术防范系统	按相关规范要求实施		
	火灾自动报警系统			
	机房环境综合管理系统	○	○	⊙
	绿色机房能效监管系统	○	○	⊙

注：●应配置，⊙宜配置，○可配置。

表 G-3　初级中学和小学校智能化系统配置选项表

智能化系统		设计标准		
		普通初级中学、普通小学	小学（市级、直辖市区级）	初级中学（省级）
信息化应用系统	公共服务系统	○	⊙	●
	校园智能卡应用系统	○	⊙	●
	校园物业运营管理系统	○	⊙	●
	信息设施运行管理系统	○	○	⊙
	信息安全管理系统	○	○	⊙
	校园资源规划管理系统	○	⊙	●
	教学视音频及多媒体教学系统	○	⊙	●
	语音教学系统	⊙	●	●
	图书馆管理系统	○	⊙	●
	教学与管理评估视音频观察系统	○	○	⊙
	多媒体制作与播放设备系统	○	○	⊙
	其他初级中学小学教学业务应用系统	○	○	⊙
智能化集成系统	集成信息应用系统	○	○	⊙
	智能化信息集成（平台）系统	○	⊙	⊙
信息设施系统	信息接入系统	●	●	●
	信息网络系统	●	●	●
	电话交换系统	○	⊙	●
	综合布线系统	●	●	●
	无线对讲系统	●	●	●
	移动通信室内信号覆盖系统	⊙	●	●
	有线电视接收系统	●	●	●
	公共广播系统	●	●	●
	会议系统	○	⊙	●
	信息导引及发布系统	⊙	●	●
	信息综合管路系统	●	●	●
	其他相关的信息通信系统	○	○	⊙
建筑设备管理系统	绿色建筑能效监管系统	○	○	⊙
	建筑设备综合管理（平台）系统	○	○	⊙
	建筑机电设备监控系统	○	○	⊙
公共安全系统	火灾自动报警系统	按相关规范要求实施		
	安全技术防范系统　安全防范综合管理（平台）系统	○	○	⊙
	入侵报警系统	按相关规范要求实施		
	视频安防监控系统			
	出入口控制系统			
	电子巡查管理系统			
	访客及对讲系统			
	停车库（场）管理系统	⊙	⊙	●
	其他特殊要求安全技术防范系统	○	○	⊙
机房工程	机房设施　信息（含移动通信覆盖）接入机房	⊙	●	●
	有线电视（含卫星电视）前端机房	●	●	●
	信息系统总配线房	⊙	●	●
	智能化总控室	⊙	●	●
	信息中心设备（数据中心设施）机房	⊙	⊙	●
	消防控制室	⊙	●	●
	安防监控中心	⊙	●	●
	用户电话交换机房	○	●	●
	智能化设备间（弱电间）	⊙	●	●
	应急响应指挥中心	○	●	●
	其他智能化系统设备机房	⊙	●	●
	机房管理　机电设备监控系统	⊙	⊙	●
	安全技术防范系统	按相关规范要求实施		
	火灾自动报警系统			
	机房环境综合管理系统	○	○	⊙
	绿色机房能效监管系统	○	○	⊙

注：●应配置，⊙宜配置，○可配置。

表 G-4　幼儿园和托儿所智能化系统配置选项表

智能化系统		设计标准		
		幼儿园和托儿所（省市级二级园、市普通园、三星级、直辖市三级、农村二类园）	幼儿园（省市级一级园、市优质园、四星级、直辖市一级或二级、农村一类园）	幼儿园（省级示范园、省级优质园、特级、五星级、直辖市一级）
信息化应用系统	公共服务系统	○	⊙	●
	校园智能卡应用系统	○	⊙	●
	校园物业运营管理系统	○	⊙	●
	教学视音频及多媒体教学系统	○	⊙	●
	语音教学系统	⊙	●	●
	其他幼儿园和托儿所教学业务应用系统	○	○	⊙
智能化集成系统	集成信息应用系统	○	⊙	⊙
	智能化信息集成（平台）系统	○	⊙	⊙
信息设施系统	信息接入系统	●	●	●
	信息网络系统	●	●	●
	电话交换系统	○	⊙	●
	综合布线系统	●	●	●
	无线对讲系统	⊙	⊙	●
	移动通信室内信号覆盖系统	●	●	●
	有线电视接收系统	⊙	●	●
	公共广播系统	●	●	●
	会议系统	○	⊙	●
	信息导引及发布系统	⊙	●	●
	信息综合管路系统	●	●	●
	其他相关的信息通信系统	○	○	⊙
建筑设备管理系统	绿色建筑能效监管系统	○	○	⊙
	建筑设备综合管理（平台）系统	○	○	⊙
	建筑机电设备监控系统	○	○	⊙
公共安全系统	火灾自动报警系统	按相关规范要求实施		
	安全技术防范系统　安全防范综合管理（平台）系统	○	○	⊙
	入侵报警系统	按相关规范要求实施		
	视频安防监控系统			
	出入口控制系统			
	电子巡查管理系统			
	访客及对讲系统			
	停车库（场）管理系统	○	⊙	●
	其他特殊要求安全技术防范系统	○	○	⊙
机房工程	机房设施　信息（含移动通信覆盖）接入机房	⊙	●	●
	有线电视前端机房	●	●	●
	信息系统总配线房	⊙	●	●
	智能化总控室	○	⊙	●
	信息中心设备（数据中心设施）机房	○	⊙	●
	消防控制室	○	⊙	●
	安防监控中心	○	⊙	●
	用户电话交换机房	○	⊙	●
	智能化设备间（弱电间）	○	⊙	●
	其他智能化系统设备机房	○	○	⊙
	机房管理　机电设备监控系统	○	○	⊙
	安全技术防范系统	按相关规范要求实施		
	火灾自动报警系统			
	机房环境综合管理系统	○	○	⊙
	绿色机房能效监管系统	○	○	⊙

注：●应配置，⊙宜配置，○可配置。

附录 H　交通建筑智能化系统配置

表 H-1　机场航站楼智能化系统配置选项表

智能化系统		设计标准		
		支线航空运营航站楼	国内航空运营航站楼	国际航空运营航站楼
信息化应用系统	公共服务系统	●	●	●
	智能卡应用系统	●	●	●
	物业运营管理系统	⊙	●	●
	信息设施运行管理系统	●	●	●
	信息安全管理系统	●	●	●
	公共信息查询系统	●	●	●
	公共信息显示系统	●	●	●
	离港系统	●	●	●
	售检票系统	●	●	●
	泊位引导系统	●	●	●
	其他航站楼工作业务应用系统	○	○	⊙
智能化集成系统	集成信息应用系统	●	●	●
	智能化信息集成（平台）系统	●	●	●
信息设施系统	信息接入系统	●	●	●
	信息网络系统	●	●	●
	电话交换系统	●	●	●
	综合布线系统	●	●	●
	无线对讲系统	●	●	●
	移动通信室内信号覆盖系统	●	●	●
	卫星电视接收系统	○	⊙	●
	有线电视接收系统	●	●	●
	公共广播系统	●	●	●
	公议系统	●	●	●
	信息导引及发布系统	●	●	●
	时钟应用系统	●	●	●
	信息综合管路系统	●	●	●
	其他相关的信息通信系统	○	○	⊙
建筑设备管理系统	绿色建筑能效监管系统	⊙	●	●
	建筑设备综合管理（平台）系统	●	●	●
	建筑机电设备监控系统	●	●	●
公共安全系统	火灾自动报警系统	按相关规范要求实施		
	安全技术防范系统：安全防范综合管理（平台）系统	●	●	●
	入侵报警系统	按相关规范要求实施		
	视频安防监控系统			
	出入口控制系统			
	电子巡查管理系统			
	访客及对讲系统			
	停车库（场）管理系统	●	●	●
	其他特殊要求安全技术防范系统	○	○	⊙
	应急响应系统	⊙	●	●
机房工程	机房设施：信息（含移动通信覆盖）接入机房	●	●	●
	有线电视（含卫星电视）前端机房	●	●	●
	信息系统总配线房	●	●	●
	智能化总控室	●	●	●
	消息中心设备（数据中心设施）机房	●	●	●
	消防控制室	●	●	●
	安防监控中心	●	●	●
	用户电话交换机房	●	●	●
	智能化设备间（弱电间）	●	●	●
	应急响应指挥中心	⊙	●	●
	其他智能化系统设备机房	○	○	⊙
	机房管理：机电设备监控系统	●	●	●
	安全技术防范系统	按相关规范要求实施		
	火灾自动报警系统			
	机房环境综合管理系统	⊙	●	●
	绿色机房能效监管系统	⊙	●	●

注：●应配置，⊙宜配置，○可配置。

表 H-2　铁路客运站智能化系统配置选项表

智能化系统			设计标准		
			铁路客运三等站	铁路客运一等站或二等站	铁路客运特等站
信息化应用系统	公共服务系统		●	●	●
	智能卡应用系统		●	●	●
	物业运营管理系统		●	●	●
	信息设施运行管理系统		●	●	●
	信息安全管理系统		●	●	●
	公共信息查询系统		●	●	●
	公共信息显示系统		●	●	●
	旅客引导显示系统		●	●	●
	售检票系统		●	●	●
	旅客行包管理系统		●	●	●
	其他铁路客运站业务应用系统		○	○	⊙
智能化集成系统	集成信息应用系统		⊙	●	●
	智能化信息集成（平台）系统		⊙	●	●
信息设施系统	信息接入系统		●	●	●
	信息网络系统		●	●	●
	电话交换系统		●	●	●
	综合布线系统		●	●	●
	无线对讲系统		●	●	●
	移动通信室内信号覆盖系统		●	●	●
	卫星电视接收系统		○	⊙	●
	有线电视接收系统		●	●	●
	公共广播系统		●	●	●
	公议系统		●	●	●
	信息导引及发布系统		●	●	●
	时钟应用系统		●	●	●
	信息综合管路系统		●	●	●
	其他相关的信息通信系统		○	○	⊙
建筑设备管理系统	绿色建筑能效监管系统		⊙	●	●
	建筑设备综合管理（平台）系统			●	●
	建筑机电设备监控系统			●	●
公共安全系统	火灾自动报警系统		按相关规范要求实施		
	安全技术防范系统	安全防范综合管理（平台）系统	●	●	●
		入侵报警系统	按相关规范要求实施		
		视频安防监控系统			
		出入口控制系统			
		电子巡查管理系统			
		访客及对讲系统			
		停车库（场）管理系统	●	●	●
		其他特殊要求安全技术防范系统	○	○	⊙
	应急响应系统		⊙	●	●
机房工程	机房设施	信息（含移动通信覆盖）接入机房	●	●	●
		有线电视（含卫星电视）前端机房	●	●	●
		信息系统总配线房	●	●	●
		智能化总控室	●	●	●
		消息中心设备（数据中心设施）机房	●	●	●
		消防控制室	●	●	●
		安防监控中心	●	●	●
		用户电话交换机房	●	●	●
		智能化设备间（弱电间）	●	●	●
		应急响应指挥中心	⊙	●	●
		其他智能化系统设备机房	○	○	⊙
	机房管理	机电设备监控系统	●	●	●
		安全技术防范系统	按相关规范要求实施		
		火灾自动报警系统			
		机房环境综合管理系统	⊙	●	●
		绿色机房能效监管系统	⊙	●	●

注：●应配置，⊙宜配置，○可配置。

表 H-3　城市轨道交通站智能化系统配置选项表

智能化系统			设计标准	
			一般轨道交通站	多线换乘轨道交通站
信息化应用系统		公共服务系统	●	●
		智能卡应用系统	●	●
		物业运营管理系统	●	●
		信息设施运行管理系统	●	●
		公共信息查询系统	●	●
		公共信息显示系统	●	●
		旅客引导显示系统	●	●
		售检票系统	●	●
		其他城市轨道交通站业务应用系统	○	⊙
智能化集成系统		集成信息应用系统	●	●
		智能化信息集成（平台）系统	●	●
信息设施系统		信息接入系统	●	●
		信息网络系统	●	●
		电话交换系统	●	●
		综合布线系统	●	●
		无线对讲系统	●	●
		移动通信室内信号覆盖系统	●	●
		有线电视接收系统	●	●
		公共广播系统	●	●
		公议系统	●	●
		信息导引及发布系统	●	●
		时钟应用系统	●	●
		信息综合管路系统	●	●
		其他相关的信息通信系统	○	⊙
建筑设备管理系统		绿色建筑能效监管系统	⊙	●
		建筑设备综合管理（平台）系统	●	●
		建筑机电设备监控系统		●
公共安全系统		火灾自动报警系统	按相关规范要求实施	
	安全技术防范系统	安全防范综合管理（平台）系统	●	●
		入侵报警系统	按相关规范要求实施	
		视频安防监控系统		
		出入口控制系统		
		电子巡查管理系统		
		访客及对讲系统		
		停车库（场）管理系统	●	●
		其他特殊要求安全技术防范系统	○	⊙
		应急响应系统	●	●
机房工程	机房设施	信息（含移动通信覆盖）接入机房	●	●
		有线电视（含卫星电视）前端机房	●	●
		信息系统总配线房	●	●
		智能化总控室	●	●
		信息中心设备（数据中心设施）机房	●	●
		消防控制室	●	●
		安防监控中心	●	●
		用户电话交换机房	●	●
		智能化设备间（弱电间）	●	●
		应急响应指挥中心	●	●
		其他智能化系统设备机房	○	⊙
	机房管理	机电设备监控系统	●	
		安全技术防范系统	按相关规范要求实施	
		火灾自动报警系统		
		机房环境综合管理系统	●	●
		绿色机房能效监管系统	⊙	●

注：●应配置，⊙宜配置，○可配置。

表 H-4　汽车客运站智能化系统配置选项表

智能化系统		设计标准	
		城市汽车客运站	城际汽车客运站
信息化应用系统	公共服务系统	●	●
	智能卡应用系统	●	●
	物业运营管理系统	⊙	●
	信息设施运行管理系统	⊙	●
	公共信息查询系统	●	●
	公共信息显示系统	●	●
	旅客引导显示系统	●	●
	售检票系统	●	●
	其他汽车客运站业务应用系统	○	⊙
智能化集成系统	集成信息应用系统	⊙	●
	智能化信息集成（平台）系统	⊙	●
信息设施系统	信息接入系统	●	●
	信息网络系统	●	●
	电话交换系统	●	●
	综合布线系统	●	●
	无线对讲系统	●	●
	移动通信室内信号覆盖系统	●	●
	有线电视接收系统	●	●
	公共广播系统	●	●
	会议系统	●	●
	信息导引及发布系统	●	●
	时钟应用系统	●	●
	信息综合管路系统	●	●
	其他相关的信息通信系统	○	⊙
建筑设备管理系统	绿色建筑能效监管系统	⊙	●
	建筑设备综合管理（平台）系统	●	●
	建筑机电设备监控系统	●	●
公共安全系统	火灾自动报警系统	按相关规范要求实施	
	安全技术防范系统 安全防范综合管理（平台）系统	按相关规范要求实施	
	入侵报警系统		
	视频安防监控系统		
	出入口控制系统		
	电子巡查管理系统		
	访客及对讲系统		
	停车库（场）管理系统	●	●
	其他特殊要求安全技术防范系统	○	⊙
	应急响应系统	●	●
机房工程	机房设施 信息（含移动通信覆盖）接入机房	●	●
	有线电视（含卫星电视）前端机房	●	●
	信息系统总配线房	●	●
	智能化总控室	●	●
	信息中心设备（数据中心设施）机房	●	●
	消防控制室	●	●
	安防监控中心	●	●
	用户电话交换机房	●	●
	智能化设备间（弱电间）	●	●
	应急响应指挥中心	●	●
	其他智能化系统设备机房	○	⊙
	机房管理 机电设备监控系统	●	●
	安全技术防范系统	按相关规范要求实施	
	火灾自动报警系统		
	机房环境综合管理系统	●	●
	绿色机房能效监管系统	⊙	●

注：●应配置，⊙宜配置，○可配置。

附录 I　住宅建筑智能化系统配置

表 I-1　住宅建筑智能化系统配置选项表

智能化系统			设计标准		
			普通多层住宅	中、高层住宅	别墅
信息化应用系统		公共服务系统	●	●	●
		智能卡应用系统	⊙	●	●
		物业运营管理系统	⊙	●	●
		公共信息显示系统	○	⊙	●
		其他住宅建筑业务应用系统	○	○	⊙
智能化集成系统		集成信息应用系统	○	○	⊙
		智能化信息集成（平台）系统	○	○	⊙
信息设施系统		信息接入系统	●	●	●
		信息网络系统	●	●	●
		电话交换系统	○	⊙	⊙
		综合布线系统	●	●	●
		无线对讲系统	○	⊙	●
		移动通信室内信号覆盖系统	○	●	●
		卫星电视接收系统	●	●	●
		有线电视接收系统	●	●	●
		公共广播系统	●	●	●
		信息导引及发布系统	○	⊙	●
		信息综合管路系统	●	●	●
		其他相关的信息通信系统	○	○	⊙
建筑设备管理系统		绿色建筑能效监管系统	○	○	●
		建筑设备综合管理（平台）系统	○	○	●
		建筑机电设备监控系统	○	⊙	●
公共安全系统		火灾自动报警系统	按相关规范要求实施		
	安全技术防范系统	安全防范综合管理（平台）系统		⊙	●
		入侵报警系统	按相关规范要求实施		
		视频安防监控系统			
		出入口控制系统			
		电子巡查管理系统			
		访客及对讲系统			
		停车库（场）管理系统	●	●	⊙
		其他特殊要求安全技术防范系统	○	○	⊙
机房工程	机房设施	信息（含移动通信覆盖）接入机房	●	●	●
		有线电视前端机房	●	●	●
		信息系统总配线房	●	●	●
		智能化总控室	●	●	●
		消防控制室	●	●	●
		安防监控中心	●	●	●
		用户电话交换机房	○	○	○
		智能化设备间（弱电间）	⊙	●	●
		其他智能化系统设备机房	⊙	●	⊙
	机房管理	机电设备监控系统	⊙	●	●
		安全技术防范系统	按相关规范要求实施		
		火灾自动报警系统			
		机房环境综合管理系统	○	○	⊙
		绿色机房能效监管系统	○	○	⊙

注：●应配置，⊙宜配置，○可配置。

附录 J　通用工业建筑智能化系统配置

表 J-1　通用工业建筑智能化系统配置选项表

智能化系统		设计标准		
		辅助型作业环境条件通用工业建筑	加工生产型作业环境条件通用工业建筑	研发制造等综合型作业环境条件通用工业建筑
信息化应用系统	公共服务系统	⊙	●	●
	智能卡应用系统	⊙	●	●
	物业运营管理系统	⊙	●	●
	信息安全管理系统	⊙	●	●
	企业信息化应用系统	●	●	●
	其他通用工业建筑业务应用系统	○	○	⊙
智能化集成系统	集成信息应用系统	○	⊙	●
	智能化信息集成（平台）系统	○	⊙	●
信息设施系统	信息接入系统	●	●	●
	信息网络系统	●	●	●
	电话交换系统	⊙	⊙	●
	综合布线系统	●	●	●
	无线对讲系统	●	●	●
	移动通信室内信号覆盖系统	●	●	●
	有线电视接收系统	●	●	●
	公共广播系统	●	●	●
	信息导引及发布系统	○	⊙	●
	信息综合管路系统	●	●	●
	其他相关的信息通信系统	○	⊙	⊙
建筑设备管理系统	绿色建筑能效监管系统	⊙	●	●
	建筑设备综合管理（平台）系统	⊙	●	●
	建筑机电设备监控系统	●	●	●
公共安全系统	火灾自动报警系统	○	⊙	●
	安全技术防范系统 安全防范综合管理（平台）系统	按相关规范要求实施		
	入侵报警系统	○	⊙	●
	视频安防监控系统	按相关规范要求实施		
	出入口控制系统			
	电子巡查管理系统			
	访客及对讲系统			
	停车库（场）管理系统	⊙	⊙	⊙
	其他特殊要求安全技术防范系统	○	○	⊙
	应急响应系统	○	○	⊙
机房工程	机房设施 信息（含移动通信覆盖）接入机房	●	●	●
	有线电视前端机房	●	●	●
	信息系统总配线房	●	●	●
	智能化总控室	●	●	●
	消防控制室	●	●	●
	安防监控中心	●	●	●
	用户电话交换机房	⊙	⊙	●
	智能化设备间（弱电间）	●	●	●
	应急响应指挥中心	○	○	⊙
	其他智能化系统设备机房	○	○	⊙
	机房管理 机电设备监控系统	⊙	●	●
	安全技术防范系统	按相关规范要求实施		
	火灾自动报警系统			
	机房环境综合管理系统	○	⊙	⊙
	绿色机房能效监管系统	○	⊙	⊙

注：●应配置，⊙宜配置，○可配置。

参 考 文 献

[1] 中华人民共和国国家标准. GB 50314—2014 智能建筑设计标准 [S]. 北京：中国计划出版社, 2015.

[2] 曹洁漪. 智能卡市场分析 [J]. 计算机光盘软件与应用, 2013 (5)：37 – 38.

[3] 姜元鹏, 黄敏, 姜淑娟, 等. 高校图书馆门禁系统的实现与应用, 188：44 – 47.

[4] ID 卡食堂收费系统简介, 百度文库, 网址：http：//wenku. baidu. com/link? url = kEMozYxyb4zo khYYazWQbs6M8WW64 – yR – DJXWvK2BwTpfu – 7ilm Wiqm12Qt0u31ePNZ85vttWyqROVTJN Rosqaa2h – j0mABGDapth5D4Ala.

[5] 陈志新. 智能建筑概论 [M]. 北京：机械工业出版社, 2007.

[6] 蔡纪鹤, 赵德安, 孙鑫. 智能小区停车场管理系统的设计 [M]. 电气应用, 2008, 27 (15)：59 – 62.

[7] 董加敏. 停车场管理系统的设计与优化 [J]. 河南师范大学学报：自然科学版, 2007, 35 (1)：190 – 193.

[8] 王娜. 智能建筑信息设施系统 [M]. 北京：人民交通出版社, 2008.

[9] 中华人民共和国国家标准. GB 50311—2007 综合布线系统工程设计规范 [S]. 北京：中国计划出版社, 2007.

[10] 斯托林斯, 何军. 无线通信与网络 [M]. 2 版. 北京：清华大学出版社, 2005.

[11] 谢希仁. 计算机网络 [M]. 5 版. 北京：电子工业出版社, 2008.

[12] 高金源, 夏洁. 计算机控制系统 [M]. 北京：清华大学出版社, 2007.

[13] http：//www. johnsoncontrols. com/content/us/en/products/building _ efficiency/products – andsystems/building _ management/metasys. html.

[14] 杜明芳. 程红. 基于 OPC DA 的多 Agent 信息融金机构 [J]. 微计算机信息, 2006 (7).

[15] 潘爱民. COM 原理与应用 [M]. 北京：清华大学出版社, 1999.

[16] 马飞虹. 建筑智能化系统——工程设计与监理 [M]. 北京：机械工业出版社, 2003.

[17] 施耐德公司. 施耐德 Vista Building IT 智能化楼宇系统. 施耐德公司, 2012.

[18] http：//www. ebi. honeywell. com/en – US/About/Pages/default. aspx.

[19] 同方泰德公司. ezIBS 清华同方易众智能建筑信息集成系 v3. 0 使用手册. 清华同方, 2007.

[20] 杜明芳. 智能建筑系统集成 [M]. 北京：中国建筑工业出版社, 2009.

[21] 华东建筑设计研究院. 智能建筑设计技术 [M]. 2 版. 上海：同济大学出版社, 2002.

[22] 符长青. 建筑设备管理系统集成平台的优化 [J]. 中国住宅设施, 2013 (3)：96 – 100.

[23] 李美丽. 建筑设备管理系统节能优化控制浅析 [C]. 中国建筑业协会智能建筑分会·论坛论文, 2010, 190 – 196.

[24] 郭晓岩. 建筑设备管理系设计中应注意的问题 [C]. 楼宇自动化, 2008 (7)：35 – 40.

[25] 张子慧. 建筑设备管理体系统 [M]. 北京：人民交通出版社, 2009.

[26] 巩学梅. 建筑设备控制体系统 [M]. 北京：中国电力出版社, 2007.

[27] 王胜义, 王春申, 张静, 等. 如何在广电智能建筑中建立一卡通管理系统 [J]. 中国有线电视, 2007 (14)：1380 – 1383.

[28] 蒋伟. 智能建筑建立一卡通管理系统研究 [J]. 电脑知识与技术, 2013 (9)：6912 – 6913.

[29] 中华人民共和国国家标准. GB 50052—2009 供配电系设计规范 [S]. 北京：中国计划出版社, 2010.

[30] http：//baike. baidu. com/link? url = x8XJHPFrnpir1EJfrOPgFWyVdrP49z5k41RJNv_ rlHXm81sBXAsv OG-zYJs36WjzbZrCxiu0EeKViHL1vK8YgEK.

[31] http：//trojan988. blog. 163. com/blog/static/8214031020011357398218/.

[32] http：//www. bjxhld. com/cplist. asp? id = 1326.

[33] http：//bisai. glcat. edu. cn/kjds/zykt/dianzijiaocai/1xtzc1. htm.

[34] http：//www. tf518. com/html_ news/shimeshijizhongshikondiaoxitong – 106. html.

[35] http：//wenku. baidu. com/link? url = SvwuRvpIDDM5dsN8OTqXcdujL5uYJgU0EamBBS – ncERyYvL-RY1kxzqlFZgyx_ 2jjTZrMylfDNe6mPeez_ lv0M7YNZo7C0v9yvOR5rXV7pBG.

[36] http：//big5. made – in – china. com/gongying/filopowerxgy – mMaEvRtlukWr. html.

[37] http：//detail. 1688. com/offer/37390217667. html.

[38] http：//ajec. com. cn/? cn – p – d – 161 – 1. html.

[39] http：//blog. sina. com. cn/s/blog_ b787025d0102vwr9. html.

[40] http：//www. hbst. com. cn/productshow. asp? Cid = 189&PID = 243.

[41] http：//www. wjw. cn/sellproduct/MBR110510175011703802/PRO110511110012906908. xhtml.

[42] GB 50166—2013 火灾自动报警系统设计规范.

[43] GB 50045—1993 高层民用建筑设计防火规范.

[44] GB 50016—2014 建筑设计防火规范.

[45] GB 50348—2004 安全防范工程技术规范.

[46] GB 50394—2007 入侵报警系统工程设计规范.

[47] GB 50395—2007 视频安防监控系统工程设计规范.

[48] GB 50396—2007 出入口控制系统工程设计规范.

[49] 张九根. 公共安全技术 [M]. 北京：中国建筑工业出版社, 2014.

[50] 张亮. 现代安全防范技术与应用 [M]. 北京：电子工业出版社, 2012.

[51] 朱颖心. 建筑环境学 [M]. 3 版. 北京：中国建筑工业出版社, 2010.

[52] 许绍祖. 大气物理学基础 [M]. 北京：气象出版社, 1993.

[53] 刘加平. 城市物理环境 [S]. 西安：西安交通大学, 1993.

[54] 中华人民共和国国家标准. GB 50180—1993 城市居住区规划设计规范 [S]. 北京：中国计划出版社, 2002.

[55] 中华人民共和国国家标准. GB 50736—2012 民用建筑供暖通风与空气调节设计规范 [S]. 北京：中国建筑工业出版社, 2012.

[56] 赵荣义. 空气调节 [M]. 北京：中国建筑工业出版社, 2009.

[57] 秦佑国, 王炳麟. 建筑声环境 [M]. 2 版. 北京：清华大学出版社, 1999.

[58] 焦杨, 孙勇. 绿色建筑光环境技术与实例 [M]. 北京：化学工业出版社, 2012.

[59] 何天祺. 供暖通风与空气调节 [M]. 重庆：重庆大学出版社, 2003.

[60] 许钟麟. 空气洁净技术原理 [M]. 3 版. 北京：科学出版社, 2003.

[61] GB/T 4718—2006 火灾报警设备专业术语.

[62] http：//baike. baidu. com/link? url = Ac5ej5DgsqM – Cq8oRS0MLzeqHo_ kHLoSX – 5iGrmvV1DFfql OQnAc666VhoLQA0wmje – 5Ka7RCnjUGFYjxlpNqpq.

[63] 公安消防局天津警官培训基地. 火灾自动报警与联动控制系统 [M]. 北京：公安大学出版社, 2006.

[64] 林菁, 等. 智能建筑火灾自动报警与消防联动系统研究 [J]. 建筑科学, 2008 (7).

[65] 杨金焕. 太阳能光伏发电应用技术 [M]. 2 版. 北京：电子工业出版社, 2013.

[66] 王长贵, 王斯成. 太阳能光伏发电实用技术 [M]. 2 版. 北京：化学工业出版社, 2009.

[67] 赵争鸣, 等. 太阳能光伏发电及其应用 [M]. 北京：科学出版社, 2005.

[68] 李富生, 李瑞生, 周逢权. 微电网技术及工程应用 [M]. 北京：中国电力出版社, 2012.